"十三五"普通高等教育规划教材

Linux 系统与大数据应用

主　编　夏　辉　杨伟吉　金　鑫

副主编　李淑霞　刘　澍　李　强

机械工业出版社

本书主要内容包括 Linux 基本命令，大数据主要框架 Hadoop 的搭建和应用，Spark 框架的应用，大数据科学计算、Python 语言、网络爬虫分析等主要大数据分析应用的工具等。本书分别从系统使用者、网络管理者、shell 程序开发者、应用程序开发者和内核开发者的角度，全方位地介绍 Linux 操作环境、操作命令，以及基本的开发方法；同时，本书面向大数据应用的开发者，介绍基于 Linux 系统的大数据计算平台、存储平台，以及几个广泛使用的应用开发和分析工具；最后是综合案例和应用，使读者初步认识 Linux，熟练使用 shell 命令，掌握系统管理原理，熟悉基于 Linux 的大数据开发平台，并学会几种典型的大数据存储和开发方法。

本书既可作为高等学校计算机软件技术课程的教材，也可作为管理信息系统开发人员的技术参考书。

本书配套授课电子课件，需要的教师可登录 www.cmpedu.com 免费注册，审核通过后下载，或联系编辑索取（QQ：2850823885；电话：010-88379739）。

图书在版编目（CIP）数据

Linux 系统与大数据应用 / 夏辉，杨伟吉，金鑫主编. —北京：机械工业出版社，2019.6（2024.8 重印）

“十三五”普通高等教育规划教材

ISBN 978-7-111-63192-7

Ⅰ. ①L… Ⅱ. ①夏… ②杨… ③金… Ⅲ. ①Linux 操作系统－高等学校－教材 Ⅳ. ①TP316.85

中国版本图书馆 CIP 数据核字（2019）第 140698 号

机械工业出版社（北京市百万庄大街 22 号　邮政编码 100037）

责任编辑：郝建伟　　责任校对：张艳霞

责任印制：张　博

北京建宏印刷有限公司印刷

2024 年 8 月第 1 版 • 第 4 次印刷

184mm×260mm • 18.25 印张 • 449 千字

标准书号：ISBN 978-7-111-63192-7

定价：59.00 元

电话服务

客服电话：010-88361066

010-88379833

010-68326294

网络服务

机　工　官　网：www.cmpbook.com

机　工　官　博：weibo.com/cmp1952

金　　书　　网：www.golden-book.com

机工教育服务网：www.cmpedu.com

前　言

随着云时代的来临，大数据（Big Data）也受到了越来越多的关注。《着云台》的分析师团队认为，大数据通常用来形容一个公司创造的大量非结构化数据和半结构化数据，这些数据在下载到关系型数据库用于分析时会花费过多时间和金钱。大数据分析常和云计算联系到一起，因为实时的大型数据集分析需要像 MapReduce 一样的框架来向数十、数百或甚至数千的计算机分配工作。人们对于海量数据的挖掘和运用，预示着新一波生产率增长和消费者盈余浪潮的到来。“大数据”在物理学、生物学、环境生态学等领域以及军事、金融、通信等行业存在已有时日，却因为近年来互联网和信息行业的发展而引起人们的关注。

大数据作为时下最火热的 IT 行业的词汇，随之而来的数据仓库、数据安全、数据分析、数据挖掘等围绕大数据商业价值的利用逐渐成为行业人士争相追捧的利润焦点。随着大数据时代的来临，大数据分析也应运而生，大数据分析是指对规模巨大的数据进行分析。大数据可以概括为 5 个 V，即数据量（Volume）大、速度（Velocity）快、类型（Variety）多、价值（Value）、真实性（Veracity）。

本书围绕大数据应用开发基础，在内容的编排上力争体现新的教学思想和方法。本书内容编写遵循“从简单到复杂”“从抽象到具体”的原则。书中通过各个章节穿插了很多案例，提供了大数据应用开发从入门到实际应用所必备的知识。Linux 编程基础、Linux 系统用户与组管理、Linux 系统编辑器和软件安装、Linux 系统网络及其服务配置、大数据挖掘的 shell 基础、Linux 系统下的 Python 基础、大数据开发平台、大数据应用开发工具和大数据应用与案例，学生除了要在课堂上学习程序设计的理论方法，掌握编程语言的语法知识和编程技巧外，还要进行大量的课外练习和实践操作。为此本书每章都配备有课后习题，并且每章都有一个综合案例，除此之外，每章节还安排了实验的题目，可供教师实验教学使用。

本书共分 10 章。第 1 章是 Linux 系统概述，第 2 章介绍 Hadoop 平台常用的 Linux 命令，第 3 章介绍 Linux 系统用户与组管理，第 4 章介绍 Linux 系统编辑器和软件安装，第 5 章介绍 Linux 系统网络及其服务配置，第 6 章介绍大数据挖掘的 shell 基础，第 7 章介绍 Linux 系统下的 Python 基础，第 8 章介绍大数据开发平台，第 9 章介绍大数据应用开发工具，第 10 章介绍大数据应用与案例。

本书内容全面，案例新颖，针对性强。本书中所介绍的实例都已在 Windows 10 操作系统下调试运行通过。从应用程序的设计到应用程序的发布，读者都可以按照书中所讲述内容实施。作为教材，每章均附有习题。

本书由夏辉负责书的整体策划，并负责编写第 8 和 10 章，杨伟吉老师负责编写第 4 和 6 章，金鑫老师负责编写第 2、5 和 7 章，李淑霞老师负责编写第 1、3 和 9 章，李强负责所有实验的编写和审核，刘澍老师负责编写课后习题、制作电子课件，并最终完成全文书稿的修订、完善、统稿和定稿工作，参与本书编写的还有王学颖、吴鹏。本书由王学颖教授承担内容的主审工作，吴鹏博士为本书编写提供了技术支持和帮助，并且对本书初稿在教学过程中存在的问题提出了宝贵的意见。本书也借鉴了中外参考文献中的原理知识和资料，在此一举感谢。

本书配有电子课件、课后习题答案、每章节案例代码、实验代码，以方便教学和自学参考使用，如有需要请到 http://www.cmpedu.com 下载。

由于时间仓促，书中难免存在不妥之处，敬请读者原谅，并提出宝贵意见。

编　者

目　录

第 1 章　Linux 系统概述

Linux 内核最初是由芬兰人李纳斯·托瓦兹（Linus Torvalds）在赫尔辛基大学上学时出于个人爱好而编写的。

Linux 是一套免费使用和自由传播的类 UNIX 操作系统，是一个基于 POSIX 和 UNIX 的多用户、多任务、支持多线程和多 CPU 的操作系统。

Linux 能运行主要的 UNIX 工具软件、应用程序和网络协议，支持 32 位和 64 位硬件。Linux 继承了 UNIX 以网络为核心的设计思想，是一个性能稳定的多用户网络操作系统。

本章主要介绍 Linux 系统的版本以及文件与目录结构，使读者对 Linux 系统有一个初步了解；同时本章也将对 Linux 系统的发展进行介绍，在读者对于 Linux 系统有一定了解后再对 Ubuntu 版本及 shell 命令进行初步学习，从而为之后的学习建立基础。

1.1　认识 Linux 系统

Linux 系统具有多个版本，Linux 的发行版就是将 Linux 内核与应用软件做一个打包。

1.1.1　Linux 系统版本

目前 Linux 系统具有多个版本，市面上使用较多的发行版本有：Ubuntu、RedHat、CentOS、Debian、Fedora、SUSE、TurboLinux、BluePoint、RedFlag、Xterm、SlackWare 等，我们将在本节对各个版本进行简单介绍。

1．Ubuntu

Ubuntu（乌班图）是一个以桌面应用为主的 Linux 操作系统，其名称来自非洲南部祖鲁语或豪萨语的“ubuntu”一词，意思是“人性”“我的存在是因为大家的存在”，是非洲传统的一种价值观，类似华人社会的“仁爱”思想。

- 中文名称：友帮拓、优般图、乌班图。
- 开发商：Canonical 公司、Ubuntu 基金会。
- 产品类型：自由开放源代码。
- 初始版本：2004 年 10 月 20 日。

Ubuntu 基于 Debian 发行版和 Gnome 桌面环境，而从 11.04 版起，Ubuntu 发行版放弃了 Gnome 桌面环境，改为 Unity，与 Debian 的不同在于它每 6 个月会发布一个新版本。Ubuntu 的目标在于为一般用户提供一个最新的、稳定的、主要由自由软件构建而成的操作系统。Ubuntu 具有庞大的社区力量，用户可以方便地从社区获得帮助。2013 年 1 月 3 日，Ubuntu 正式发布面向智能手机的移动操作系统。Ubuntu 基于 Linux 的免费开源桌面 PC 操作系统，十分契合英特尔的超极本定位，支持 x86、64 位和 PPC 架构。2014 年 2 月 20

日，Canonical 公司于北京中关村召开了 Ubuntu 智能手机发布会，正式宣布 Ubuntu 与国产手机厂商魅族合作推出 Ubuntu 版 MX3。

2．Debian

广义的 Debian 是指一个致力于创建自由操作系统的合作组织及其作品，由于 Debian 项目众多内核分支中以 Linux 宏内核为主，而且 Debian 开发者所创建的操作系统中绝大部分基础工具来自于 GNU 工程，因此 Debian 常指 Debian GNU/Linux。

- 英文名称：Debian。
- 开发商：Debian Project。
- 产品类型：自由软件。
- 内核类型：宏内核（Linux）、微内核（Hurd）。
- 软件管理：dpkg。
- 发行时间：1993 年 8 月 16 日。

非官方内核分支还有只支持 x86 的 Debian GNU/Hurd（Hurd 微内核），只支持 Amd64 的 Dyson（OpenSolaris 混合内核）等。这些非官方分支都存在一些严重的问题，没有实用性，如 Hurd 微内核在技术上不成熟，而 Dyson 则基础功能仍不完善。

3．Red Hat

Red Hat 是全球最大的应用开源技术的厂家，其产品 Red Hat Linux 也是全世界应用最广泛的 Linux 操作系统。Red Hat 公司总部位于美国北卡罗来纳州，在全球拥有 22 个分部。

Red Hat 在 2014 年 6 月发布了旗舰版企业操作系统——Red Hat Enterprise Linux（RHEL）7。基于 Red Hat Enterprise Linux 7 操作系统，企业可整合裸机服务器、虚拟机、基础设施即服务（IaaS）和平台即服务（PaaS），以构建一个强大稳健的数据中心环境，满足不断变化的业务。

4．CentOS

CentOS（Community Enterprise Operating System，社区企业操作系统）是 Linux 发行版之一，它是来自于 Red Hat Enterprise Linux 依照开放源代码规定释出的源代码所编译而成。由于出自同样的源代码，因此有些要求高度稳定性的服务器以 CentOS 替代商业版的 Red Hat Enterprise Linux 使用。两者的不同在于 CentOS 并不包含封闭源代码软件。

- 中文名称：社区企业操作系统。
- 类型：计算机软件。
- 初始版本：2014 年 7 月 7 日。

CentOS 是一个基于 Red Hat Linux 提供的可自由使用源代码的企业级 Linux 发行版本。每个版本的 CentOS 都会获得十年的支持（通过安全更新方式）。新版本的 CentOS 大约每两年发行一次，而每个版本的 CentOS 会定期（大概每 6 个月）更新一次，以便支持新的硬件。这样，建立一个安全、低维护、稳定、高预测性、高重复性的 Linux 环境。

CentOS 是免费的，可以像使用 RHEL 一样去构筑企业级的 Linux 系统环境，但不需要向 Red Hat 支付任何的费用。CentOS 的技术支持主要通过社区的官方邮件列表、论坛和聊天室获得。

5．Fedora

Fedora 是一个知名的 Linux 发行版，是一款由全球社区爱好者构建的面向日常应用的快速、稳定、强大的操作系统。它允许任何人无论现在还是将来自由地使用、修改和重发布。它由一个强大的社群开发，这个社群的成员以自己的不懈努力，提供并维护自由、开放源码的软件和开放的标准。Fedora 项目由 Fedora 基金会管理和控制，得到了 Red Hat 公司的支持。Fedora 是一个独立的操作系统，可运行的体系结构包括 x86（即 i386～i686），x86_64 和 PowerPC。

- 英文名称：Fedora。
- 软件许可：主要为 GNU GPL。
- 源码模式：自由及开放源代码软件。
- 内核类型：宏内核（Linux）。
- 发行时间：2003 年 11 月 16 日。

最早 Fedora Linux 社区的目标是为 Red Hat Linux 制作并发布第三方的软件包，然而当 Red Hat Linux 停止发行后，Fedora 社区便集成到 Red Hat 赞助的 Fedora Project，目标是开发出由社区支持的操作系统（事实上，Fedora Project 除了由志愿者组织外，也有许多 Red Hat 的员工参与开发）。Red Hat Enterprise Linux 则取代 Red Hat Linux 成为官方支持的系统版本。

6．SUSE

SUSE Linux 原来是德国的 SUSE Linux AG 公司发行维护的 Linux 发行版，是属于此公司的注册商标。第一个版本出现在 1994 年年初。2004 年这家公司被 Novell 公司收购。

- 英文名称：SUSE。
- 起源：德国。
- 原属公司：SUSE Linux AG 公司。
- 初发行：1994 年初。

SUSE 支持在安装的时候调校 NTFS 硬盘的大小，以便顺利把 Linux 安装到一台已经安装了 Windows 2000 Server 或 Windows XP 的计算机上。此外，SUSE 亦会自动侦测很多常见的 Windows 调制解调器并为它们安装驱动程序。

SUSE 也收录了 Linux 下的多个桌面环境，如 KDE 和 GNOME 及一些视窗管理员（如 Window Maker、Blackbox 等）。YaST2 安装程序也会让使用者选择使用 GNOME、KDE 或者不安装图形界面。SUSE 已经为使用者提供了一系列多媒体程序，如 K3B（CD/DVD 烧录）、Amarok（音乐播放器）和 Kaffeine（影片播放器）。它也收录了图片处理器，以及其他的文字阅读/处理软件，如 PDF 格式文件阅读软件等。

相比以往，现在所有的开发人员及使用者能够测试 SUSE 的产品并一起开发新版本的 SUSE。在以往，SUSE 的开发工作都是于内部进行的。SUSE 10.0 是第一个给予公众测试的版本。为了配合这个转变，用户除了能够购买盒装版本的 SUSE 外，也可以从网络上免费下载。一系列的改变让 2005 年 10 月 6 日推出的 SUSE Linux 有 3 个版本——“OSS 版”（完全地开放原始码）、“试用版”（同时包含开放原始码的程序及专属程序如 Adobe Reader、Real Player 等，还有“盒装零售版”，可以免费下载，还可以安装在硬盘上，并且没有使用限制或限期。

7．TurboLinux

TurboLinux 是拓林思公司最近发行的 Linux 版本，已在日本和中国取得了巨大的成功，在美国也有一定的业绩。当前版本为 4.0，基于 Linux 2.2.10 内核。目前 TurboLinux 的总公司位于日本，成立于 1992 年，由 Cliff 和 Iris Miller 在美国创建。主要客户是亚洲客户，是面向亚洲语发行的 UNIX-like 版本系统。

TurboLinux 优点在于：具有简单易用的图形安装程序，友好的图形桌面界面 KDE、GNOME 等；并且具有丰富的软件包，包括系统管理工具、网络分析程序、服务程序包（如 Apache）等；提供了完整的源代码程序；提供了预配置安装功能。

8．BluePoint

BluePoint Linux 为第一个在 FrameBuffer 上进行汉化的中文 Linux 版本。

和其他中文版 Linux 不同的是，BluePoint 首创了一个版本同时支持 GB/BIG5/ASCII 繁简汉字，多内码同屏显示和指定窗口内码的功能。在中文桌面环境上，BluePoint Linux 全面支持中文 TTF/GBK 字库、多级点阵字库及中文打印。针对 Linux 操作系统应用软件较少的弱点，BluePoint 集成了不少中文软件包、服务器用软件包和图形化应用开发工具。

而且 BluePoint Linux 采用了自主开发的中文 Linux 内核与中文 X Window 技术，使得从开机启动到具体应用，整个中文环境与 Linux 系统无缝结合。虽然 BluePoint Linux 是在国内开发的，用 BIG5 的用户也不用担心兼容性的问题，在开始安装的时候就可以选择简体或者繁体安装界面，而在进入 BluePoint Linux 系统之后，GB/BIG5 的切换也非常简单。

9．Red Flag

Red Flag（红旗）Linux 是由北京中科红旗软件技术有限公司开发的一系列 Linux 发行版，包括桌面版、工作站版、数据中心服务器版、HA 集群版和红旗嵌入式 Linux 等产品。目前在中国各软件专卖店可以购买到光盘版，同时官方网站也提供光盘镜像免费下载。Red Flag Linux 是中国较大、较成熟的 Linux 发行版之一。

嵌入式领域是红旗软件的重要发展方向之一。红旗嵌入式 Linux 是红旗软件面向嵌入式设备而开发的通用型嵌入式平台。

- 中文名称：红旗 Linux。
- 源码模式：开源。
- 内核类型：Linux。
- 发行时间：1999 年 8 月。

Red Flag Linux 特色在于：具有完善的中文支持，与 Windows 相似的用户界面，通过 LSB 4.1 测试认证，具备了 Linux 标准基础的一切品质农历的支持和查询；X86 平台对 Intel EFI 的支持；Linux 下网页嵌入式多媒体插件的支持，实现了 Windows Media Player 和 RealPlayer 的标准 JavaScript 接口；前台窗口优化调度功能，支持 MMS/RTSP/HTTP/FTP 协议的多线程下载工具；界面友好的内核级实时检测防火墙，KDE 登录窗口、注销窗口、主皮肤的主题支持，可缩放的系统托盘；源代码已经进入 KDE 项目，GTK2 Qt 打开关闭文件对话框的统一等。

红旗软件不仅专注于嵌入式平台的研究，而且与第三方合作伙伴开展广泛的协作，共同向客户提供成熟的嵌入式 Linux 软硬件整体解决方案，缩短客户产品的上市时间，这也正是红旗软件在嵌入式领域的价值所在。

10．Slackware

Slackware Linux 是由 Patrick Volkerding 开发的 GNU/Linux 发行版。与很多其他的发行

版不同，它坚持KISS(Keep It Simple Stupid)的原则。一开始，配置系统会有一些困难，但是更有经验的用户会喜欢Slackware的透明性和灵活性。Slackware很多特性体现出了KISS原则，例如，不依赖图形界面的文本化系统配置、传统的服务管理方式和不解决依赖的包管理方式。它的最大特点就是安装灵活，目录结构严谨，版本力求稳定而非追新。Slackware的软件包都是通常的tgz(tar/gzip)或者txz(xz)格式文件再加上安装脚本。tgz/txz对于有经验的用户来说，比RPM更为灵活，并避免了APT等管理器可能带来的依赖地狱。

Slackware的软件套件管理系统很独特。它的软件套件管理系统和别的发行版本一样可以很容易地安装、升级、移除包，但是它不会试着去追踪或者管理涉及哪些依赖关系（也就是保证系统拥有所有的安装包内的程序需要的系统库）。如果所需要的先决条件不能满足，在程序执行之前不会有提醒和指示。

Slackware的包都经过gzip压缩和tarball打包，但文件扩展名是.tgz，而不是.tar.gz。它们的结构是这样的:当在根目录下解压缩和释放，其中的文件会放置于它们的安装位置。因此可以不使用Slackware的包工具来安装包，而仅仅使用tar和gzip命令，如果包中有doinst.sh脚本，一定要运行它。

相对的，Red Hat的RPM是CPIO档案，Debian的deb文件是ar档案。它们都包括一些依赖关系的信息，包管理器工具可以使用这些信息来寻找和安装先决条件。它们在先决条件满足前是不会安装新包的（虽然可以强制进行）。

关于追踪或者无视依赖关系孰优孰劣的争论并不很热闹，这多少让人想起了持续甚久的“VI 对 Emacs”的“宗教战争”。Slackware解决问题的方法被技巧熟练的用户群很好地接受了。

11．XTerm

XTerm最先是Jim Gettys的学生Mark Vandevoorde在1984年夏天为VS100写的独立虚拟终端，当时X的开发刚刚开始。很快人们就发现它作为X的一部分比作为独立的程序更为有用，于是它开始针对X而开发。

Gettys曾讲述过有关的故事，“XTerm内部如此恐怖的部分原因是它最初被计划开发成一个能驱动多个VS100显示器的单独进程。”

作为X参考实现的一个部分之后多年，1996年左右，XTerm开发的主干转移至了XFree86（从X11R6.3版本派生出来），暂时由Thomas E. Dickey维护，有许多XTerm变体可用，大多数的X虚拟终端都是从XTerm的变体起步的。

1.1.2 文件与目录

由于Linux操作系统的操作界面并不同于Windows系统的图形操作界面，其优点是建立了不受任何商品化软件的版权制约、全世界都能自由使用的UNIX兼容产品，所以在初步接触时，需要对Linux系统的文件目录进行系统的学习。

1．文件

普通文件（regular file）：就是一般存取的文件，由ls -al显示出来的属性中，第一个属性为 [-]，例如 [-rwxrwxrwx]。另外，依照文件的内容，又大致可以分为以下几种。

1）纯文本文件（ASCII）：这是UNIX系统中最多的一种文件类型，之所以称为纯文本文件，是因为内容是可以直接读到的数据，例如数字、字母等。设置文件几乎都属于这种文件类型。例如，使用命令“cat ～/.bashrc”就可以看到该文件的内容（cat 是将文件内容读出来）。

2）二进制文件（binary）：系统其实仅认识且可以执行二进制文件（binary file）。Linux 中的可执行文件（脚本，文本方式的批处理文件不算）就是这种格式。例如，命令 cat 就是一个二进制文件。

3）数据格式文件（data）：有些程序在运行过程中，会读取某些特定格式的文件，那些特定格式的文件可以称为数据文件（data file）。例如，Linux 在用户登入时，都会将登录数据记录在 /var/log/wtmp 文件内，该文件是一个数据文件，它能通过 last 命令读出来。但使用 cat 时，会读出 Linux 乱码。因为它是属于一种特殊格式的文件。

- 目录文件（directory）：就是目录，第一个属性为 [d]，例如 [drwxrwxrwx]。
- 连接文件（link）：类似 Windows 下面的快捷方式。第一个属性为 [l]，例如 [lrwxrwxrwx]。
- 设备与设备文件（device）：与系统外设及存储等相关的一些文件，通常都集中在 /dev 目录，分为以下两种。

块设备文件：就是存储数据以供系统存取的接口设备，简单而言就是硬盘。例如一号硬盘的代码是 /dev/hda1 等文件。

字符设备文件：即串行端口的接口设备，例如键盘、鼠标等。第一个属性为 [c]。

- 套接字（sockets）：这类文件通常用在网络数据连接。可以启动一个程序来监听客户端的要求，客户端就可以通过套接字来进行数据通信。第一个属性为 [s]，最常在 /var/run 目录中看到这种文件类型。
- 管道（FIFO，pipe）：FIFO 也是一种特殊的文件类型，它主要的目的是，解决多个程序同时存取一个文件所造成的错误。

2. 目录结构

/：根目录所有的目录、文件、设备都在/之下，/就是 Linux 文件系统的组织者，也是最上级的领导者。

首先手动输入命令 ls/(打开目录)

```
ls /
```

结果如图 1-1 所示，即 Linux 操作系统目录。

图 1-1 打开目录

以下是对这些目录及该目录下文件的简单介绍。

- /bin：bin 是 binary 的缩写，这个目录存放着最经常使用的命令。
- /boot：这里存放的是启动 Linux 时使用的一些核心文件，包括一些连接文件以及镜像。
- /dev：dev 是 device（设备）的缩写，该目录下存放的是 Linux 的外部设备，在

Linux 中访问设备的方式和访问文件的方式是相同的。

- /etc：这个目录用来存放所有的系统管理所需要的配置文件和子目录。
- /home：用户的主目录，在 Linux 中，每个用户都有一个自己的目录，一般该目录名以用户的账号命名。
- /liB：这个目录里存放着系统最基本的动态连接共享库，其作用类似于 Windows 里的 DLL 文件。几乎所有的应用程序都需要用到这些共享库。
- /lost+found：这个目录一般情况下是空的，当系统非法关机后，这里就存放了一些文件。
- /media：linux 系统会自动识别一些设备，例如 U 盘、光驱等，当识别后，Linux 会把识别的设备挂载到这个目录下。
- /mnt：系统提供该目录是为了让用户临时挂载别的文件系统，可以将光驱挂载在/mnt/上，然后进入该目录就可以查看光驱里的内容了。
- /opt：这是给主机额外安装软件所摆放的目录。例如，安装一个 Oracle 数据库就可以放到这个目录下。默认是空的。
- /proc：这个目录是一个虚拟的目录，它是系统内存的映射，可以通过直接访问这个目录来获取系统信息。

这个目录的内容不在硬盘上而是在内存里，也可以直接修改里面的某些文件，例如，可以通过下面的命令来屏蔽主机的 ping 命令，使别人无法 ping 你的机器。

```
echo 1 > /proc/sys/net/ipv4/icmp_echo_ignore_all
```

- /root：该目录为系统管理员，也称作超级权限者的用户主目录。
- /sbin：s 就是 Super User 的意思，这里存放的是系统管理员使用的系统管理程序。
- /selinux：这个目录是 Red Hat/CentOS 所特有的目录，selinux 是一个安全机制，类似于 Windows 的防火墙，但是这套机制比较复杂，这个目录就是存放 selinux 相关的文件的。
- /srv：该目录存放一些服务启动之后需要提取的数据。
- /sys：这是 Linux 2.6 内核的一个很大的变化。该目录下安装了 2.6 内核中新出现的一个文件系统 sysfs 。sysfs 文件系统集成了下面 3 种文件系统的信息：针对进程信息的 proc 文件系统、针对设备的 devfs 文件系统以及针对伪终端的 devpts 文件系统。该文件系统是内核设备树的一个直观反映。

当一个内核对象被创建时，对应的文件和目录也在内核对象子系统中被创建。

- /tmp：这个目录用来存放一些临时文件。
- /usr：这是一个非常重要的目录，用户的很多应用程序和文件都放在这个目录下，类似于 Windows 下的 Program Files 目录。
- /usr/bin：系统用户使用的应用程序。
- /usr/sbin：超级用户使用的比较高级的管理程序和系统守护程序。
- /usr/src：内核源代码默认的放置目录。
- /var：这个目录中存放着在不断扩充着的东西，通常将那些经常被修改的目录放在这个目录下，包括各种日志文件。

在 Linux 系统中，有几个目录是比较重要的，平时需要注意不要误删除或者随意更改内部文件。

最后对于 Linux 系统还应注意以下几点。

1）/etc：这是系统中的配置文件，如果更改了该目录下的某个文件可能会导致系统不能启动。

2）/bin, /sbin, /usr/bin, /usr/sbin: 这些是系统预设的执行文件的放置目录，比如 ls 就是在/bin/ls 目录下的。

3）值得提出的是，/bin, /usr/bin 是给系统用户使用的指令（除 root 外的通用户），而/sbin, /usr/sbin 则是给 root 使用的指令。

4）/var：这是一个非常重要的目录，系统中的程序都会有相应的日志产生，而这些日志就被记录在这个目录下，具体在/var/log 目录下，另外 mail 的预设放置也是在这里。

1.2 Linux 系统的发展

Linux 操作系统是基于 UNIX 操作系统发展而来的一种克隆系统，它诞生于 1991 年的 10 月 5 日（这是第一次正式向外公布的时间）。以后借助于 Internet 网络，并通过全世界各地计算机爱好者的共同努力，已成为今天世界上使用最多的一种 UNIX 类操作系统，并且使用人数还在迅猛增长。

1.2.1 早期的 Linux 系统

1993 年，大约有 100 余名程序员参与了 Linux 内核代码编写/修改工作，其核心开发组由 5 人组成，此时 Linux 0.99 的代码大约有 10 万行，用户大约有 10 万左右。这为后面 Linux 系统的正式出现奠定了基础。

1994 年 3 月，Linux 1.0 发布，代码量 17 万行，当时是按照完全自由免费的协议发布，随后正式采用 GPL 协议。1995 年 1 月，Bob Young 创办了 Red Hat（红帽），以 GNU/Linux 为核心，集成了 400 多个源代码开放的程序模块，开发出了一种冠以品牌的 Linux，即 Red Hat Linux，称为 Linux“发行版”，在市场上出售。这在经营模式上是一种创举。1996 年 6 月，Linux 2.0 内核发布，此内核有大约 40 万行代码，并可以支持多个处理器。此时的 Linux 已经进入了实用阶段，全球大约有 350 万人使用。

1998 年 2 月，以 Eric Raymond 为首的一批年轻一代认识到 GNU/Linux 体系的产业化道路的本质，并非是什么自由哲学，而是市场竞争的驱动，创办了“Open Source Intiative”（开放源代码促进会），在互联网世界里展开了一场历史性的 Linux 产业化运动。2001 年 1 月，Linux 2.4 发布，它进一步地提升了 SMP 系统的扩展性，同时也集成了很多用于支持桌面系统的特性：USB，PC 卡（PCMCIA）的支持，内置的即插即用等功能。2003 年 12 月，Linux 2.6 版内核发布，相对于 2.4 版内核，2.6 在对系统的支持方面都有很大的变化。2004 年的第 1 月，SUSE 被 Novell 收购，Asianux，MandrakeSoft 也在 5 年中首次宣布季度赢利。2004 年 3 月，SGI 宣布成功实现了 Linux 操作系统支持 256 个 Itanium 2 处理器。

1.2.2 Linux 系统发展

尽管 Linux 是最流行的开源操作系统，但是相对于其他操作系统的漫长历史来说，Linux 的历史非常短暂。

20 世纪 80 年代，Andrew Tanenbaum 创建了一个微内核版本的 UNIX，名为 MINIX（代表 minimal UNIX），它可以在小型的个人计算机上运行。这个开源操作系统在 20 世纪 90 年代激发了林纳斯·托瓦兹开发 Linux 的灵感。

1991 年 10 月 5 日，林纳斯·托瓦兹为了给 Minix 用户设计一个比较有效的 UNIX PC 版本，自己动手写了一个"类 Minix"的操作系统。整个故事从两个在终端上打印 AAAA...和 BBBB...的进程开始，当时最初的内核版本是 0.02。林纳斯·托瓦兹将它发到了 Minix 新闻组，很快就得到了反应。林纳斯·托瓦兹在这种简单的任务切换机制上进行扩展，并在很多热心支持者的帮助下开发和推出了 Linux 的第一个稳定的工作版本。1991 年 11 月，Linux 0.10 版本推出，0.11 版本随后在 1991 年 12 月推出，当时将它发布在 Internet 上，免费供人们使用。当 Linux 非常接近于一种可靠的/稳定的系统时，Linus 决定将 0.13 版本称为 0.95 版本。1994 年 3 月，正式的 Linux 1.0 出现了，这差不多是一种正式的独立宣言。截至那时为止，它的用户基数已经发展得很大，而且 Linux 的核心开发队伍也建立起来了。

核心的开发和规范一直是由 Linux 社区控制着，版本也是唯一的。实际上，操作系统的内核版本指的是在林纳斯本人领导下的开发小组开发出的系统内核的版本号。自 1994 年 3 月 14 日发布了第一个正式版本 Linux 1.0 以来，每隔一段时间就有新的版本或其修订版公布。

一般地，可以从 Linux 内核版本号来区分系统是 Linux 稳定版还是测试版。以版本 2.4.0 为例，2 代表主版本号，4 代表次版本号，0 代表改动较小的末版本号。在版本号中，序号的第二位为偶数的版本表明这是一个可以使用的稳定版本，如 2.2.5，而序号的第二位为奇数的版本一般有一些新的东西加入，是不一定很稳定的测试版本，如 2.3.1。这样稳定版本来源于上一个测试版升级版本号，而一个稳定版本发展到完全成熟后就不再发展。

Linux 内核的发展过程中，还不得不提一下各种 Linux 发行版的作用，因为正是它们推动了 Linux 的应用，从而也让更多的人开始关注 Linux。一些组织或厂家，将 Linux 系统的内核与外围实用程序（Utilities）软件和文档包装起来，并提供一些系统安装界面和系统配置、设定与管理工具，就构成了一种发行版本（distribution），Linux 的发行版本其实就是 Linux 核心再加上外围的实用程序组成的一个大软件包而已。

相对于 Linux 操作系统内核版本，发行版本的版本号随发布者的不同而不同，与 Linux 系统内核的版本号是相对独立的。因此把 SUSE、Red Hat、Ubuntu、Slackware 等直接说成是 Linux 是不确切的，它们是 Linux 的发行版本，更确切地说，应该叫作"以 Linux 为核心的操作系统软件包"。根据 GPL 准则，这些发行版本虽然都源自一个内核，并且都有自己各自的贡献，但都没有自己的版权。Linux 的各个发行版本，都是使用林纳斯主导开发并发布的同一个 Linux 内核，因此内核层不存在兼容性问题。每个版本都不一样，只是在发行版本的最外层才有所体现，而绝不是 Linux 本身特别是内核不统一或是不兼容。

Linux 快速从一个个人项目进化成为一个全球数千人参与的开发项目。对于 Linux 来说，最为重要的决策之一是采用 GPL（GNU General Public License）。在 GPL 保护之下，Linux 内核可以防止商业使用，并且它还从 GNU 项目（Richard Stallman 开发，其源代码要比 Linux 内核大得多）的用户空间开发受益。这允许使用一些非常有用的应用程序，例如 GCC（GNU Compiler Collection）和各种 shell 支持。

1.2.3 Linux 系统举例

Linux 发行版指的就是“Linux 操作系统”，它可能是由一个组织、公司或者个人发行的，Linux 主要作为 Linux 发行版（通常被称为“distro”）的一部分而使用。一个典型的 Linux 发行版包括：Linux 核心、一些 GNU 库和工具、命令行 shell、图形界面的 X 窗口系统和相应的桌面环境，如 KDE 或 GNOME，还包含数千种从办公包、编译器、文本编辑器到科学工具的应用软件。

主流的 Linux 发行版有：Ubuntu，DebianGNU/Linux，Fedora，Gentoo，Mandriva Linux，PCLinuxOS，SlackwareLinux，OpenSUSE，ArchLinux，Puppylinux，Mint，CentOS，Red Hat 等。

大陆发行版有：中标麒麟 Linux(原中标普华 Linux)，红旗 Linux(Red Flag Linux)，起点操作系统 StartOS(原 Ylmf OS)，Qomo Linux(原 Everest)，冲浪 Linux(Xteam Linux)，蓝点 Linux，新华 Linux，共创 Linux，百资 Linux，veket,lucky8k-veket.Open Desktop，Hiweed GNU/Linux，Magic Linux，Engineering Computing GNU/Linux，Kylin，中软 Linux，新华华镭 Linux(RaysLX)，CD Linux，MC Linux，即时 Linux(Thizlinux)，b2d Linux，IBOX，MCLOS，FANX，酷博 Linux，新氧 Linux，Hiweed，Deepin Linux（深度 Linux）。其中 CD Linux 可方便集成一些无线安全审计工具，具有较好的中文界面和体积小巧的特点。另外新氧、Hiweed 基于 Ubuntu，Deepin Linux 是 Hiweed 与深度合并后的版本，已成为中国 Linux 的后起之秀。

下面介绍一些主流版本。

1.2.4 Linux 基本思想和特征

1．基本思想

Linux 的基本思想有两点：一切都是文件；每个软件都有确定的用途。其中第一条详细来讲就是系统中的所有都归结为一个文件，包括命令、硬件和软件设备、操作系统、进程等对于操作系统内核而言，都被视为拥有各自特性或类型的文件。之所以说 Linux 是基于 UNIX 的，很大程度上也是因为这两者的基本思想十分相近。

2．具体特征

（1）完全免费

Linux 是一款免费的操作系统，用户可以通过网络或其他途径免费获得，并可以任意修改其源代码。这是其他的操作系统所做不到的。正是由于这一点，来自全世界的无数程序员参与了 Linux 的修改、编写工作，程序员可以根据自己的兴趣和灵感对其进行改变，这让 Linux 吸收了无数程序员的精华，不断壮大。完全兼容 POSIX 1.0 标准，这使得可以在 Linux 下通过相应的模拟器运行常见的 DOS、Windows 的程序。这为用户从 Windows 转到 Linux 奠定了基础。许多用户在考虑使用 Linux 时，就想到以前在 Windows 下常见的程序是否能正常运行，这一点就消除了他们的疑虑。

（2）多用户、多任务

Linux 支持多用户，各个用户对于自己的文件设备有自己特殊的权利，保证了各用户之间互不影响。多任务则是现在计算机最主要的一个特点，Linux 可以使多个程序同时并独立地运行。

（3）良好的界面

Linux 同时具有字符界面和图形界面。在字符界面用户可以通过键盘输入相应的指令来进行操作。它同时也提供了类似 Windows 图形界面的 X-Window 系统，用户可以使用鼠标对其进行操作。在 X-Window 环境中就和在 Windows 中相似，可以说是一个 Linux 版的 Windows。

（4）丰富的网络功能

UNIX 是在互联网的基础上繁荣起来的，Linux 的网络功能当然不会逊色。它的网络功能和其内核紧密相连，在这方面 Linux 要优于其他操作系统。在 Linux 中，用户可以轻松实现网页浏览、文件传输、远程登录等网络工作，并且可以作为服务器提供 WWW、FTP、E-Mail 等服务。

（5）可靠的安全、稳定性能

Linux 采取了许多安全技术措施，其中有对读、写进行权限控制、审计跟踪、核心授权等技术，这些都为安全提供了保障。Linux 由于需要应用到网络服务器，这对稳定性也有比较高的要求，实际上 Linux 在这方面也十分出色。

（6）支持多种平台

Linux 可以运行在多种硬件平台上，如具有 x86、680x0、SPARC、Alpha 等处理器的平台。此外 Linux 还是一种嵌入式操作系统，可以运行在掌上计算机、机顶盒或游戏机上。2001 年 1 月份发布的 Linux 2.4 版内核已经能够完全支持 Intel 64 位芯片架构。同时 Linux 也支持多处理器技术。多个处理器同时工作，使系统性能大大提高。

（7）相关用户

普通用户可以在其权限许可的范围内使用系统资源，而超级用户（用户名为 root）不仅可以使用系统中的所有资源而且可以管理系统资源。

（8）工作方式

Linux 的工作方式分为字符工作方式和图形工作方式。

（9）硬盘分区

硬盘分区一共有 3 种：主分区、扩展分区和逻辑分区。在一块硬盘上最多只能有 4 个主分区。可以另外建立一个扩展分区来代替 4 个主分区的其中一个，然后在扩展分区下可以建立更多的逻辑分区。扩展分区只不过是逻辑分区的“容器”。实际上只有主分区和逻辑分区进行数据存储。

（10）分区规定

设备管理在 Linux 中，每一个硬件设备都映射到一个系统的文件，对于硬盘、光驱、IDE 或 SCSI 设备等也不例外。Linux 把各种 IDE 设备分配了一个由 hd 前缀组成的文件；而对于各种 SCSI 设备，则分配了一个由 sd 前缀组成的文件。

例如，第一个 IDE 设备，Linux 就定义为 hda；第二个 IDE 设备就定义为 hdb；以此类推。而 SCSI 设备就应该是 sda、sdb、sdc 等。

（11）分区数量

要进行分区就必须针对每一个硬件设备进行操作，这就有可能是一块 IDE 硬盘或是一块 SCSI 硬盘。对于每一个硬盘（IDE 或 SCSI）设备，Linux 分配了一个 1～16 的序列号码，就代表了这块硬盘上面的分区号码。

例如，第一个 IDE 硬盘的第一个分区，在 Linux 下面映射的就是 hda1，第二个分区就称作是 hda2。对于 SCSI 硬盘则是 sda1、sda2 等。

1.3 Ubuntu 介绍

Ubuntu 是基于 Debian GNU/Linux，支持 x86、Amd64（即 x64）和 PPC 架构，由全球化的专业开发团队（Canonical Ltd）打造的开源 GNU/Linux 操作系统。Ubuntu 对 GNU/Linux 的普及特别是桌面普及作出了巨大贡献，由此使更多人共享开源的成果与精彩。

1.3.1 Ubuntu 概述

Ubuntu 由 Mark Shuttleworth（马克 • 舍特尔沃斯，亦译为沙特尔沃斯）创立，Ubuntu 以 Debian GNU/Linux 不稳定分支为开发基础，其首个版本于 2004 年 10 月 20 日发布。Debian 依赖庞大的社区，而不依赖任何商业性组织和个人。Ubuntu 使用 Debian 大量资源，同时其开发人员作为贡献者也参与 Debian 社区开发。而且，许多热心人士也参与 Ubuntu 的开发。

Ubuntu 的开发人员多称马克 • 舍特尔沃斯为 SABDFL（Self-Appointed Benevolent Dictator for Life，即自封的仁慈大君）。在 2005 年 7 月 8 日，马克 • 舍特尔沃斯与 Canonical 有限公司宣布成立 Ubuntu 基金会，并对其提供 1 千万美元作为起始营运资金。成立基金会的目的是为了确保将来 Ubuntu 得以持续开发与获得支持，但直至 2008 年，此基金会仍未投入运作。马克 • 舍特尔沃斯形容此基金会是在 Canonical 有限公司出现财务危机时的紧急营运资金。

1.3.2 Ubuntu 的版本与应用

Ubuntu 每 6 个月发布一个新版本，而每个版本都有代号和版本号。版本号基于发布日期，例如第一个版本 4.10，代表是在 2004 年 10 月发行的。

Ubuntu 的基本操作如下。

1）首先进入系统，在登录界面中输入您的用户名，然后系统将提问您的密码，输入您的密码后，按〈Enter〉键，稍等片刻，您将进入 Ubuntu 系统。

2）进入系统后，单击桌面左上角的图标，您可以打开一个菜单（或者使用〈Alt+F1〉组合键），如果您想退出系统，可以单击该图标

3）在桌面上方启动栏中，包含了一些常用程序的启动图标，这些图标也可以在开始菜单找到。现在单击 FireFox 图标，便可以使用 FireFox 浏览器冲浪，或者按下〈Alt+F2〉组合键，弹出一个运行命令对话框，输入 firefox 后按〈Enter〉键，同样可以启动 FireFox。在菜单中找到终端单击它便开启了一个终端窗口，可以在终端窗口中运行命令，也可以在控制

台中输入命令。使用〈Ctrl+Alt+[F1～F6]〉，可以切换到 1～6 号控制台；使用〈Ctr+Alt+F7〉可以返回图形界面（可以使用〈Ctrl+Alt+BackSpace〉将图形界面关闭）

4）命令行提示符：

User@ubuntu:～4$为命令提示符，@之前的部分为当前用户 ID，@与:之前的部分，为您的主机名称，:与$之间的部分，为当前的路径。

5）退出系统：

可以单击图标来退出系统，也可以在终端或者控制台中输入命令（sudo halt）。系统会提示输入密码，输入正确密码，便可以退出系统。

6）在以后的章节中，如果提示需要输入命令，那么既可以在终端中输入，也可以在控制台中输入。如果只是启动应用程序，还可以使用〈Alt+F2〉组合键。

1.3.3　Ubuntu 下载安装

1．进入 live cd 桌面

1）设置好启动后，断开网络，然后重启动计算机，可以用硬盘启动，也可以刻成光盘启动，镜像的下载地址：https://www.ubuntu.com/down/oad/。

UbuntuKylin 32&64 位官方版

2）启动后稍等，系统自动运行，同时出现两个图标时，可以按下〈Esc〉键打开菜单项，再按右方向键选择“中文（简体）”，再按〈Enter〉键。

3）等一会就进入一个桌面，这就是试用的 live cd 桌面，桌面左上边有两个图标，右上角是“关机”按钮（见图 1-2）。

4）对于硬盘安装，单击左上角的圆圈按钮，然后在旁边弹出的文本框中输入字母 ter，再单击弹出的终端图标。

5）输入命令“sudo umount -l /isodevice”然后按〈Enter〉键，没有提示就是成功了，然后关闭终端。

2．安装系统

1）首先在 VM 虚拟机中单击文件，新建虚拟机（见图 1-3）。

图 1-2　Ubuntu 界面

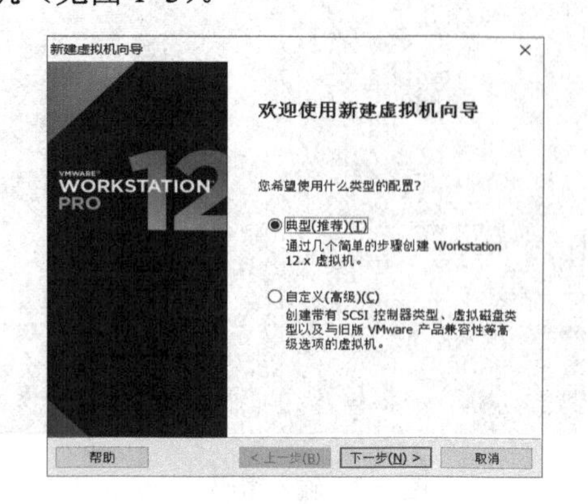

图 1-3　新建虚拟机

2）单击“下一步”按钮，选择安装 iso 镜像文件位置（见图 1-4）。

3）单击“下一步”按钮，填写用户名和密码（见图 1-5）。

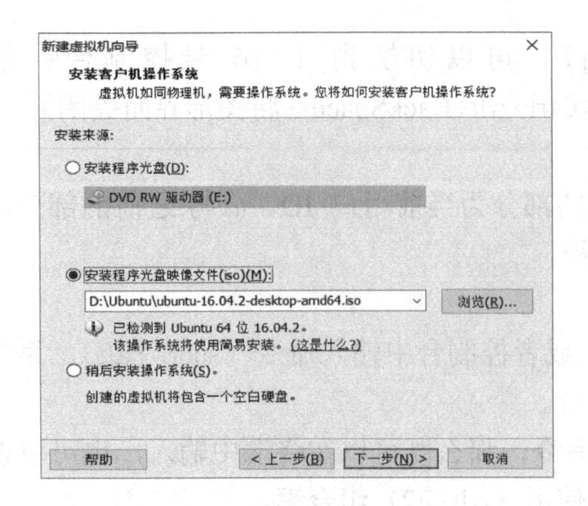

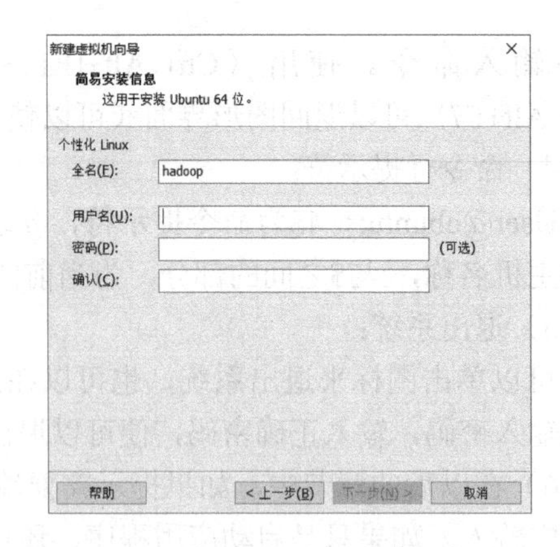

图 1-4　选定镜像文件　　　　图 1-5　设置用户名和密码

4）一直单击“下一步”按钮，直至完成安装（见图 1-6）。

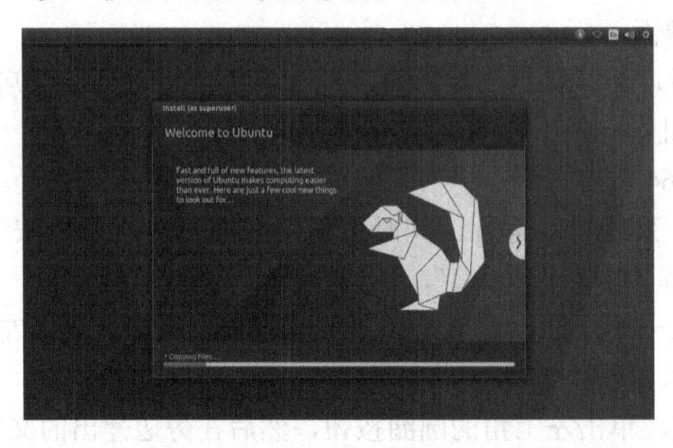

图 1-6　Ubuntu 安装过程

5）等待直至安装完成（见图 1-7）。

6）正式进入 Ubuntu 界面（见图 1-8）。

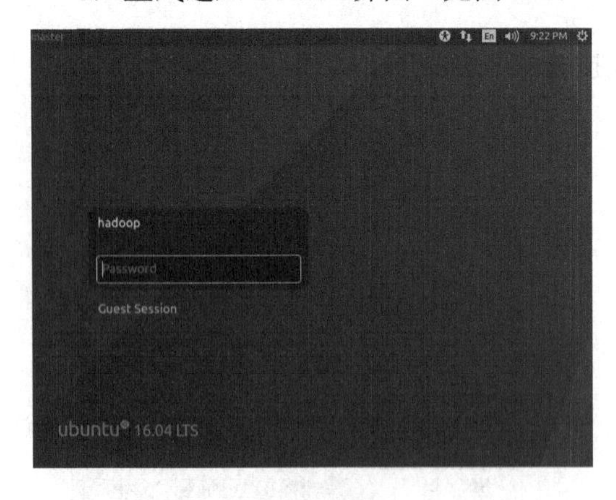

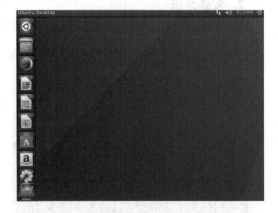

图 1-7　输入密码　　　　图 1-8　Ubuntu 界面

1.3.4　Ubuntu 评价

特别值得一提的是 Ubuntu 系统有很多值得学习的地方，这里主要介绍 Linux 用户使用

Ubuntu 系统。

Ubuntu 系统可能是目前普及度最高的 Linux 系统，根据 2007 年桌面 Linux 调查显示，Linux 用户中有 30%使用 Ubuntu 系统，现在这一数据肯定是有增无减。2009 年 6 月，Ubuntu 系统的用户大约为 1300 万，它的“增长速度超过任何其他 Linux 版本”。当戴尔开始在笔记本中预装 Linux 操作系统时，毫不犹豫选择了 Ubuntu 系统；另外，Ubuntu 系统是第一个和唯一一个拥有专门印刷版杂志的 Linux 版本。无论从哪一个方面说，Ubuntu 系统都是自由软件中的一个重要选手。然而，事物往往具有两面性。即使 Ubuntu 系统是最普及的 Linux 版本，它同时也是最不受人喜欢的 Linux 版本。2009 年，Linux Hater 博客上的一篇调查显示，Ubuntu 系统是最令人讨厌的 Linux 版本。当在谷歌中搜索“为什么我讨厌 Ubuntu 系统”时，会返回 9260 条结果，相比之下，如果换成 Debian 则会返回 376 条，而 Fedora 则只返回 11 条。为何如此？Ubuntu 系统既然如此成功，为何又被攻击得如此厉害？这些攻击可能是来自小部分对它有错误认识的用户，尽管如此，讨厌 Ubuntu 系统的人数似乎还是比正常水平更高一些。

针对 Ubuntu 系统的攻击来自好几个方面。从一定程度上，攻击可能是事物正常发展的一部分。但是，当 Ubuntu 系统被攻击的时候，还包括其他一些抱怨，其中包括 Ubuntu 系统正在窃取 Debian 的东西，或者说 Ubuntu 系统是自由软件中的暴发户，暗指它在开源社区的声誉并不好。不过，或许最大的原因在于 Ubuntu 系统是它自身成功的牺牲品，它创造了自己尚未能完全实现的期望值。抱怨代表更多关注。当被要求解释这种现象时，Ubuntu 系统社区管理者 Jono Bacon 认为，外界对 Ubuntu 系统的负面看法主要源于自由软件发展的方式。Bacon 援引开源软件理论家 Eric Raymond 的话称，“这让人回想起开源的基础理论之一：‘关注度足够的话，所有漏洞都会浮现出来。’当我们发布一个新版 Ubuntu 系统时，会吸引更多眼球，更多硬件、更多网络、更多设备、更多配置、更多期待，因此出错的可能性就更大。如果再联想到人们偏爱散播坏消息甚于分享赞扬观点，就不难理解为何 Ubuntu 系统会受到这些攻击。”Bacon 还专门提到了最近代号为 Karmic Koala 的 Ubuntu 系统发布后所带来的反应，很多人批评它存在大量问题，他表示，“所有软件都会存在漏洞；软件本来就是如此。在这一方面 Linux 系统面临更多风险，因为我们包含了数千个不相关联的项目，我们同时也继承了它们的漏洞。”

换言之，更多的人使用 Ubuntu 系统，就意味着它正在被用于更多环境下，因此更多的问题就会暴露出来，尤其是当该 Linux 版本增加了如此多的创新时，这一点表现得更为明显。Bacon 暗示称，从长远来看，Ubuntu 系统会因这些抱怨而变得更强大，因为 Ubuntu 系统团队正在进一步提高该系统的质量。

1.4 Linux 系统下大数据平台

shell 本身是一个用 C 语言编写的程序，它是用户使用 UNIX/Linux 的桥梁，用户的大部分工作都是通过 shell 完成的。shell 既是一种命令语言，又是一种程序设计语言。作为命令语言，它交互式地解释和执行用户的命令；作为程序设计语言，它定义了各种变量和参数，并提供了许多在高级语言中才具有的控制结构，包括循环和分支。

shell 虽然不是 UNIX/Linux 系统内核的一部分，但调用了系统核心的大部分功能来执行程序、建立文件并以并行的方式协调各个程序的运行。因此，对于用户来说，shell 是最重要的实用程序，深入了解和熟练掌握 shell 的特性及其使用方法，是用好 UNIX/Linux 系统的关键。

1.4.1 Linux 系统下大数据平台介绍

根据实际功能与 Linux 系统的特性，可将需要学习的 shell 命令分为 18 个具体功能模块命令集，本章将按照这种规律对 shell 命令进行初步介绍。

“文件与目录操作”命令集：此命令集主要包括为实现对文件与目录进行操作而预设的一些命令。如复制文件或目录、确定文件类型、改变文件的所有者和组、删除文件或目录、重命名文件、显示目录内容、从文件名中去掉路径和扩展名、移动或重命名文件、快速定位文件的路径、创建目录等命令。

“备份与压缩”命令集：此命令集主要包括为实现备份与压缩功能而预设的命令。如 arj 文件压缩指令、压缩 bzip2 格式的压缩文件、解压缩文件到标准输出、创建 bz2 格式的压缩文件、压缩数据文件、存取归档包中的文件、文件系统备份、解压缩由 gzip 压缩的文件、压缩可执行程序、压缩和解压缩指令、显示 zip 压缩文件的详细信息等命令。

“文本处理”命令集：此命令集主要包括对文本进行编辑与编译及调用相应工具的命令，如链接文件并显示到标准输出、比较两个文件的差异、分割文件、显示文件中每行的指定内容、行文本编辑器、全屏文本编辑器、文本编辑器 、将 Tab 转换为空白（Space）、交互式拼写检查程序等命令。

“shell 指令”命令集：此命令集有定义命令别名、显示或设置键盘配置、声明 shell 变量、显示 shell 目录堆栈中的记录、打印字符串到标准输出、编辑并执行历史命令、显示 shell 的作业信息、向 shell 目录堆栈中添加记录、设置 shell 的执行方式、设置控制 shell 行为变量的开关值、设置 shell 的资源限制、设置创建文件的权限掩码、取消由 alias 定义的命令别名、删除定义的变量或函数。

除此之外还有打印相关指令、其他基础指令、用户管理、进程管理、磁盘与文件系统管理、内核与性能、X-Window 系统、系统安全、编辑相关指令、其他系统管理与维护指令、网路配置、网络测试与应用、高级网络指令、网络服务器指令等 18 个指令集 ，具体指令与其使用将在之后进行讲解。

1.4.2 Linux 系统下大数据平台架构

大数据的工作角色分为 3 种类型，包括业务相关、数据科学相关和数据工程。大数据平台偏向于工程方面，一般包括数据源、数据采集、数据存储、数据处理等。

1．大数据平台

大数据在工作中的应用有 3 种。

- 与业务相关，如用户画像、风险控制等。
- 与决策相关，如数据科学的领域，了解统计学、算法，这是数据科学家的范畴。
- 与工程相关，如何实施、如何实现、解决什么业务问题，这是数据工程师的工作。

数据工程师在业务和数据科学家之间搭建起实践的桥梁。后面会介绍大数据平台架构技术选型及数据处理。

如图 1-9 所示，大数据平台第一个要素就是数据源，要处理的数据源往往是在业务系统上，数据处理时可能不会直接对业务的数据源进行处理，而是先经过数据采集、数据存储，之后才是数据分析和数据处理。

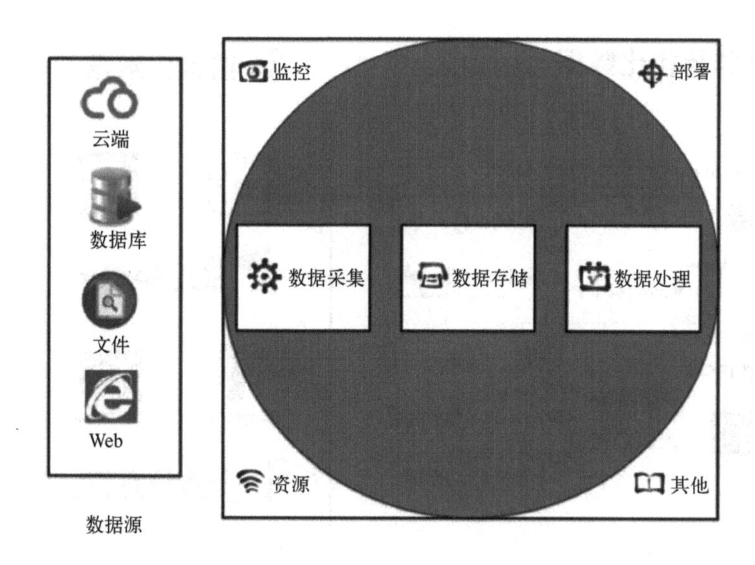

图 1-9　大数据平台工作图

从整个大的生态圈可以看出，要完成数据工程需要大量的资源；数据量很大需要集群；要控制和协调这些资源需要监控和协调分派；面对大规模的数据怎样部署更方便、更容易；还牵扯到日志、安全，还可能要和云端结合起来，这些都是大数据圈的边缘，同样都很重要。

2．数据源的分类

数据源的特点决定数据采集与数据存储的技术选型，根据数据源的特点将其分为 4 大类。

- 第一类：从来源来看分为内部数据和外部数据。
- 第二类：从结构来看分为非结构化数据和结构化数据。
- 第三类：从可变性来看分为不可变可添加数据和可修改可删除数据。
- 第四类：从规模来看分为大数据量和小数据量。

（1）内部数据

来自企业内部系统，可以采用主动写入技术（Push），从而保证变更数据及时被采集。

（2）外部数据

企业要做大数据的话肯定不会只局限于企业内部的数据，如银行做征信，就不能只看银行系统里的交易数据和用户信息，还要到互联网上去拉取外部数据。

外部数据分为两类：一类是要获取的外部数据本身提供 API（应用程序编程接口），可以调用 API 获取，比如微信；另一类是数据本身不提供 API，需要通过爬虫爬取过来。

这两类数据都不是可控制的，需要我们去获得，它的结构也可能跟企业内部数据的结构不一样，还需要进行转换，爬虫爬取的数据结构更乱，因此大数据平台里需要做 ETL

（抽取-转换-加载）。由 ETL 进行数据提取、转换、加载、清洗、去重、去噪，这个过程比较麻烦。

（3）结构化数据和非结构化数据（见图 1-10）

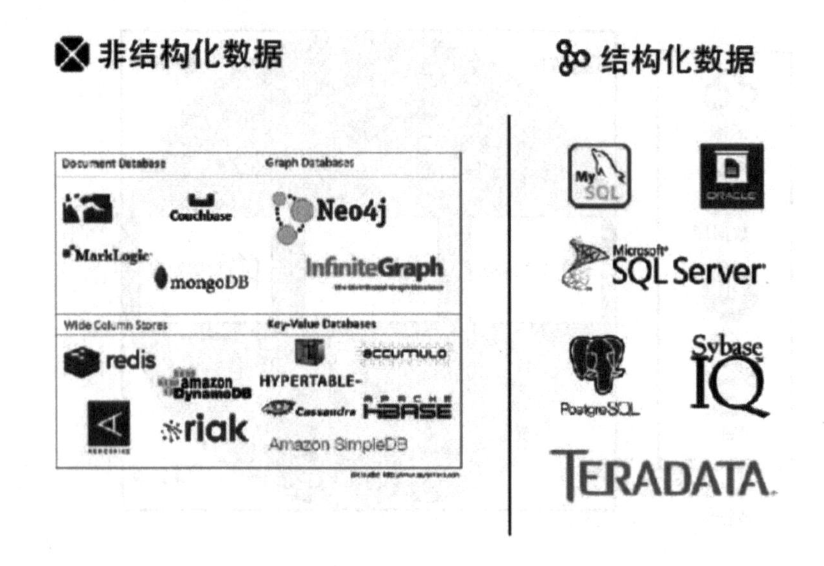

图 1-10　结构化数据和非结构化数据

结构化数据和非结构化数据在存储时的选型完全不同，非结构化数据偏向于文件，或者选择 NoSQL 数据库；考虑到事务的一致性，也可以选择传统的数据库。

（4）不可变可添加数据

如果数据源的数据是不可变的，或者只允许添加（通常，数据分析的事实表，例如银行交易记录等都不允许修改或删除），则采集会变得非常容易，同步时只需要考虑最简单的增量同步策略，维持数据的一致性也相对变得容易。

对于大数据分析来说，每天在处理的数据大部分是不可变的。正如 Datomic 数据库的设计哲学就是数据为事实（Fact），它是不可变的，即数据是曾经发生的事实，事实是不可以被篡改的，哪怕改一个地址，从设计的角度来说也不是改动一个地址，而是新增了一个地址。交易也是如此。

（5）可修改可删除数据

银行的交易记录、保险单的交易记录、互联网的访客访问记录和下单记录等都是不可变的。但是数据源的数据有些可能会修改或删除，尤其是许多维表经常需要变动。要对这样的数据进行分析处理，最简单的办法就是采用直连形式，但直连可能会影响数据分析的效率与性能，且多数数据模型与结构可能不符合业务人员进行数据分析的业务诉求。如果采用数据采集的方式，就要考虑同步问题。

（6）大数据量

针对大数据量，如果属于高延迟的业务，可以采用 batch 的处理方式，实时分析则需要使用流式处理，将两者结合就是 Lambda 架构，既有实时处理、又能满足一定的大数据量，这是现在比较流行的大数据处理方式。

3. 数据存储的技术选型

先把数据源进行分类，然后根据其特点判断用什么方式采集，采集之后要进行存储。数据存储的技术选型依据有以下 3 点。

1）取决于数据源的类型和采集方式。如非结构化的数据不可能拿一个关系数据库去存储。采集方式如果是流失处理，那么传过来放到 Kafka 是最好的方式。

2）取决于采集之后数据的格式和规模。数据格式是文档型的，能选的存储方式就是文档型数据库，例如 MongoDB；采集后的数据是结构化的，则可以考虑关系型数据库；如果数据量达到很大规模，首选放到 HDFS 里。

3）分析数据的应用场景。根据数据的应用场景来判定数据存储技术选型。

① 场景一：舆情分析。

做舆情分析的时候客户要求所有数据存放两年，一天 600 多万条，两年就是 700 多天×600 多万条，几十亿条的数据。而且爬虫爬过来的数据是舆情，做了分词之后得到的可能是大段的网友评论，客户要求对舆情进行查询，做全文本搜索，并要求响应时间控制在 10s 以内。

选择用 ES，在单机上做了一个简单的测试，大概三亿多条数据，用最坏的查询条件进行搜索，保证这个搜索是全表搜索（基于 Lucence 创建了索引，使得这种搜索更高效），整个查询时间能控制在几秒以内。

如图 1-11 所示，爬虫将数据爬到 Kafka 里，在里面做流处理，去重、去噪后做语音分析，写到 ElasticSearch 里。

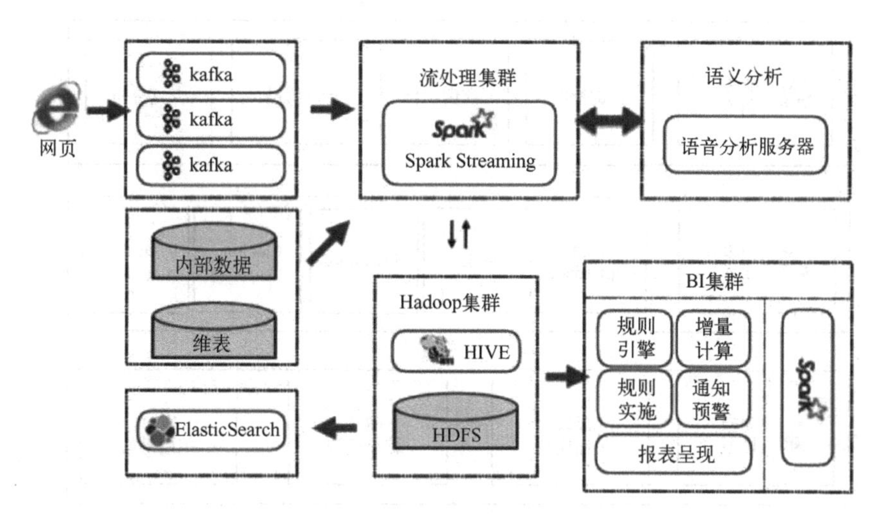

图 1-11 Kafka 分析

② 场景二：商业智能产品。

BI 产品主要针对数据集进行数据分析以聚合运算为主，如求和、求平均数、求同比、求环比、求其他的平方差或之类的标准方差。既要满足大数据量的水平可伸缩，又要满足高性能的聚合运算。选择 Parquet 列式存储，可以同时满足这两个需求。

③ 场景三：Airbnb 的大数据平台。

Airbnb 的大数据来自两块：一块是本身的业务数据，另一块是大量的事件。数据源不同，采集方式也不一样。日志数据通过发送 Kafka 事件，而线上数据则通过 Sqoop 同步。数据存储选择 HDFS 集群，然后通过 Presto 对 Hive 表执行即席查询，S3 是一个独立的存储系统，如图 1-12 所示。

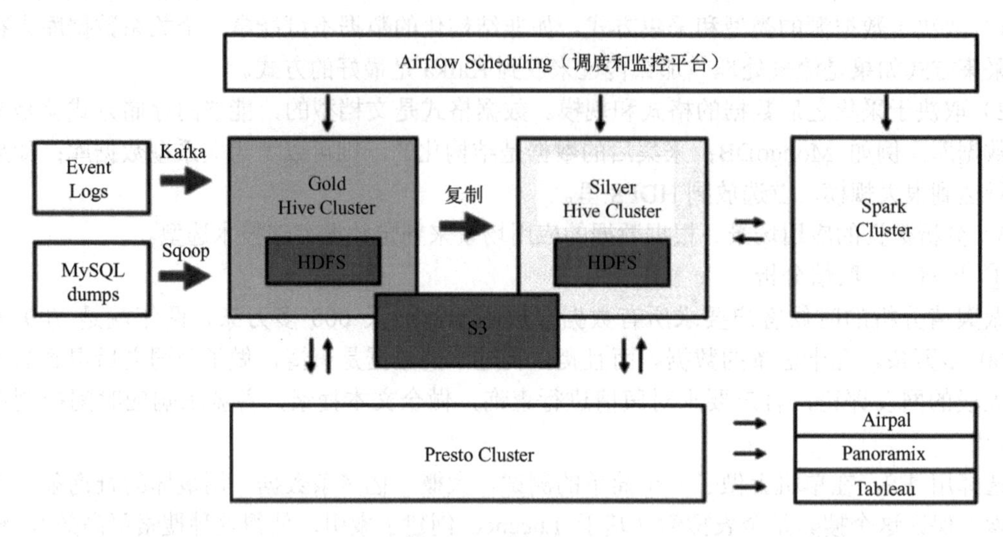

图 1-12　调和监控平台

4. 数据处理

数据处理分类如图 1-13 所示。

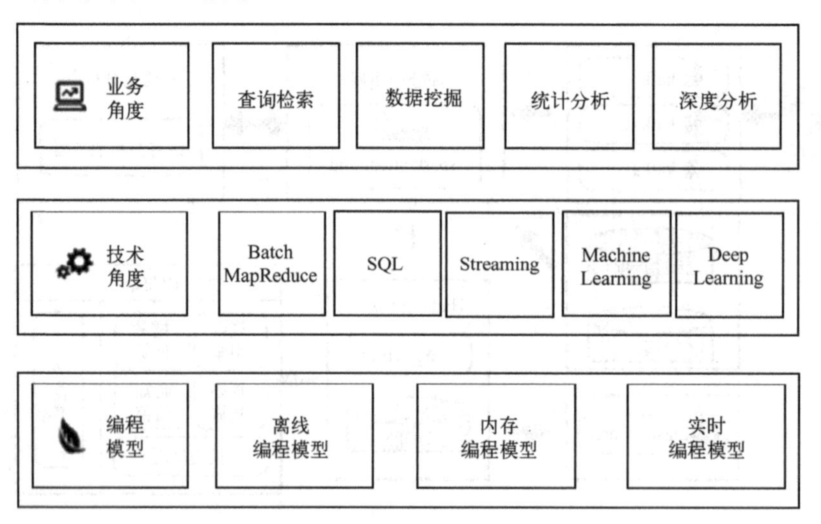

图 1-13　数据处理分类

数据处理分为以下三大类。

1）第一类是从业务的角度，细分为查询检索、数据挖掘、统计分析和深度分析，其中深度分析分为机器学习和神经网络。

2）第二类是从技术的角度，细分为 Batch MapReduce、SQL、Streaming、machine learning、Deep learning。

3）第三类是编程模型，细分为离线编程模型、内存编程模型和实时编程模型。

结合前面讲述的数据源特点、分类、采集方式、存储选型、数据分析、数据处理，在这里给出一个总体的大数据平台的架构。值得注意的是，架构图中去掉了监控、资源协调、安全日志等。

如图 1-14 所示左侧是数据源，有实时流的数据（可能是结构化、非结构化数据，但其特点是实时的），有离线数据，离线数据一般采用的多为 ETL 的工具，常见的做法是在大数据平台里使用 Sqoop 或 Flume 去同步数据，或调一些 NIO 的框架去读取加载，然后写到 HDFS 里面，当然也有一些特别的技术存储的类型，如 HAWQ 就是一个支持分布式、支持事务一致性的开源数据库。

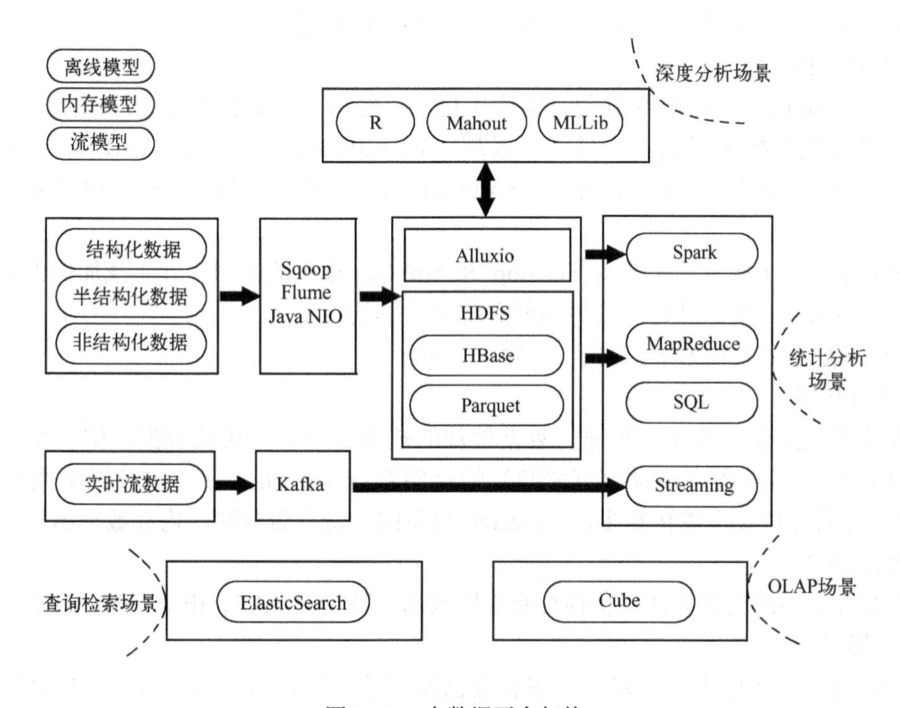

图 1-14　大数据平台架构

从业务场景来看，如果做统计分析，就可以使用 SQL、MapReduce、streaming 或 Spark。如果做查询检索，同步写到 HDFS 的同时还要考虑写到 ES 里。如果做数据分析，可以建一个 Cube，然后再进入 OLAP 的场景。

图 1-14 基本上把大数据平台所有的内容都涵盖了，从场景的角度来分析倒推，用什么样的数据源、采用什么样的采集方式、存储成什么样子，能满足离线、内存、实时、流的各种模型，都能从图中得到解答。

1.4.3　大数据平台发展前景

如今，大数据的发展趋势正在迅速转变，但专家预计机器学习、预测分析、物联网、边缘计算将在未来几年对大数据技术产生重大影响。

大数据已不再只是一个流行术语。调研机构 Forrester 公司的研究人员发现，在 2016 年，将近 40%的企业正在实施和扩展大数据技术的应用，另外 30%的企业计划在未来一年内采用大数据。同样，来自 NewVantage Partners 的“2016 年大数据执行调查”发现，62.5%的企业现在至少有一个大数据项目投入使用，只有 5.4%的企业没有计划或没有实施大数据项目。

研究人员表示，大数据技术的采用不会很快放缓。根据调研机构 IDC 公司预测，大数据和业务分析市场将从 2018 年的 1301 亿美元增长到 2020 年的 2030 多亿美元。

虽然大数据市场将会增长，但企业对如何使用他们的大数据却不那么清楚。新的大数据技术正在进入市场，而一些老旧技术的使用也在不断增长。

真正掌握大数据趋势就像试图监控风向的每日变化一样，只要感觉到风向，它就会改变。然而，以下趋势明显地推动了大数据平台和技术的发展。

1．大数据和开源

Apache Hadoop、Spark 和其他开源应用程序已经成为大数据技术空间的主流，而且这种趋势似乎可能会持续下去。一项调查发现，近 60%的企业预计到 2018 年年底将采用 Hadoop 集群投入生产。根据调研机构 Forrester 公司的报告，Hadoop 的使用量每年增长 32.9%。

专家表示，许多企业将扩大对 Hadoop 和 NoSQL 技术的使用，并寻找加快大数据处理的途径。许多人寻求能够让他们实时访问和响应数据的技术。

Hadoop 就是开源大数据项目的一个很好的例子。

2．内存技术

内存技术是企业正在研究加速大数据处理的技术之一。在传统数据库中，数据存储在配备有硬盘驱动器或固态驱动器（SSD）的存储系统中。而内存技术可以将数据存储在 RAM 中，并且存取速度要快很多。Forrester 公司的一份报告预测，内存数据结构市场规模每年将增长 29.2%。

目前有几家不同的供应商提供内存数据库技术，特别是 SAP、IBM、Pivotal 公司。

3．机器学习

随着大数据分析能力的进步，一些企业已经开始投资机器学习（ML）。机器学习是人工智能的一个分支，其重点在于允许计算机在没有明确编程的情况下学习新事物。换句话说，它分析现有的大数据存储库来得出改变应用程序行为的结论。

根据 Gartner 公司的研究，机器学习是 2017 年十大战略技术趋势之一。报告指出，当今最先进的机器学习和人工智能系统正在超越传统的基于规则的算法，以创建理解、学习、预测，以及潜在地自主操作系统。

4．预测分析

预测分析与机器学习密切相关。实际上，机器学习系统经常为预测分析软件提供引擎。在大数据分析的早期，企业正在回顾他们的数据，看看发生了什么，然后开始使用分析工具来调查为什么发生这些事情。而预测分析则更进一步，可以使用大数据分析来预测未来会发生什么。

根据普华永道公司在 2016 年的研究调查，使用预测分析技术的企业数量很少，只有 29%。然而，最近有很多供应商提供了预测分析工具，因此随着企业越来越多地了解这个强大工具，这个数字可能会在未来几年飙升。

5. 大数据智能应用程序

企业使用机器学习和人工智能技术的另一种方式是创建智能应用程序。这些应用程序通常包含大数据分析，分析用户以前的行为，以提供个性化和更好的服务。现在人们非常熟悉的一个例子是当前推动许多电子商务和娱乐应用程序的推荐引擎。

在 2017 年排名前十的战略技术趋势中，名列 Gartner 公司的报告中第二位的技术是智能应用程序。“在接下来的十年中，几乎所有的应用程序和服务都将包含一定程度的人工智能。” Gartner 研究员副总裁 David Cearley 说，“这将形成一个长期的趋势，将不断发展和扩大人工智能和机器学习应用程序和服务的应用。”

6. 智能安全

许多企业也将大数据分析纳入其安全战略中。组织的安全日志数据提供了有关过去的网络攻击的宝贵信息，企业可以使用这些信息来预测、预防和减轻未来的攻击。因此，一些组织正在将其安全信息和事件管理（SIEM）软件与 Hadoop 等大数据平台进行整合。其他公司正在转向采用安全厂商提供的服务，其产品包含大数据分析功能。

7. 物联网

物联网也可能对大数据产生相当大的影响。根据 IDC 公司 2016 年 9 月的一份调查报告，“接受调查的企业中有 31.4%推出了物联网解决方案，另外 43%的企业希望在未来的一年内进行部署。”

随着所有这些新设备和应用程序的上线运行，企业将会体验到比以往更快的数据增长。许多企业需要新的技术和系统，以便能够处理和理解来自物联网部署的大量数据。

8. 边缘计算

一种可以帮助企业处理物联网大数据的新技术是边缘计算。在边缘计算中，大数据分析与物联网设备和传感器非常接近，而不是在数据中心或云端。对于企业来说，这提供了一些重要的支持。他们的网络数据流量较少，可以提高性能，并节省云计算成本。它允许组织删除只在有限的时间内具有价值的物联网数据，减少存储和基础设施成本。边缘计算还可以加快分析过程，使决策者能够比以前更快地采取行动。

9. 高薪

对于 IT 员工来说，大数据分析的增长可能意味着对拥有大数据技能的人员的高需求和高薪酬。根据 IDC 公司的调查，仅在美国，2018 年就会有 181000 个深层次的分析职位，而在许多需要相关数据管理和解释技能的职位中，这个数字将是其五倍。

由于这种稀缺性，Robert Half 技术公司调查表明，数据科学家的平均薪酬在 2017 年提高了 6.5%，其年薪为 116000 美元到 163500 美元。同样，大数据工程师也将增加 5.8%的薪酬，其年薪为 135000 美元到 196000 美元。

10. 自助服务

随着聘请行业专家的成本不断上升，许多组织可能正在寻找工具，让普通工作人员能够满足他们自己的大数据分析需求。IDC 公司此前曾预测，可视化数据发现工具的增长速度将比商业智能（BI）市场的增长速度快 2.5 倍，到 2018 年，对推动终端用户自助服务的投资将成为所有企业的需求。

一些供应商已经推出了具有“自助服务”功能的大数据分析工具，专家预计这一趋势将持续到 2018 年及以后。随着大数据分析越来越融入到企业各个部门的人员工作中，IT 部门可能会越来越少地参与到这个过程中。

1.5 本章小结

经过本章的学习相信初学者对于 Linux 系统已经有了初步的了解，为大数据相关其他知识的学习起到抛砖引玉的作用。

由于本书适用于初学者，所以本章的知识比较基础性，从 Linux 的特性开始让初学者了解 Linux 系统，之后介绍了 Linux 系统的常用版本如 Ubuntu、Red Hat 等，同时介绍了 Linux 系统的文件目录结构。之后介绍了 Linux 系统的发展过程，介绍了 Linux 系统版本与内核版本的发展过程。除此之外本章主要对 Linux 系统的 Ubuntu 版本进行了较为系统的讲解，因为 Ubuntu 版本是目前较为常用版本。

由于大数据之后的学习需要经常性地使用 Linux 系统，所以作为 Linux 系统的简介放在了本书的第 1 章，由于匹配本书的学习只需要简单了解 Linux 系统与操作常识即可，所以并未进行深入讲解，有兴趣的读者可自行进行学习。

实践与练习

一、选择题

1．Linux 最早是由一位名叫（　　）的计算机爱好者开发的。

A．Robert Koretsky　　B．Linus Torvalds
C：Bill Ball　　D．Linus Duff

2．下列（　　）是自由软件。

A．Windows 7　　B．AIX　　C．Linux　　D．Solaris

3．Linux 根分区的文件系统类型是（　　）。

A．FAT16　　B．FAT32　　C．ext3/ ext4　　D．NTFS

二、填空题

1．Linux 是在 GNU 版权下发行的遵循________的操作系统内核。

2．Linux 内核的作者是__________。

3．命令接口演化为两种主要形式，分别是__________和__________。

三、简述 Linux 的技术特点

四、Linux 有哪些著名的发布商和发布版本？可以上网了解现在市面上流行的 Linux 发行版本。

第 2 章　Hadoop 平台常用的 Linux 命令

Ubuntu 是以桌面应用为主，并且基于 Linux 操作系统，支持 X86、Amd64 和 PPC 架构，Ubuntu 中有很多文件，这些文件包括系统文件和配置文件。如果想要使用文件，那么就需要使用操作文件的命令，通过 terminal 中的命令行来实现文件的移动以及配置。在了解文件的操作命令之前，首先需要了解一下文件的基本组成和文件的系统结构。

2.1　文件和目录

在 Ubuntu 中所有的文件都是基于目录的方式存储的，一切都是目录，一切都可以是文件。

2.1.1　Ubuntu 系统目录结构

1）/：目录属于根目录，是所有目录的绝对路径的起始点，Ubuntu 中的所有文件和目录都在根目录下，一般根目录下只存放目录，不要存放文件，/etc、/bin、/dev、/lib、/sbin 应该与根目录存放在相同的分区中，如图 2-1 所示。

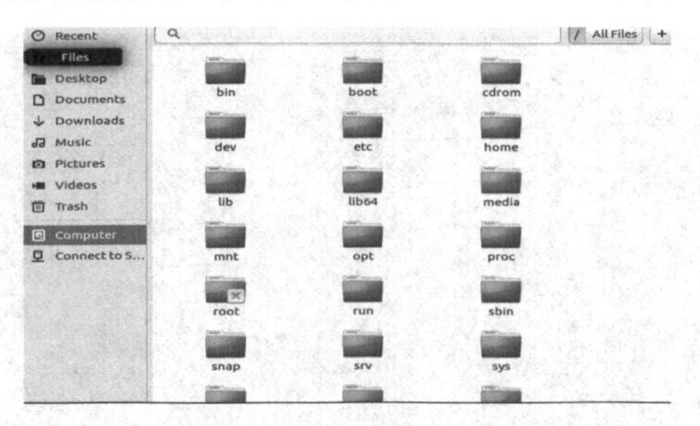

图 2-1　根目录展示

2）/etc/：文件目录，存放文件管理配置文件和目录，一般情况下不应将可执行文件放在该文件夹下。这个目录多用来存放系统管理所需要的配置文件和子目录。

3）/home/：它是用户的主要目录，在 Linux 中用户都有自己的目录，一般目录名使用自己的用户名来命名。

4）/bin :用来存放系统中最常用的二进制的可执行文件。

5）/sbin：这其中的 s 代表最高级用户，用来存放管理员使用的系统管理程序。

6）/dev：这个目录用来存放 Linux 中的外部设备，包括硬盘、键盘、鼠标、USB。

7）/mnt：此目录主要是作为挂载点使用。

8）/usr：存放与系统用户相关的文件和目录。

9）/var：它的长度可变，特别是记录一些数据，如图 2-2 所示。

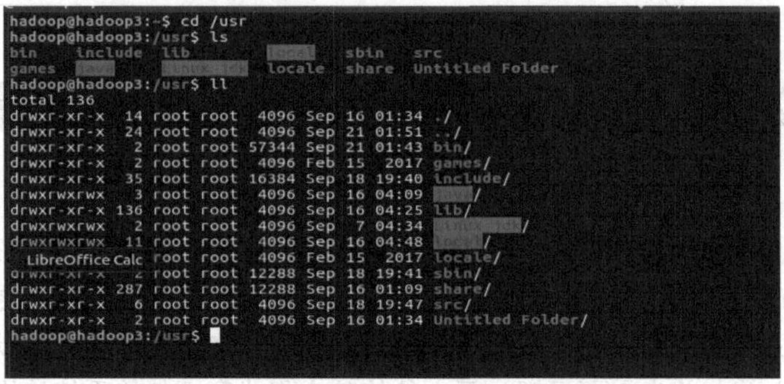

```
hadoop@hadoop3:~$ cd /usr
hadoop@hadoop3:/usr$ ls
bin     include  lib              sbin  src
games                    locale   share  Untitled Folder
hadoop@hadoop3:/usr$ ll
total 136
drwxr-xr-x  14 root root  4096 Sep 16 01:34 ./
drwxr-xr-x  24 root root  4096 Sep 21 01:51 ../
drwxr-xr-x   2 root root 57344 Sep 21 01:43 bin/
drwxr-xr-x   2 root root  4096 Feb 15  2017 games/
drwxr-xr-x  35 root root 16384 Sep 18 19:40 include/
drwxrwxrwx   3 root root  4096 Sep 16 04:09      /
drwxr-xr-x 136 root root  4096 Sep 16 04:25 lib/
drwxrwxrwx   2 root root  4096 Sep  7 04:34      /
drwxrwxrwx  11 root root  4096 Sep 16 04:48      /
 LibreOffice Calc root root  4096 Feb 15  2017 locale/
             2 root root 12288 Sep 18 19:41 sbin/
drwxr-xr-x 287 root root 12288 Sep 16 01:09 share/
drwxr-xr-x   6 root root  4096 Sep 18 19:47 src/
drwxr-xr-x   2 root root  4096 Sep 16 01:34 Untitled Folder/
hadoop@hadoop3:/usr$
```

图 2-2　查看文件夹的内部文件

10）/lib：包含了可以共享的库文件，其中有很多可以被/bin 和/sbin 中使用的库文件。

11）/lost+found：该目录一般情况下是空的，只有当虚拟机关机的时候才会有一些零散文件。

12）/tmp：包含了临时的文件，该目录的权限较低，所有用户都可以对其进行访问。

13）/boot：这其中存放一些启动器程序。

15）/media：自动挂载光驱。

16）/root：是超级权限用户的主目录，同时 root 权限在 Ubuntu 中也是最高的权限，查看 root 权限如图 2-3 所示。

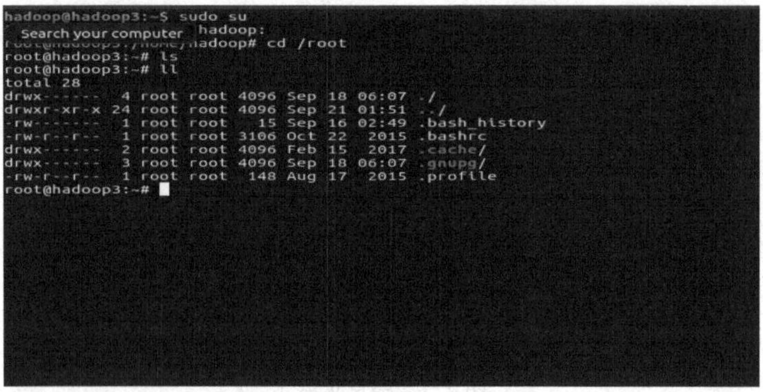

```
hadoop@hadoop3:~$ sudo su
 Search your computer  hadoop:
                   hadoop# cd /root
root@hadoop3:~# ls
root@hadoop3:~# ll
total 28
drwx------  4 root root 4096 Sep 18 06:07 ./
drwxr-xr-x 24 root root 4096 Sep 21 01:51 ../
-rw-------  1 root root   15 Sep 16 02:49 .bash_history
-rw-r--r--  1 root root 3106 Oct 22  2015 .bashrc
drwx------  2 root root 4096 Feb 15  2017 .cache/
drwx------  3 root root 4096 Sep 18 06:07 .gnupg/
-rw-r--r--  1 root root  148 Aug 17  2015 .profile
root@hadoop3:~#
```

图 2-3　查看 root 权限

2.1.2　创建/删除目录

（1）创建目录命令：mkdir

使用 mkdir 命令可以创建目录，如果想要创建目录，那么首先就要明确想要创建目录的位置，如果是打算将目录创建到 home 下，那么就直接可以在终端中写入命令行，创建新的文件夹如图 2-4 所示。

```
mkdir 目录名
```

```
hadoop@hadoop3:~$ mkdir dd
hadoop@hadoop3:~$
```

图 2-4　创建文件夹

如果打算在某个目录中再创建目录，那么就需要先进入该目录中，然后在该目录中再进行创建目录。假设是在/usr 中创建，先进入 usr 文件夹，然后写入命令行，如图 2-5 所示。

图 2-5　进入 usr 文件夹

然后，创建新的文件夹如图 2-6 所示。

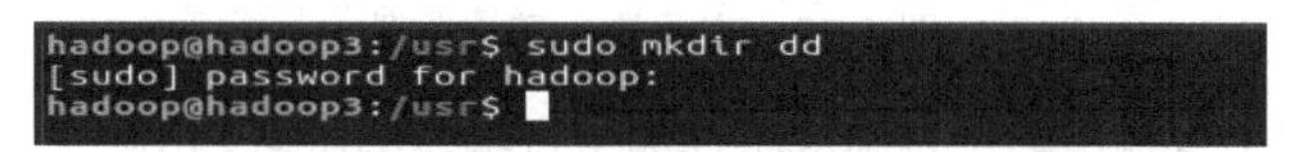

图 2-6　创建文件夹

当创建完目录后就可以使用 ls-命令来查看目录是否创建成功，查看文件如图 2-7 所示。

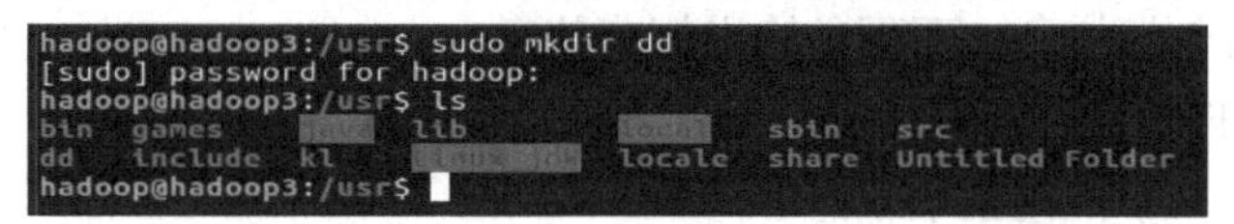

图 2-7　查看文件

其实一个目录就是一个特殊类型的文件，就如同 Windows 中的文件夹一样，目录里既可以有文件，也可以有子目录，就是因为有目录的存在，Linux 才能够以一种目录树的结构对文件系统进行管理。

有时候需要一次性地建立多级目录，则可以使用-p 参数：

```
# mkdir -p /home/dir1/dir2/dir3
```

（2）删除目录命令：rmdir

当要删除 home 中的目录时，应该在终端中写入如图 2-8 所示的指令。

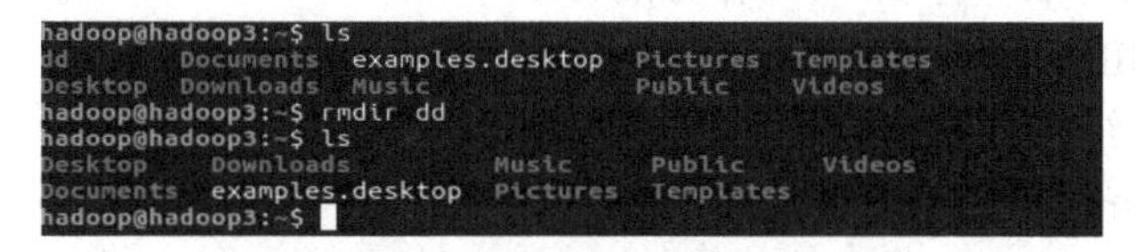

图 2-8　查看并删除文件夹

当要删除/usr 中的目录时，可以在终端中写入如图 2-9 所示的指令。

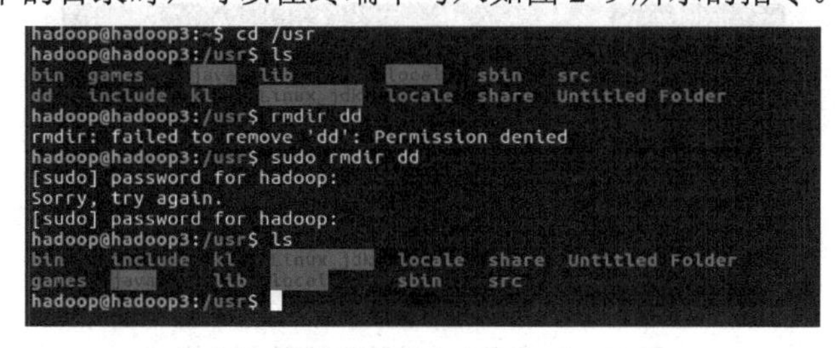

图 2-9　删除完并查看

2.1.3 查看文件

查看文件可以用 ls 命令。

ls 命令：全文是 list 列表的含义。

-a 列出目录下的所有文件，包括以“.”开头的隐含文件，查看带“.”的隐含文件如图 2-10 所示。

```
hadoop@hadoop3:~$ ls -a
.               Desktop           .ICEauthority       .sudo_as_admin_successful
..              .dmrc             .local              Templates
.bash_history   Documents         Music               Videos
.bash_logout    Downloads         .oracle_jre_usage   .viminfo
.bashrc         examples.desktop  Pictures            .Xauthority
.cache          .gconf            .profile            .xsession-errors
.config         .gnupg            Public              .xsession-errors.old
.dbus           .gvfs             .ssh
hadoop@hadoop3:~$
```

图 2-10　查看带.的隐含文件

-b 把文件名中不可输出的字符用反斜杠加字符编号的形式列出。

-c 输出文件的 i 节点的修改时间，并以此排序。

-d 将目录像文件一样显示，而不是显示其下的文件。

-e 输出时间的全部信息，而不是输出简略信息。

-f -u 对输出的文件不排序。

-i 输出文件的 i 节点的索引信息。

-k 以 k 字节的形式表示文件的大小。

-l 列出文件的详细信息。

查看文件的详细信息如图 2-11 所示。

```
hadoop@hadoop3:~$ ls -l
total 44
drwxr-xr-x 2 hadoop hadoop 4096 Sep 16 01:21 Desktop
drwxr-xr-x 2 hadoop hadoop 4096 Sep 16 01:21 Documents
drwxr-xr-x 2 hadoop hadoop 4096 Sep 16 01:21 Downloads
-rw-r--r-- 1 hadoop hadoop 8980 Sep 16 01:01 examples.desktop
drwxr-xr-x 2 hadoop hadoop 4096 Sep 16 01:21 Music
drwxr-xr-x 2 hadoop hadoop 4096 Sep 16 01:21 Pictures
drwxr-xr-x 2 hadoop hadoop 4096 Sep 16 01:21 Public
drwxr-xr-x 2 hadoop hadoop 4096 Sep 16 01:21 Templates
drwxr-xr-x 2 hadoop hadoop 4096 Sep 16 01:21 Videos
hadoop@hadoop3:~$
```

图 2-11　查看文件的详细信息

-m 横向输出文件名，并以“,”作分隔符。

-n 用数字的 UID,GID 代替名称。

-o 显示文件除组信息外的详细信息。

下面建立一个查看目录的例子。

【例 2-1】 查看 etc 目录下的详细信息：ls -l /usr/，查看 usr 目录下的所有文件，如图 2-12 所示。

```
hadoop@hadoop3:~$ ls -l /usr
total 132
drwxr-xr-x   2 root root 57344 Oct  4 06:45 bin
drwxr-xr-x   2 root root  4096 Feb 15  2017 games
drwxr-xr-x  35 root root 16384 Sep 18 19:40 include
drwxrwxrwx   3 root root  4096 Sep 16 04:09 [illegible]
drwxr-xr-x   2 root root  4096 Oct  4 06:01 kl
drwxr-xr-x 136 root root  4096 Sep 16 04:25 lib
drwxrwxrwx   2 root root  4096 Sep  7 04:34 [illegible]
drwxrwxrwx  11 root root  4096 Sep 16 04:48 [illegible]
drwxr-xr-x   3 root root  4096 Feb 15  2017 locale
drwxr-xr-x   2 root root 12288 Oct  4 06:44 sbin
drwxr-xr-x 287 root root 12288 Sep 16 01:09 share
drwxr-xr-x   6 root root  4096 Sep 18 19:47 src
drwxr-xr-x   2 root root  4096 Sep 16 01:34 Untitled Folder
hadoop@hadoop3:~$
```

图 2-12　查看 usr 目录下的所有文件

2.1.4　查看路径

查看当前路径使用 pwd 命令。

pwd 命令以绝对路径的方式显示用户当前工作目录。命令将当前目录的全路径名（从根目录）写入标准输出。全部目录使用“/”分隔。第一个“/”表示根目录，最后一个目录是当前目录。执行 pwd 命令可立刻得知目前所在的工作目录的绝对路径名称。

当进入到某个目录中的时候，想要知道当前的路径，需要 pwd 命令来查看文件夹的路径，如图 2-13 所示。

```
hadoop@hadoop3:~$ cd /usr/local/hadoop
hadoop@hadoop3:/usr/local/hadoop$ pwd
/usr/local/hadoop
hadoop@hadoop3:/usr/local/hadoop$ cd /usr/java
hadoop@hadoop3:/usr/java$ pwd
/usr/java
hadoop@hadoop3:/usr/java$
```

图 2-13　查看文件夹的路径

2.1.5　tree 命令

首先在 Ubuntu 系统中默认没有 tree 这个命令，需要安装，用下面的命令就可以完成 tree 这个命令工具的安装。

```
sudo apt install tree
```

下面来说明如何使用 tree 这个命令，就是直接查看关于 tree 的帮助，输入下面的命令，可以查看关于 tree 命令的帮助信息。

```
tree --help
```

其实 tree 命令是直接用来显示目录树的，当在终端直接输入 tree 命令时，就会自动以树形的形式列出当前目录的文件和文件夹，不加任何参数，它会自动列表当前目录下面所有深度级别的文件和目录，通过目录树来看出目录的概况，可以更加明确地看出目录和文件夹，tree 命令的结构图如图 2-14 所示。

```
hadoop@hadoop3:~$ tree
.
├── d
├── Desktop
├── Documents
├── Downloads
├── examples.desktop
├── Music
├── Pictures
├── Public
├── Templates
└── Videos

9 directories, 1 file
hadoop@hadoop3:~$
```

图 2-14　tree 命令的结构图

查看不同级别子目录和文件：使用“tree -L 1”这个命令，只查看当前第一级的目录和文件；当使用“tree -L 2”这个命令时，只是查看当前第二级的目录和文件：当使用“tree -L N”这个命令时，只查看当前第 N 级的目录和文件。

例如，使用下面的命令时，是将当前文件的第二级子目录的目录结构信息保存到

/home/xyh/tree.txt 文件中。

```
tree -L 2 > /home/xyh/tree.txt
```

打开/home/xyh/tree.txt 文件，查看里面保存的结果是否和之前使用命令显示的结果是一样的，可以看到文件保存的结果就是使用“tree -L 2”这个命令的输入结果。

2.2 文件操作

Linux 中文件的操作是十分频繁的，如创建文件、创建文件目录、查看文件内容、修改文件等常见操作，在 Linux 常见操作系统中既可以采用命令行方式进行操作，也可采用可视化方式来进行对文件的操作，对于初学者来说建议采用命令行方式进行文件操作。

2.2.1 创建文件

touch 命令有两个功能：一个是用于把已存在文件的时间标签更新为系统当前的时间（默认方式），它们的数据将原封不动地保留下来；另一个是用来创建新的空文件。

-a:只是用来更新访问时间，不改变修改时间，建立空文件夹并查看，如图 2-15 所示；查看建立以及修改的时间，如图 2-16、图 2-17 所示；创建文件及查看，如图 2-18 所示。

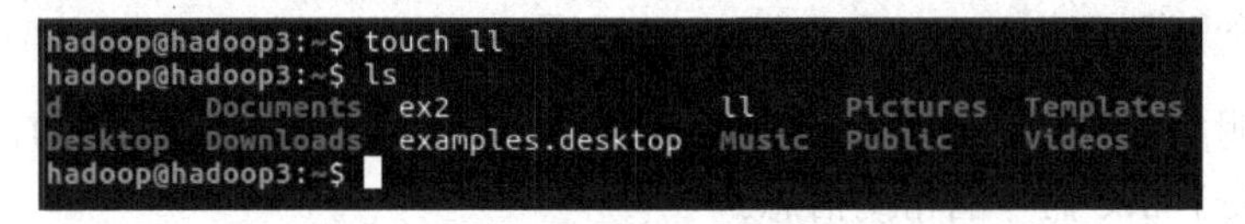

图 2-15 建立空文件并查看

```
Accessed: Thu, Oct 5 2017 01:28:23
Modified: Thu, Oct 5 2017 01:28:23
```

图 2-16 查看建立以及修改的时间

```
hadoop@hadoop3:~$ touch ll -a
hadoop@hadoop3:~$
```

图 2-17 查看建立以及修改的时间命令

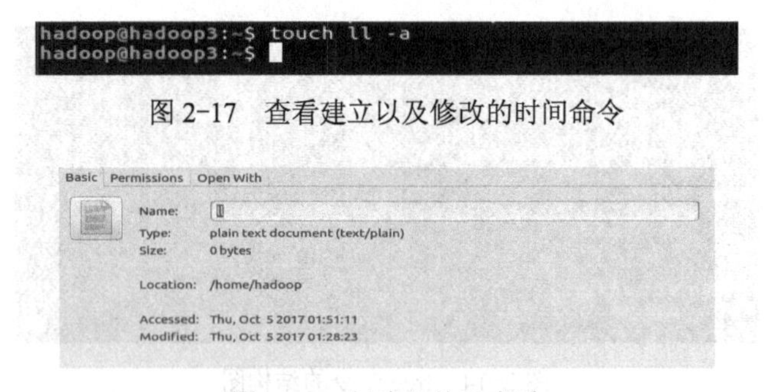

图 2-18 创建文件及查看

-c：创建不存在的文件。

-m：只更新修改时间，不改变访问时间。

-t：将时间修改为指定时间。

下面是创建文件的实例。

【例 2-2】 touch ex2

在当前目录下建立一个空文件 ex2，然后，利用 ls -l 命令可以发现文件 ex2 的大小为 0，表示它是空文件，查看文件及其创建时间，如图 2-19、图 2-20 所示。

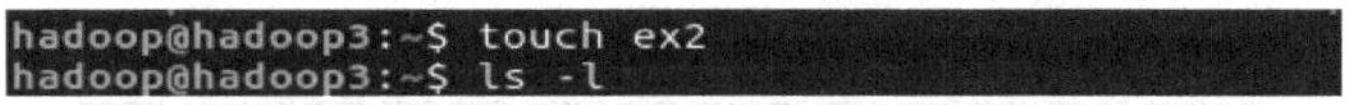

```
hadoop@hadoop3:~$ touch ex2
hadoop@hadoop3:~$ ls -l
```

图 2-19　查看文件及其创建的时间命令

```
-rw-rw-r-- 1 hadoop hadoop    0 Oct  4 22:53 ll
```

图 2-20　查看文件及其创建的时间

2.2.2　查看文件内容

在 Ubuntu 中有很多命令，这其中有一些命令可以用来查看文件中的内容，通过在终端写入命令的方式，来输出并查看其中的文件内容。

（1）cat 和 tac

cat：是从第一行开始显示，并且可以把所有的内容全部输出。

```
cat -n 文件名
```

n 能够显示行号，了解每一行的内容。

tac：是将文件中的内容按照倒序的方式进行输出，并不是十分常用。查看文件中的内容如图 2-21 所示。

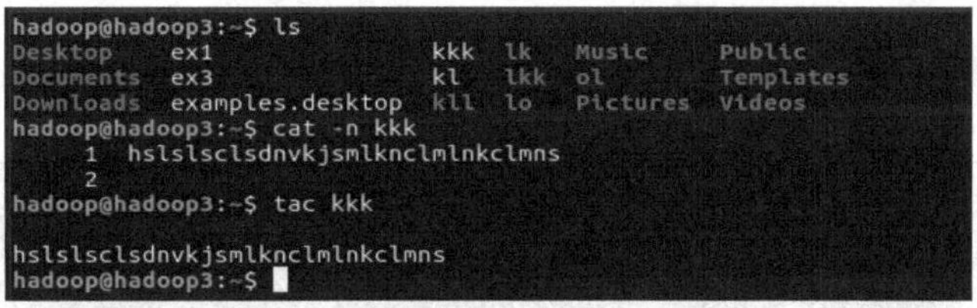

```
hadoop@hadoop3:~$ ls
Desktop    ex1              kkk  lk   Music     Public
Documents  ex3              kl   lkk  ol        Templates
Downloads  examples.desktop kll  lo   Pictures  Videos
hadoop@hadoop3:~$ cat -n kkk
     1  hslslsclsdnvkjsmlknclmlnkclmns
     2
hadoop@hadoop3:~$ tac kkk

hslslsclsdnvkjsmlknclmlnkclmns
hadoop@hadoop3:~$
```

图 2-21　查看文件中的内容

（2）more 和 less

more：是将文件从第一行开始，根据输出窗口的大小，适当地输出文件内容。当一页无法全部输出时，可以按〈Enter〉键向下翻行，按〈Space〉键向下翻页。退出查看页面，请按〈q〉键。另外，more 还可以配合管道符“|”使用，如图 2-22 所示。

```
hadoop@hadoop3:~$ more kkk
hslslsclsdnvkjsmlknclmlnkclmns
```

图 2-22　查看文件中的内容

less：less 的功能和 more 相似，但是使用 more 无法向前翻页，只能向后翻。

less 可以使用〈Page Up〉和〈Page Down〉键进行前翻页和后翻页，这样看起来更方便。

（3）head 和 tail

head 和 tail 通常在只需要读取文件的前几行或者后几行的情况下使用。head 的功能是显示文件的前几行内容，查看文件中前五行的内容如图 2-23 所示。

```
head -n 数字 文件名
```

```
hadoop@hadoop3:~$ head -n 5 kkk
hslslsclsdnvkjsmlknclmlnkclmns
skvslvls
vlvlsvlsmls
vdlknvldsvlsm
vnlknvlvls
hadoop@hadoop3:~$
```

图 2-23　查看文件中前五行的内容。

```
tail -n 数字 文件名
```

查看文件中后五行的内容如图 2-24 所示。

```
hadoop@hadoop3:~$ tail -5 kkk
vnlknvlvls
vnvldvnlslslvlkvllsnvl
vskvmlsmvsms
mvldvmlsmvlsm

hadoop@hadoop3:~$
```

图 2-24　查看文件中后五行的内容

（4）nl

nl 的功能和 cat -n 一样，同样是从第一行输出全部内容，并且把行号显示出来，如图 2-25 所示。

```
nl 文件名
```

```
hadoop@hadoop3:~$ nl kkk
     1  hslslsclsdnvkjsmlknclmlnkclmns
     2  skvslvls
     3  vlvlsvlsmls
     4  vdlknvldsvlsm
     5  vnlknvlvls
     6  vnvldvnlslslvlkvllsnvl
     7  vskvmlsmvsms
     8  mvldvmlsmvlsm

hadoop@hadoop3:~$
```

图 2-25　显示行号

2.2.3　清屏

清屏命令为：clear。

在 Ubuntu 中清屏就是通过输入一行命令将其上面的内容清理干净，然后继续去完成下面的代码，通过在 Ubuntu 中使用 clear 命令来实现。

2.3 帮助和历史

Ubuntu 操作系统中可利用命令的提示，来对命令或者命令参数进行提示，对于学习者来说要记住所有的命令是不可能的，也没有必要，忘记命令的参数或者命令都可以利用帮助命令，这是个很有用的命令。Ubuntu 中也有查看历史操作命令，这个命令可以显示出一定时间内的历史命令，对于 Linux 系统运维人员是常用命令。

2.3.1 help 命令

Ubuntu 中有大量的命令，可以用来完成各种操作，那么 help 命令就是其中的一种。因为 Ubuntu 中的命令过多，所以有的时候用户就会忘记，此时可以通过 help 命令来帮助用户完成命令行的写入。help 命令只能显示 shell 内部的命令帮助信息，而对于外部命令的帮助信息只能使用 man 或者 info 命令查看。

通过在终端写入 help 命令，首先初步了解 help 命令应该如何使用，并且通过看 help 命令的反馈情况可以掌握并实现一些命令。通过使用 help 命令能够快速掌握每个命令的重要作用，通过 help 命令来实现其他命令的学习，在 help 命令中包含着很多 Ubuntu 中的常用命令，help 命令如图 2-26 所示。

```
hadoop@hadoop3:~$ help help
help: help [-dms] [pattern ...]
    Display information about builtin commands.

    Displays brief summaries of builtin commands.  If PATTERN is
    specified, gives detailed help on all commands matching PATTERN,
    otherwise the list of help topics is printed.

    Options:
      -d        output short description for each topic
      -m        display usage in pseudo-manpage format
      -s        output only a short usage synopsis for each topic matching
        PATTERN

    Arguments:
      PATTERN   Pattern specifying a help topic

    Exit Status:
    Returns success unless PATTERN is not found or an invalid option is given.
hadoop@hadoop3:~$
```

图 2-26　help 命令

help -d：显示 cd 的简短描述，简单了解 cd 的作用。了解 cd 的用法如图 2-27 所示。

图 2-27　了解 cd 的用法

help -s：显示 cd 的用法；显示 cd 的用法，如图 2-28 所示。

图 2-28　显示 cd 的用法

help -m：比较详细的 cd 使用方法。

内部命令：指定需要显示帮助信息的 shell 内部命令。

下面使用 help 命令的实例如图 2-29 所示。

【例 2-3】 使用 help 命令显示 shell 内部 shopt 命令的帮助信息，输入如下命令：

```
help shopt
```

```
hadoop@hadoop3:~$ help shopt
shopt: shopt [-pqsu] [-o] [optname ...]
    Set and unset shell options.

    Change the setting of each shell option OPTNAME.  Without any option
    arguments, list all shell options with an indication of whether or not each
    is set.

    Options:
      -o        restrict OPTNAMEs to those defined for use with `set -o'
      -p        print each shell option with an indication of its status
      -q        suppress output
      -s        enable (set) each OPTNAME
      -u        disable (unset) each OPTNAME

    Exit Status:
    Returns success if OPTNAME is enabled; fails if an invalid option is
    given or OPTNAME is disabled.
```

图 2-29 查看 help shopt 命令

2.3.2 man 命令

在 Ubuntu 系统中，man 命令可以帮助用户了解命令的参数，但是默认是没有安装 man 命令的，所以第一步就是要先安装 man 命令。

在终端中输入以下命令，但一定要在联网的情况下，不然下载不了安装包。

如果没有错误提示的话，就可以使用 man 命令了。

```
sudo apt-get install   manpages
sudo apt-get install   manpages-de
sudo apt-get install   manpages-de-dev
sudo apt-get install manpages-dev
```

Linux 中 man 手册共有下面几个章节。

- Standard commands（标准命令）。
- System calls（系统调用函数）。
- Library functions（库函数）。
- Special devices（设备说明）。
- File formats（文件格式）。
- Games and toys（游戏和娱乐）。
- Miscellaneous（杂项）。
- Administrative Commands（管理员命令）。

2.3.3 自动补全 Tab

在 Ubuntu 系统中，使用〈Tab〉键就能自动补全命令了，但在 Linux 其他系统中却不存在这个功能。Linux 下〈Tab〉可补全命令名，但也存在无法补全情况。

方法一：

1）需取得 root 权限，可 root 或 sudo 任选其一，找到 bash.bashrc 文件（该文件默认为只读文件），打开并且打开方式自选，可用 gedit /etc/bash.bashrc 或在 KDE 中直接找到文件然后双击。

2）找到以下代码：

```
# enable bash completion in interactive shells
# enable bash completion in interactive shells
#if [ -f /etc/bash_completion ] && ! shopt -oq posix; then
# . /etc/bash_completion
#fi
```

3）去掉#保存即可，注意# enable bash completion in interactive shells 前面的#别去掉。

若未找到该语句，可写上以下语句：

```
if  [ -f  /etc/bash_completion ]; then
  .   /etc/bash_completion
fi
```

4）保存，重登录。

方法二：

使用〈Insert〉键，可以实现〈Tab〉键补全命令的开关。

2.3.4 查看历史 history

Ubuntu 中的命令行包含一个功能强大的历史特性，使用它可以方便地查看和重用之前使用过的命令。若想查看最近使用的命令，只需在终端中输入 history 命令。该命令会把储存在用户的 home 目录下 bash_history 文件中的命令调出来，该文件存储用户最近使用过的命令，最多可保留 1000 个命令的历史记录。由于历史命令比较多，可以使用管道把 history 的内容分屏展示出来。

如果直接在终端写入 history，那么将会出现最近使用过的命令行，history 命令如图 2-30 所示。

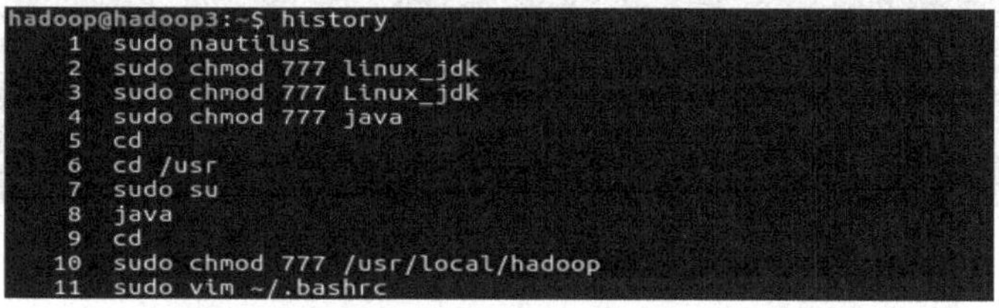

```
hadoop@hadoop3:~$ history
    1  sudo nautilus
    2  sudo chmod 777 linux_jdk
    3  sudo chmod 777 Linux_jdk
    4  sudo chmod 777 java
    5  cd
    6  cd /usr
    7  sudo su
    8  java
    9  cd
   10  sudo chmod 777 /usr/local/hadoop
   11  sudo vim ~/.bashrc
```

图 2-30　history 命令

1）history n：表示得到第几个历史纪录，如图 2-31 所示。

```
hadoop@hadoop3:~$ history 5
  203  java
  204  clear
  205  history
  206  history 55
  207  history 5
hadoop@hadoop3:~$
```

图 2-31　查看几条历史纪录

2）history -c：将 shell 中的记录全部删除。

3）! Number：在所有的记录中找到对应数字的那一条命令，查看相应的记录，如图 2-32 所示。

图 2-32　查看对应的记录

另外，如果想在命令历史中搜索一个命令，同时按下〈Ctrl+r〉键后，输入相应的命令，命令终端就能自动补齐所要找的命令。同时，使用键盘的上下键也能在最近的历史命令中切换，找到想重用的命令后按〈Enter〉键即可。

2.4　文件的其他操作

文件是 Linux 中的一个重要概念。在 Linux 中，几乎一切都是文件，所以要合理地利用文件，就要通过一些命令的操作来实现。将要了解 Ubuntu 中对于文件的几种操作方式，通过了解几种命令对于这几种操作的实现，通过这些与 Windows 系统相似的命令来实现 Ubuntu 中的操作。

2.4.1　复制/剪切命令

1. 复制命令

Ubuntu 中用户可以利用两个复制的命令对文件进行复制，分别是 cp 和 scp，但是它们也略有不同。cp 主要是用于在同一台计算机上，在不同的目录之间复制文件；而 scp 主要是在不同的系统之间复制文件。

命令基本格式：

（1）cp 文件名 新文件名

将文件复制成一个新的文件如图 2-33 所示。

```
hadoop@hadoop3:~$ ls
d        Documents  ex2               kkk  lk  llk  Music     Public     usr
Desktop  Downloads  examples.desktop  kll  ll  lll  Pictures  Templates  Videos
hadoop@hadoop3:~$ cp ex2 ex1
hadoop@hadoop3:~$ ls
d          Downloads  examples.desktop  lk   lll       Public     Videos
Desktop    ex1        kkk               ll   Music     Templates
Documents  ex2        kll               llk  Pictures  usr
hadoop@hadoop3:~$
```

图 2-33　复制文件

（2）cp -R 目录新 目录

将这个目录中的文件复制到另一个新的目录下，如图 2-34 所示。

```
hadoop@hadoop3:~$ mkdir ol
hadoop@hadoop3:~$ ls
d          Downloads  examples.desktop  kll  ll    Music     Public     Videos
Desktop    ex1        jkl               lk   lll   ol        Templates
Documents  ex2        kkk               lkk  llll  Pictures  usr
hadoop@hadoop3:~$ cp -R ol lo
hadoop@hadoop3:~$ ls
d          Downloads  examples.desktop  kll  ll    lo     Pictures   usr
Desktop    ex1        jkl               lk   lll   Music  Public     Videos
Documents  ex2        kkk               lkk  llll  ol     Templates
hadoop@hadoop3:~$
```

图 2-34　复制目录

（3）cp –f / ––force

强行复制文件或目录，不管目的文件和目录是否存在。

（4）cp –r

表示递归复制，若源文件 source 中含有目录名，则将目录下的档案皆依序复制到目标目录下。

2．剪切命令

Ubuntu 中的剪切命令是 mv（move），可进行文件的移动或者改名。

（1）sudo mv 目录 1 /目录 2

如果目录 1 在目录 2 中不存在，那么将目录 1 移到目录 2 下。移动目录，如图 2-35 所示。

```
hadoop@hadoop3:~$ ls
Desktop    ex1                jkl  kll  lo     Pictures   usr
Documents  ex3                kkk  lk   Music  Public     Videos
Downloads  examples.desktop   kl   lkk  ol     Templates
hadoop@hadoop3:~$ sudo mv jkl /usr
hadoop@hadoop3:~$ ls
Desktop    ex1                kkk  lk   Music     Public     Videos
Documents  ex3                kl   lkk  ol        Templates
Downloads  examples.desktop   kll  lo   Pictures  usr
hadoop@hadoop3:~$ cd /usr
hadoop@hadoop3:/usr$ ls
bin  dd   ex2    include  jkl  kkk  lib        ll   local   sbin   src
d    ex1  games  java     kk   kl   linux_jdk  lll  locale  share
hadoop@hadoop3:/usr$
```

图 2-35　移动目录

（2）sudo mv 文件/目录

如果文件在该目录中不存在，那么将文件移动到目录中，如图 2-36 所示。

```
hadoop@hadoop3:~$ sudo mv usr /usr
hadoop@hadoop3:~$ ls
Desktop    ex1                kkk  lk   Music     Public
Documents  ex3                kl   lkk  ol        Templates
Downloads  examples.desktop   kll  lo   Pictures  Videos
hadoop@hadoop3:~$ cd /usr
hadoop@hadoop3:/usr$ ls
bin  dd   ex2    include  jkl  kkk  lib        ll   local   sbin   src
d    ex1  games  java     kk   kl   linux_jdk  lll  locale  share  usr
hadoop@hadoop3:/usr$
```

图 2-36　文件的移动

2.4.2　重命名

在 Ubuntu 下修改文件的名字有很多种方法，一般有 mv 和 rename。

1．mv

```
mv 文件 1 文件 2
```

如果文件 1 已存在，文件 2 不存在，那么该命令为改名，文件的更改如图 2-37 所示。

```
hadoop@hadoop3:~$ ls
d          Downloads  examples.desktop  kl   lkk  Music     Public     Videos
Desktop    ex1        jkl               kll  lll  ol        Templates
Documents  ex2        kkk               lk   lo   Pictures  usr
hadoop@hadoop3:~$ mv ex2 ex3
hadoop@hadoop3:~$ ls
d          Downloads  examples.desktop  kl   lkk  Music     Public     Videos
Desktop    ex1        jkl               kll  lll  ol        Templates
Documents  ex3        kkk               lk   lo   Pictures  usr
hadoop@hadoop3:~$
```

图 2-37　文件的更改

如把文件 a.txt 命名为 b.txt，命令行中可以写入：

```
mv a.txt   b.txt
```

mv 一次只能重命名一个文件，而且，它是移动命令。如果 b.txt 已经存在的话，会直接将原文件覆盖，从而造成文件的丢失。当然有选项会提示有已存在的文件。

2．rename

rename 可以从字面理解出重新命名的意思，所以在 Ubuntu 中将会使用 rename 命令来进行重新命名。首先可以直接在终端输入，如图 2-38 所示。

```
sudo nautilus
```

进入图形化界面，就可以右击某一个文件，在弹出的快捷菜单中选择 rename 进行操作。

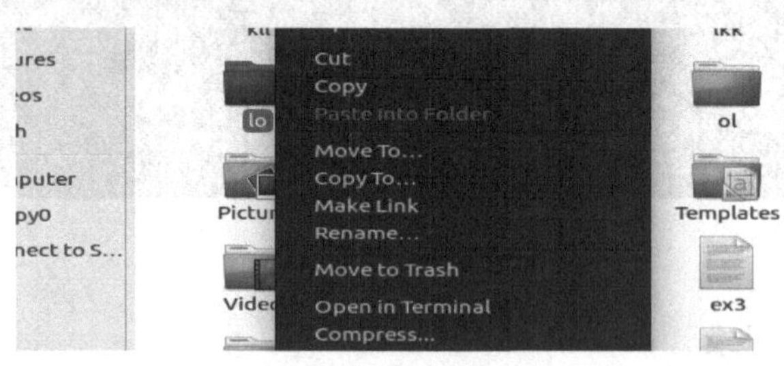

图 2-38　图形化界面

还可以通过在终端写入命令行的方式进行修改，举例如下。

```
rename [ -v ] [ -n ] [ -f ] perlexpr [ files ]
```

1）-v(verbose)：打印被成功重命名的文件。

2）-n(no-act)：只是显示将被重命名的文件，而不重命名（重命名之前可以用-n 确认需要重命名的文件）。

3）-f(force)：覆盖已经存在的文件。

4）perl 语言格式的正则表达式。

5）files：需要被替换的文件（比如*.c、*.h），如果没给出文件名，将从标准输入得到。

2.4.3　重定向

在 Ubuntu 中支持输入输出重定向，用符号“<”和“>”来表示。0、1 和 2 分别表示标准输入、标准输出和标准错误信息输出，可以用来指定需要重定向的标准输入或输出，比如 2>a.txt 表示将错误信息输出到文件 a.txt 中。

同时，还可以在这 3 个标准输入/输出之间实现重定向，如将错误信息重定向到标准输出，可以用 2>&1 来实现。

Ubuntu 下还有一个特殊的文件/dev/null，它就像一个无底洞，所有重定向到它的信息都会消失得无影无踪。这一点非常有用，当不需要回显程序的所有信息时，就可以将输出重定向到/dev/null。

如果想要正常输出和错误信息都不显示，则要把标准输出和标准错误都重定向到/dev/null，例如：

```
# ls 1>/dev/null 2>/dev/null
```

还有一种做法是将错误重定向到标准输出，然后再重定向到 /dev/null，例如：

```
# ls >/dev/null 2>&1
```

注意：此处的顺序不能更改，否则达不到想要的效果，此时先将标准输出重定向到 /dev/null，然后将标准错误重定向到标准输出，由于标准输出已经重定向到了/dev/null，因此标准错误也会重定向到/dev/null。

定义：将原本从一个输入/输出设备的输入/输出操作，转向到从另外一个输入/输出设备进行，Linux 系统中 sh 启动进程时会默认打开 3 个输入/输出文件：标准输入文件、标准输出文件和标准错误文件，它们的文件句柄分别是 0，1，2，有时候需要将进程输出到一个文件的时候，可这样处理：a>file.txt（假定 a 是程序名称)，那么 sh 就会将默认的两个输出文件 1 和 2 改为：file.txt，这就叫重定向。

在 Ubuntu 中应该输入的命令：

```
a fo.txt 2>fe.txt
```

sh 就将标准错误文件改向为:fe.txt，也就是将标准错误文件改为文件 fe.txt，重定向如图 2-39 所示。

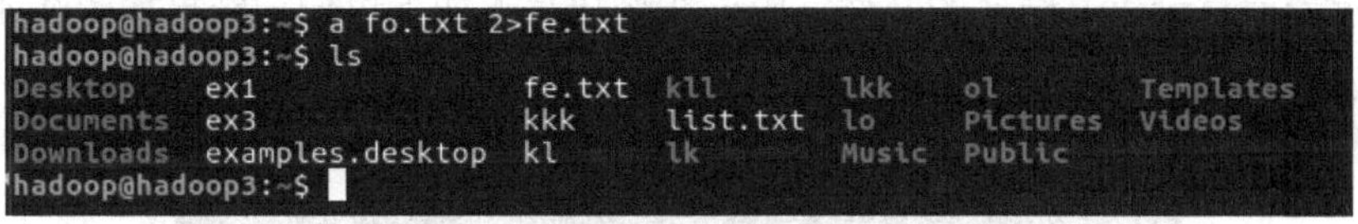

```
hadoop@hadoop3:~$ a fo.txt 2>fe.txt
hadoop@hadoop3:~$ ls
Desktop    ex1               fe.txt  kll       lkk    ol        Templates
Documents  ex3               kkk     list.txt  lo     Pictures  Videos
Downloads  examples.desktop  kl      lk        Music  Public
hadoop@hadoop3:~$
```

图 2-39　重定向

在 Ubuntu 中重定向常见的重命令如下。

- command > filename：把标准输出重定向到一个新文件中。
- command 1 > fielname：把标准输出重定向到一个文件中。
- command 2 > filename：把标准错误重定向到一个文件中。
- command > filename 2>&1：把标准输出和标准错误一起重定向到一个文件中。
- command < filename >filename2：command 命令以 filename 文件作为标准输入，以 filename2 文件作为标准输出。
- command < filename：command 命令以 filename 文件作为标准输入。
- command <&m：把文件描述符 m 作为标准输入。
- command >&m：把标准输出重定向到文件描述符 m 中。
- command <&-：关闭标准输入。

2.4.4 管道命令

在 Ubuntu 中，bash 命令执行的时候有输出的数据会出现，那么如果这群数据必须要经过几道手续之后才能得到用户所想要的格式，那么应该如何来设定？这就涉及管道命令的问题了，管道命令使用的符号是 “|”。

管道命令的定义：一般在 Linux 命令中管道之前的命令会输出大量的结果，管道之后的命令一般就是带有条件的，只将之前满足条件的结果显示出来。管道命令只会处理 stdout，忽略 stderr， 管道命令后面接的第一个数据必定是命令，这个命令必须能够接收 stdin。

管道命令的使用方法：Linux 管道命令具有过滤特性，一条命令通过标准输入端口接收一个文件中的数据，命令执行后产生的结果数据又通过标准输出端口送给后一条命令，作为第二条命令的输入数据。第二条数据也是通过标准输入端口接收输入数据。

注：管道命令必须能够接收来自前一个命令的数据，成为 standard input 继续处理。

假设要读取 last 这个指令中，root 登入的『次数』应该怎么做？

首先要在终端输入 last，目的是将这一段时间内所有人的登入数据取出来，然后使用 grep 将上面的输出数据（stdout）当中的 root 撷取出来，最后，使用 wc 这个可以计算行数的指令将上一步的数据计算行数。管道命令如图 2-40 所示。

```
hadoop@hadoop3:~$ last | grep root | wc -l
0
hadoop@hadoop3:~$
```

图 2-40　管道命令

下面开始了解简单的管道命令。

1）显示当前目录以 k 结尾的文件，应该在终端写入如下语句，结果如图 2-41 所示。

```
ls | grep k$
```

```
hadoop@hadoop3:~$ ls | grep k$
kk
lk
lk
hadoop@hadoop3:~$
```

图 2-41　显示 k 结尾的文件

2）不显示当前目录以字母 o 到 z 结尾的文件，注意^符号在中括号内和中括号外的区别。显示文件，如图 2-42 所示。

```
ls | grep [^o-z]$
```

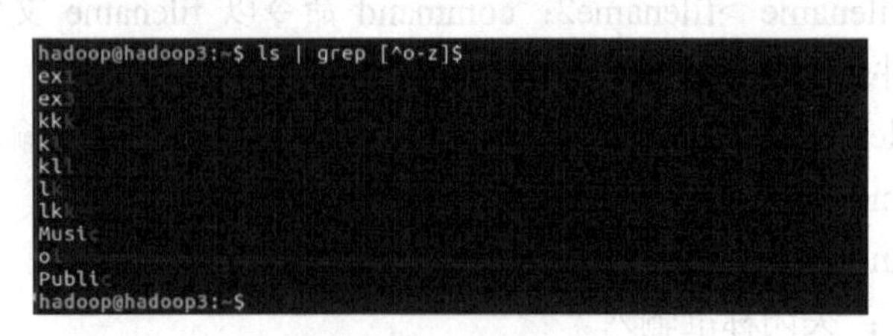

图 2-42　显示文件

3）图 2-43 不显示当前目录以单个字符 e 结尾的文件，应在终端输入。

```
ls | grep [^e]$
```

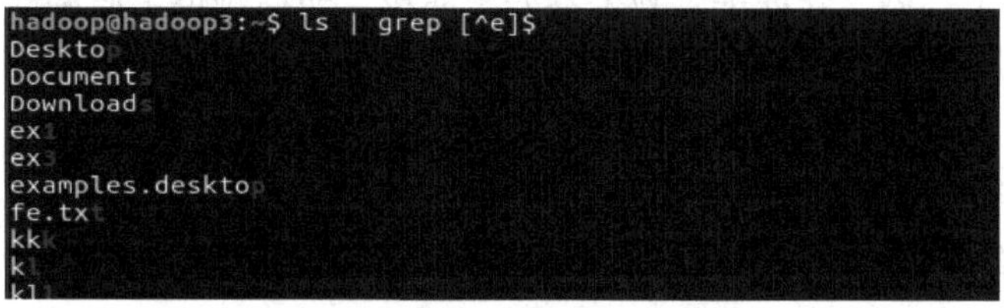

```
hadoop@hadoop3:~$ ls | grep [^e]$
Desktop
Documents
Downloads
ex1
ex3
examples.desktop
fe.txt
kkk
kl
kll
```

图 2-43　显示以单个字符 e 结尾的文件

4）以下为几个配合管道使用最多的文字处理和统计命令。

- wc：统计行数、字数、字符数。
- cut：对文本进行分块提取。
- sort：对文本排序，默认从小到大，先数字再字母。
- uniq：去除相邻重复行，先使用 sort 命令再使用 uniq 命令可以去除所有重复行。
- tee：将管道前面命令所得结果输出成为一个文件，再将结果传递给后面的命令。
- tr：字符操作，最常用的是大小写转换与删除文本中指定字符。

将当前目录文件名中的小写转换成大写、大写转换成小写（'[A-Z]' '[a-z]'），大小写转换结果如图 2-44 所示。

```
ls | tr '[a-z]' '[A-Z]'
```

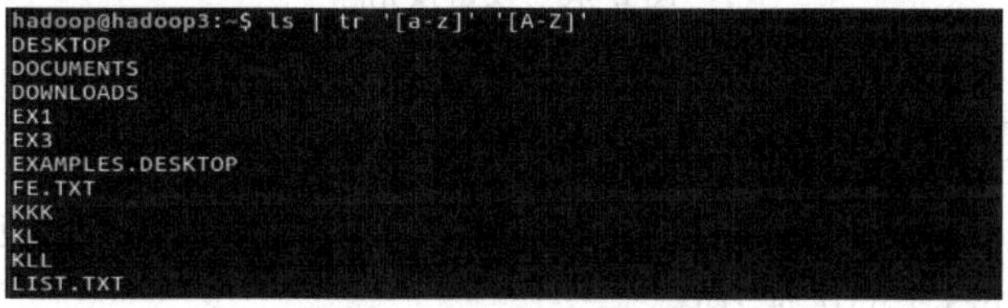

```
hadoop@hadoop3:~$ ls | tr '[a-z]' '[A-Z]'
DESKTOP
DOCUMENTS
DOWNLOADS
EX1
EX3
EXAMPLES.DESKTOP
FE.TXT
KKK
KL
KLL
LIST.TXT
```

图 2-44　大小写转换

- wc：使用参数 l 计算，显示当前文件夹下数字 1～3 开头的文件的数量。显示 1～3 开头的文件，如图 2-45 所示。

```
ls | grep ^[1-3] | wc -l
```

```
hadoop@hadoop3:~$ ls | grep ^[1-3] | wc -l
0
hadoop@hadoop3:~$
```

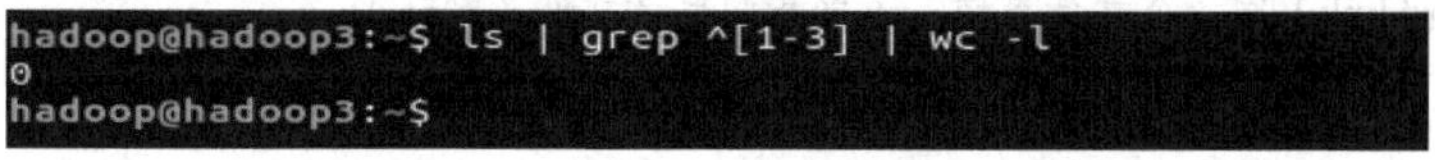

图 2-45　显示 1～3 开头的文件

2.4.5　链接快捷方式

Linux 的链接有 2 种，一种是软链接，也就是符号链接；另一种是硬链接。软链接（符号链接）类似于 Windows 的快捷方式，也就是说原始文件必须存在，如果原始文件丢了，那么软链接也就失效了。硬链接是指向原始文件对应的数据存储位置，不能为目录建立硬链接文件。硬链接与原始文件必须位于同一分区（文件系统）中。或者简单说，硬链接就好比是把原始文件复制了一份，文件大小都不会发生变化，即使删除了原始文件，硬链接依旧可以使用。

1．硬链接

1）原文件名和链接文件名都指向相同的物理地址。

2）目录不能有硬链接；硬链接不能跨越文件系统。

3）文件在磁盘中只有一个复制，以节省硬盘空间。

4）由于删除文件要在同一个索引节点属于唯一的链接时才能成功，因此可以防止不必要的误删除，如图 2-46 所示。

```
hadoop@hadoop3:~$ ls
Desktop    ex3               kl        lkk    Pictures   test
Documents  examples.desktop  kll       lo     Public     testlog
Downloads  fe.txt            list.txt  Music  soft       Videos
ex1        kkk               lk        ol     Templates
hadoop@hadoop3:~$ cat testlog
jsjflsdsdkvnjianjianofbusil.vlx
jindsnf;ncanlxcmjanlnvknc
klvnlsh;ansdnnnvjianmscnjianoxhusshubscjs
hadoop@hadoop3:~$ ln testlog test_hardlog
hadoop@hadoop3:~$ ls
Desktop    ex3               kl        lkk    Pictures   test
Documents  examples.desktop  kll       lo     Public     test_hardlog
Downloads  fe.txt            list.txt  Music  soft       testlog
ex1        kkk               lk        ol     Templates  Videos
hadoop@hadoop3:~$ cat test_hardlog
jsjflsdsdkvnjianjianofbusil.vlx
jindsnf;ncanlxcmjanlnvknc
klvnlsh;ansdnnnvjianmscnjianoxhusshubscjs
hadoop@hadoop3:~$
```

图 2-46　硬链接删除

2．软链接

1）用 ln-s 命令创建文件的符号链接。

2）符号链接是 Linux 特殊文件的一种，作为一个文件它的资料是它所链接的文件的路径名，类似于 Windows 下的快捷方式。

3）可以删除原有的文件而保存链接文件，没有防止误删除功能如图 2-47 所示。

```
-rw-rw-r--  2 hadoop hadoop  100 Oct  7 06:05 test_hardlog
-rw-rw-r--  2 hadoop hadoop  100 Oct  7 06:05 testlog
lrwxrwxrwx  1 hadoop hadoop    4 Oct  7 06:11 test_soft -> test
drwxr-xr-x  2 hadoop hadoop 4096 Sep 16 01:21 Videos
```

图 2-47　软链接

📖 硬链接：（hard link）同一个文件系统，不能指向目录文件（默认）。

2.4.6　文件搜索

Ubuntu 系统中文件查找命令有很多。一般文件分类为两种，一种是应用程序，即二进制文件；另一种是文档，就是比较常见的文本文件。对于前者，一般使用 whereis、which 等命令；对于后者，习惯使用 find 命令，当然 find 命令是 Linux 最强大的文件搜索命令。

find 命令的格式为：find <指定目录> <指定条件> <指定动作>；如使用 find 命令搜索在

根目录下的所有 interfaces 文件的所在位置，应该输入如下命令。

```
find / -name'interfaces'
```

使用 locate 搜索 Ubuntu 中的文件，会比 find 命令快。因为它查询的是数据库（/var/lib/locatedb），数据库包含本地所有的文件信息。使用 locate 命令在根目录下搜索 interfaces 文件，应该在终端写入如下命令，结果如图 2-48 所示。

```
locate interfaces
```

```
hadoop@hadoop3:~$ locate interfaces
/etc/cups/interfaces
/etc/network/interfaces
/etc/network/interfaces.d
/usr/lib/python3/dist-packages/cryptography/hazmat/backends/interfaces.py
/usr/lib/python3/dist-packages/cryptography/hazmat/backends/__pycache__/interfac
es.cpython-35.pyc
/usr/lib/python3/dist-packages/cryptography/hazmat/primitives/interfaces
/usr/lib/python3/dist-packages/cryptography/hazmat/primitives/interfaces/__init_
_.py
/usr/lib/python3/dist-packages/cryptography/hazmat/primitives/interfaces/__pycac
he__
```

图 2-48　查找命令

使用 whereis 命令可以搜索 Ubuntu 中的所有可执行文件，即二进制文件。例如，使用 whereis 命令可以搜索 grep 二进制文件。

在终端写入如下命令来查找二进制文件，结果如图 2-49 所示。

```
whereis grep
```

```
hadoop@hadoop3:~$ whereis grep
grep: /bin/grep /usr/share/man/man1/grep.1.gz /usr/share/info/grep.info.gz
hadoop@hadoop3:~$
```

图 2-49　查找二进制文件

也可以使用 which 命令查看系统命令是否存在，并返回系统命令所在的位置。例如，使用 which 命令查看 grep 命令是否存在以及存在的目录，可在终端输入如下命令，结果如图 2-50 所示。

```
which grep
```

hadoop@hadoop3:~$ which grep
/bin/grep
hadoop@hadoop3:~$

图 2-50　查找存在目录

使用 type 命令查看系统中的某个命令是否为系统自带的命令。例如，使用 type 命令查看 cd 命令是否为系统自带的命令，可在终端输入：type cd；查看 grep 是否为系统自带的命令，可在终端输入：type grep。

结果如图 2-51 所示。

```
hadoop@hadoop3:~$ type cd
cd is a shell builtin
hadoop@hadoop3:~$ type grep
grep is aliased to `grep --color=auto'
hadoop@hadoop3:~$
```

图 2-51　查看某个命令是否是系统自带命令

2.4.7　压缩文件和解压缩

zip 可能是目前使用得最多的文档压缩格式。它最大的优点就是可以在不同的操作系统平台，如 Linux，Windows 以及 Mac OS 上使用。缺点就是支持的压缩率不是很高，其中 tar.gz 和 tar.gz2 在压缩率方面做得非常好，但两种压缩文件也有不同点，各有各的好处。

（1）zip

在 Ubuntu 中压缩成 zip 文件的命令如下。

```
zip FileName.zip DirName
```

解压缩的命令如下。

```
unzip FileName.zip
```

（2）tar（tar.gz）

在 Ubuntu 中压缩（压缩并打包）的命令如下。

```
tar -cvf file.tar file
tar -zcvf file.tar.gz file
```

解压缩的命令如下。

```
tar -zxvf file.tar.gz
```

（3）bz2

压缩命令如下。

```
tar -jcvf name.tar.bz2 name
```

解压缩命令如下。

```
tar -jxvf name.tar.bz2
```

（4）bz

解压缩命令如下。

```
bzip2 -d FileName.bz
bunzip2 FileName.bz
```

（5）rar

解压缩的命令如下。

```
rar a FileName.rar
```

在 Ubuntu 中的解压文件一般都是 tar.gz 类型，所以应该重点了解 tar.gz 文件的解压方式。

当在 Ubuntu 中解压 jdk 时，应该在终端输入如下命令，结果如图 2-52 所示。

```
sudo tar -zxvf jdk-8u144-linux-x64.tar.gz
```

```
hadoop@hadoop3:~$ sudo tar -zxvf jdk-8u144-linux-x64.tar.gz
[sudo] password for hadoop:
```

图 2-52　解压 jdk

2.5　系统常用操作

在 Ubuntu 中有很多常用的系统操作，可以帮助用户在一定的时间内去了解相应的东西，例如，时间、年份、系统的进程，可以通过一些常用的操作方式来了解。

2.5.1　日历 cal

cal 命令可以用来显示公历（阳历）日历。公历是现在国际通用的历法，又称格列历，通称阳历。在 Ubuntu 中可以查看该月份的整体日历，当然也可以看到某一年、某一个月，可以通过在终端写入如下命令，结果如图 2-53 所示。

```
cal month year
```

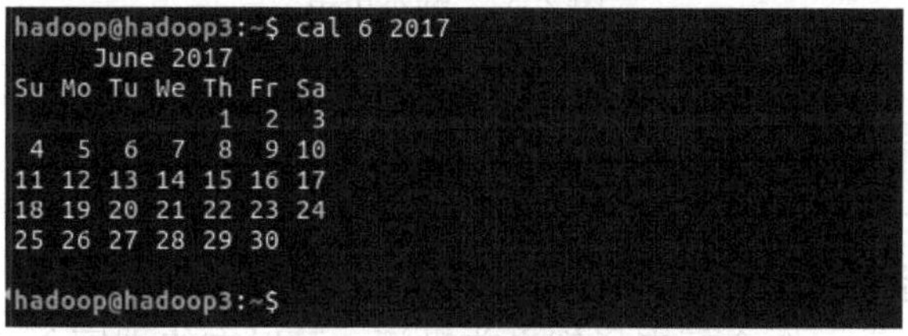

```
hadoop@hadoop3:~$ cal 6 2017
     June 2017
Su Mo Tu We Th Fr Sa
             1  2  3
 4  5  6  7  8  9 10
11 12 13 14 15 16 17
18 19 20 21 22 23 24
25 26 27 28 29 30

hadoop@hadoop3:~$
```

图 2-53　显示日历

也可以通过 Ubuntu 知道当前月份，例如，可以在终端输入：cal 来显示当月的日历，结果如图 2-54 所示。

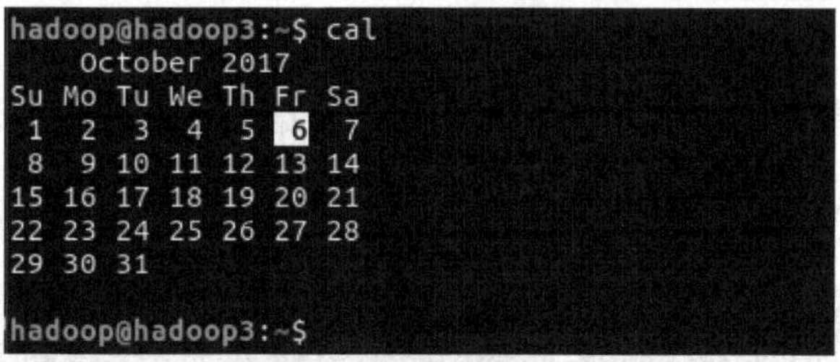

```
hadoop@hadoop3:~$ cal
    October 2017
Su Mo Tu We Th Fr Sa
 1  2  3  4  5  6  7
 8  9 10 11 12 13 14
15 16 17 18 19 20 21
22 23 24 25 26 27 28
29 30 31

hadoop@hadoop3:~$
```

图 2-54　显示当月的日历

还可单独指定年，这时输出全年的日历。注意，这时屏幕可能显示不下，从而只能看到后面几个月的日历。显示某一年的日历如图 2-55 所示。

```
hadoop@hadoop3:~$ cal 2005
                            2005
      January               February               March
Su Mo Tu We Th Fr Sa  Su Mo Tu We Th Fr Sa  Su Mo Tu We Th Fr Sa
                   1         1  2  3  4  5         1  2  3  4  5
 2  3  4  5  6  7  8   6  7  8  9 10 11 12   6  7  8  9 10 11 12
 9 10 11 12 13 14 15  13 14 15 16 17 18 19  13 14 15 16 17 18 19
16 17 18 19 20 21 22  20 21 22 23 24 25 26  20 21 22 23 24 25 26
23 24 25 26 27 28 29  27 28                 27 28 29 30 31
30 31

       April                  May                   June
Su Mo Tu We Th Fr Sa  Su Mo Tu We Th Fr Sa  Su Mo Tu We Th Fr Sa
                1  2   1  2  3  4  5  6  7            1  2  3  4
 3  4  5  6  7  8  9   8  9 10 11 12 13 14   5  6  7  8  9 10 11
10 11 12 13 14 15 16  15 16 17 18 19 20 21  12 13 14 15 16 17 18
17 18 19 20 21 22 23  22 23 24 25 26 27 28  19 20 21 22 23 24 25
24 25 26 27 28 29 30  29 30 31              26 27 28 29 30

        July                 August              September
Su Mo Tu We Th Fr Sa  Su Mo Tu We Th Fr Sa  Su Mo Tu We Th Fr Sa
                1  2      1  2  3  4  5  6               1  2  3
 3  4  5  6  7  8  9   7  8  9 10 11 12 13   4  5  6  7  8  9 10
10 11 12 13 14 15 16  14 15 16 17 18 19 20  11 12 13 14 15 16 17
17 18 19 20 21 22 23  21 22 23 24 25 26 27  18 19 20 21 22 23 24
```

图 2-55　显示某一年的日历

要想知道 cal 命令的语法格式，可在命令行中输入 cal --help 查看，结果如图 2-56 所示。

```
hadoop@hadoop3:~$ cal --help
cal: invalid option -- '-'
Usage: cal [general options] [-hjy] [[month] year]
       cal [general options] [-hj] [-m month] [year]
       ncal [general options] [-bhJjpwySM] [-s country_code] [[month] year]
       ncal [general options] [-bhJeoSM] [year]
General options: [-NC3] [-A months] [-B months]
For debug the highlighting: [-H yyyy-mm-dd] [-d yyyy-mm]
hadoop@hadoop3:~$
```

图 2-56　显示如何使用 cal 命令

如果在 cal 命令中使用超出范围的数，则会提示出错，如图 2-57 所示。

```
hadoop@hadoop3:~$ cal 15 2015
cal: 15 is neither a month number (1..12) nor a name
hadoop@hadoop3:~$
```

图 2-57　提示出错

2.5.2　时间 date

date 命令主要用于显示以及修改系统时间，而 hwclock 命令用于查看设置硬件时间，以及同步硬件时间与系统时间。

如果想要通过 Ubuntu 命令行来了解当前时间，可以在终端写入:date，显示日期以及具体的时间如图 2-58 所示。

```
hadoop@hadoop3:~$ date
Fri Oct  6 06:56:13 PDT 2017
hadoop@hadoop3:~$
```

图 2-58　显示日期以及具体时间

如果想要知道当前时间和日期，输入如下命令，结果如图 2-59 所示。

```
echo `date +%Y-%m-%d_%H:%M:%S`
```

```
hadoop@hadoop3:~$ echo `date +%Y-%m-%d_%H:%M:%S`
2017-10-06_07:07:07
hadoop@hadoop3:~$
```

图 2-59　当前时间和日期

如果想要知道当前的日期，输入如下命令结果如图 2-60 所示。

```
echo `date +%Y/%m/%d`
```

```
hadoop@hadoop3:~$ echo `date +%Y/%m/%d`
2017/10/06
hadoop@hadoop3:~$
```

图 2-60　日期的显示

如果打算修改时间，那么需要写入如下命令。

```
date -s 时间字符串。
```

只修改系统的日期，不修改时间（时分秒）的命令如下，结果如图 2-61 所示。

```
date -s 2012-08-02
```

```
hadoop@hadoop3:~$ sudo date -s 22:19
[sudo] password for hadoop:
Fri Oct  6 22:19:00 PDT 2017
hadoop@hadoop3:~$
```

图 2-61　修改时间

只修改时间不修改日期的命令如下。

```
date -s 10:08:00
```

同时修改日期和时间的命令如下。

```
date -s "2012-05-18 04:53:00"
```

上述修改只是修改了 Linux 的系统时间，CMOS 中的时间可能还没有改变，所以为了保险，需要使用 clock -w 把当前系统时间写入到 CMOS 中。

系统时间和 CMOS 时间的关系：系统时间是由 Linux 操作系统来维护的；CMOS 时间是 CMOS 芯片保存的时间。系统启动时，操作系统将从 CMOS 读出时间记录为系统时间，同时操作系统也会自动每隔一段时间将系统时间写入 CMOS 中。如果使用 date 命令修改系统时间后马上重启计算机，操作系统还没有将系统时间同步到 CMOS，这样开机后还是显示修改前的时间，所以为了保险起见，最好还是手动使用命令 clock 将系统时间同步到 CMOS 中。

2.5.3　进程操作

进程是其中运行着一个或多个线程的地址空间和这些线程所需要的系统资源。在 Ubuntu 中有很多命令。那么哪些命令可以查看所有运行中的进程呢？进程在 Ubuntu 系统中十分重要。

进程操作的命令一般用 ps 命令与其他命令的搭配来实现。

1．查看进程

（1）ps 命令及其参数

ps 命令最经常使用的还是用于监控后台进程工作情况，因为后台进程不和屏幕键盘这些标准输入/输出设备进行通信，所以如果需要检测其情况，便可以运用 ps 命令。输入下面的 ps 命令，显示所有运行中的进程。

- ps -e：显示所有进程、环境变量；
- ps -f：全格式；
- ps -h：不显示标题；
- ps -l：长格式；
- ps –w：宽输出；
- ps a：显示终端上的所有进程，包括其他用户的进程；
- ps r：只显示正在运行的进程；
- ps x：显示没有控制终端的进程。

例如，在 Ubuntu 的终端输入 ps-e 和 ps a，显示进程和环境变量，结果如图 2-62、图 2-63 所示。

```
hadoop@hadoop3:~$ ps -e
   PID TTY          TIME CMD
     1 ?        00:00:01 systemd
     2 ?        00:00:00 kthreadd
     4 ?        00:00:00 kworker/0:0H
     6 ?        00:00:00 ksoftirqd/0
     7 ?        00:00:00 rcu_sched
     8 ?        00:00:00 rcu_bh
     9 ?        00:00:00 migration/0
    10 ?        00:00:00 lru-add-drain
    11 ?        00:00:00 watchdog/0
    12 ?        00:00:00 cpuhp/0
    13 ?        00:00:00 kdevtmpfs
```

图 2-62　显示进程和环境变量

```
hadoop@hadoop3:~$ ps a
   PID TTY      STAT   TIME COMMAND
   915 tty1     Ss+    0:00 /sbin/agetty --noclear tty1 linux
   969 tty7     Ss+    0:13 /usr/lib/xorg/Xorg -core :0 -seat seat0 -auth /var/r
  2488 pts/0    Ss+    0:00 bash
  2636 pts/4    Ss     0:00 bash
  2857 pts/4    R+     0:00 ps a
hadoop@hadoop3:~$
```

图 2-63　显示终端上所有进程

例如，使用 ps　r 命令只显示正在运行的进程，结果如图 2-64 所示。

```
hadoop@hadoop3:~$ ps r
   PID TTY      STAT   TIME COMMAND
  2862 pts/4    R+     0:00 ps r
hadoop@hadoop3:~$
```

图 2-64　显示正在运行的进程

（2）top 命令

top 命令提供了运行中系统的动态实时视图。在命令提示行中输入 top，结果如图 2-65 所示。

```
top
```

按〈q〉键退出，按〈h〉键进入帮助。

```
hadoop@hadoop3:~$ top

top - 22:19:12 up  3:19,  1 user,  load average: 0.00, 0.00, 0.00
Tasks: 225 total,   1 running, 223 sleeping,   0 stopped,   1 zombie
%Cpu(s):  0.3 us,  0.3 sy,  0.0 ni, 99.3 id,  0.0 wa,  0.0 hi,  0.0 si,  0.0 st
KiB Mem :   994856 total,    79112 free,   614236 used,   301508 buff/cache
KiB Swap:  1046524 total,   992092 free,    54432 used.   193780 avail Mem

  PID USER      PR  NI    VIRT    RES    SHR S %CPU %MEM     TIME+ COMMAND
 2482 hadoop    20   0  657236  36128  26920 S  0.3  3.6   0:01.49 gnome-term+
    1 root      20   0  185336   4828   3356 S  0.0  0.5   0:01.72 systemd
    2 root      20   0       0      0      0 S  0.0  0.0   0:00.01 kthreadd
    4 root       0 -20       0      0      0 S  0.0  0.0   0:00.00 kworker/0:+
    6 root      20   0       0      0      0 S  0.0  0.0   0:00.12 ksoftirqd/0
    7 root      20   0       0      0      0 S  0.0  0.0   0:00.92 rcu_sched
```

图 2-65　top 命令

2．关闭进程

（1）利用终端

1）利用 ps –ef 命令显示所有进程，然后确定要终止的进程的 PID，如图 2-66 所示。

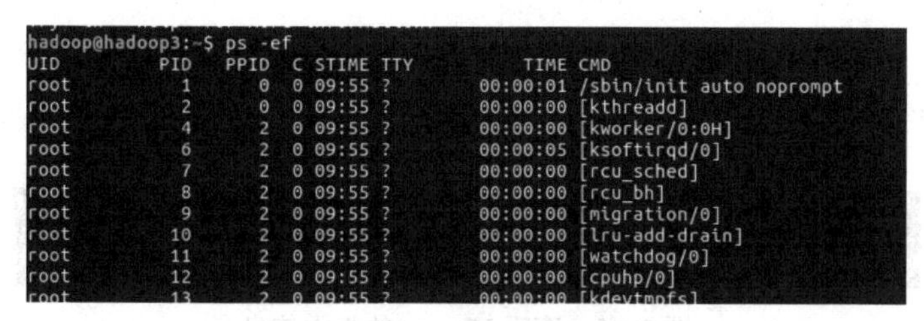

图 2-66　显示所有进程

2）用 kill pid 命令终止进程，如图 2-67 所示。

```
hadoop@hadoop3:~$ kill pid
bash: kill: pid: arguments must be process or job IDs
hadoop@hadoop3:~$
```

图 2-67　终止进程

（2）系统监视器

在系统监视器中同样有现在运行的进程的列表，可以选择相应进程结束。

（3）利用 htop

1）sudo apt-get install 安装 htop；

2）htop 会显示当前系统中的进程，并且可以按照 cpu、pid、user、priority 等进行排序，在下方有相应的快捷键，也可以单击相应的命令。

> 注意：
>
> ① htop 还有很多强大的功能，例如，建立进程树、选择向某个进程发送信号等。
>
> ② kill 命令还有很多有用的选项。

- kill -l pid：-l 选项告诉 kill 命令用以注销的方式结束进程。当使用该选项时，kill 命令也试图杀死所留下的子进程。但这个命令也不是总能成功，即有可能产生僵尸进程（zombie）。
- kill -TERM pid：向 PPID 指定的父进程发送 TERM 信号，杀死它和它的子进程。
- kill -HUP pid：这条命令会首先关闭进程，然后立即重启；可以利用这个命令在对配置文件修改后重启进程。
- kill -s SIGKILL pid：这条命令会使进程立刻终止，且进程不会进行清理工作。

2.5.4 系统状态查看和操作

在 Linux 系统中经常需要查看服务的状态和启停用服务，下面介绍如何快速地找到服务并实现启停用。

1）进入 Linux 系统后，在普通用户模式下输入 sudo su，输入密码，然后切换到 root 用户下，如图 2-68 所示。

```
hadoop@hadoop3:~$ sudo su
[sudo] password for hadoop:
root@hadoop3:/home/hadoop#
```

图 2-68　切换到 root 下

2）Ubuntu 的版本信息查看。可在终端输入如下命令，查看 Ubuntu 的版本信息，如图 2-69 所示。

```
uname -a
```

```
hadoop@hadoop3:~$ uname -a
Linux hadoop3 4.10.0-35-generic #39~16.04.1-Ubuntu SMP Wed Sep 13 09:02:42 UTC 2
017 x86_64 x86_64 x86_64 GNU/Linux
hadoop@hadoop3:~$
```

图 2-69　查看 Ubuntu 的版本信息

3）查看 Ubuntu 的内核版本。可在终端输入如下命令，结果如图 2-70 所示。

```
cat /proc/version
```

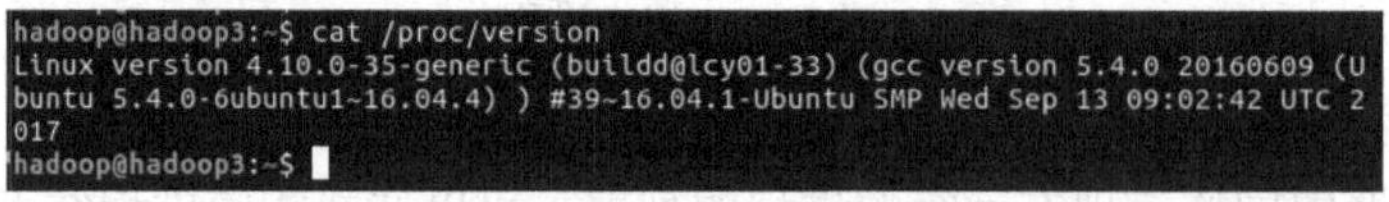

```
hadoop@hadoop3:~$ cat /proc/version
Linux version 4.10.0-35-generic (buildd@lcy01-33) (gcc version 5.4.0 20160609 (U
buntu 5.4.0-6ubuntu1~16.04.4) ) #39~16.04.1-Ubuntu SMP Wed Sep 13 09:02:42 UTC 2
017
hadoop@hadoop3:~$
```

图 2-70　Ubuntu 的内核版本

4）查看 Ubuntu 中的内存使用情况，可在终端中输入如下命令，结果如图 2-71 所示。

```
cat /proc/meminfo
```

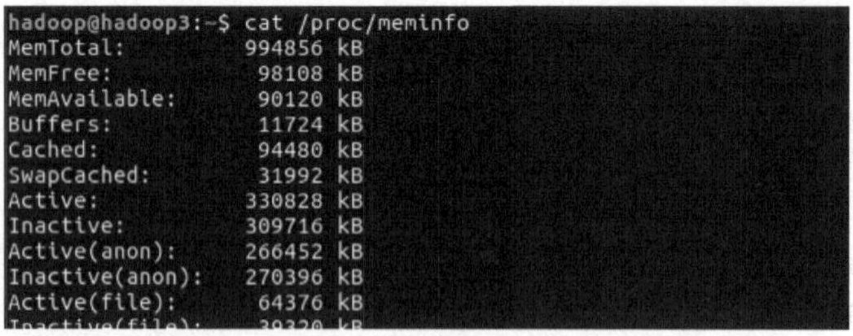

```
hadoop@hadoop3:~$ cat /proc/meminfo
MemTotal:          994856 kB
MemFree:            98108 kB
MemAvailable:       90120 kB
Buffers:            11724 kB
Cached:             94480 kB
SwapCached:         31992 kB
Active:            330828 kB
Inactive:          309716 kB
Active(anon):      266452 kB
Inactive(anon):    270396 kB
Active(file):       64376 kB
```

图 2-71　查看 Ubuntu 中的内存使用情况

5）查看 Ubuntu 中 CPU 的情况，可在终端中输入如下命令，结果如图 2-72 所示。

```
top
```

```
hadoop@hadoop3:~$ top

top - 22:19:12 up  3:19,  1 user,  load average: 0.00, 0.00, 0.00
Tasks: 225 total,   1 running, 223 sleeping,   0 stopped,   1 zombie
%Cpu(s):  0.3 us,  0.3 sy,  0.0 ni, 99.3 id,  0.0 wa,  0.0 hi,  0.0 si,  0.0 st
KiB Mem :   994856 total,    79112 free,   614236 used,   301508 buff/cache
KiB Swap:  1046524 total,   992092 free,    54432 used.   193780 avail Mem

  PID USER      PR  NI    VIRT    RES    SHR S %CPU %MEM     TIME+ COMMAND
 2482 hadoop    20   0  657236  36128  26920 S  0.3  3.6   0:01.49 gnome-term+
    1 root      20   0  185336   4828   3356 S  0.0  0.5   0:01.72 systemd
    2 root      20   0       0      0      0 S  0.0  0.0   0:00.01 kthreadd
    4 root       0 -20       0      0      0 S  0.0  0.0   0:00.00 kworker/0:+
    6 root      20   0       0      0      0 S  0.0  0.0   0:00.12 ksoftirqd/0
    7 root      20   0       0      0      0 S  0.0  0.0   0:00.92 rcu_sched
```

图 2-72　查看 Ubuntu 中的 CPU 的情况

2.6　本章小结

Ubuntu 中有很多文件，这些文件包括系统文件和配置文件。如果想要使用文件，那么就需要使用操作文件的命令，通过终端中的命令行来实现文件的移动以及配置，那么在文件移动之前还要有一定的文件来供用户使用。

1）在 Ubuntu 中所有的文件都是基于目录的方式存储的，一切都是目录，一切都可以是文件。Ubuntu 中系统的目录结构包括很多，但是比较重要的有以下几种。

/：目录属于根目录，是所有目录的绝对路径的起始点，Ubuntu 中的所有文件和目录都在根目录下，一般根目录下只存放目录，不存放文件，/etc、/bin、/dev、/lib、/sbin 应该与根目录存放在相同的分区中。

/usr：存放与系统用户相关的文件和目录。大部分配置文件的路径都要写在 usr 下。

2）目录的创建与删除：在某个目录下创建一个目录，首先要进到那个目录下，然后在终端使用命令：mkdir 目录名。目录的删除是首先找到所要删除目录的所在位置，然后在终端输入“rmdir 目录名”。

3）查看文件：一般是在该文件所在的目录下，然后在终端输入命令：ls，就可以查看该目录下的所有文件了。

4）查看文件的路径：查看当前路径使用 pwd 命令。

pwd 命令以绝对路径的方式显示用户当前工作目录。命令将当前目录的全路径名（从根目录）写入标准输出。全部目录使用“/”分隔。第一个“/”表示根目录，最后一个目录是当前目录。执行 pwd 命令可立刻得知目前所在工作目录的绝对路径名称。

实践与练习

一、填空题

1．touch 命令的两个功能分别是________、________，________。

2．在 Linux 下修改文件的名字有很多种方法，常用的有________和________。

3．Linux 的链接有 2 种，一种是________，也就是符号链接；另一种是________。

二、简答题

1．什么是重定向？

2．什么是管道命令？

3．简述管道命令的使用方法。

三、实践题

1．在 usr 文件夹下建立一个空白的目录（目录名自拟）。

2．在 usr 文件夹刚刚建立的目录中建立一个空的文件。

3．在这个空的文件中写入一些已经学过的命令，然后将其在终端中输出。

4．在终端中写入命令下载 vim 编辑器。

5．在终端中对 jdk 进行解压，并完成对 jdk 文件夹的复制，将其移动到 usr/local 下，并将其文件夹的名字改为 java。

6．使用本章所讲的命令查看进程，并且在终端完成进程的关闭。

第 3 章　Linux 系统用户与组管理

Linux 是多用户多任务的分时操作系统，所有要使用系统资源的用户都必须先向系统管理员申请一个账号，然后以这个账号的身份进入系统。用户的账号一方面能帮助系统管理员对使用系统的用户进行跟踪，并控制他们对系统资源的访问；另一方面也能帮助用户组织文件，并为用户提供安全性保护。每个用户账号都拥有一个唯一的用户名和用户口令。用户在登录时输入正确的用户名和口令后，才能进入系统和自己的主目录。

3.1　用户与组账号

在使用 Linux 时，需要以一个用户的身份登入，一个进程也需要以一个用户的身份运行，用户限制使用者或进程可以使用、不可以使用哪些资源。组账号用来方便管理用户。本节介绍怎样添加账号、切换账号、远程登录账号。

3.1.1　添加账号

Linux 系统是一个多用户多任务的分时操作系统，任何一个要使用系统资源的用户，都必须首先向系统管理员申请一个账号，然后以这个账号的身份进入系统。用户的账号一方面可以帮助系统管理员对使用系统的用户进行跟踪，并控制他们对系统资源的访问；另一方面也可以帮助用户组织文件，并为用户提供安全性保护。每个用户账号都拥有一个唯一的用户名和各自的口令。用户在登录时输入正确的用户名和口令后，就能够进入系统和自己的主目录。

每个用户拥有一个 UserID，操作系统实际使用的是 UserID，而非用户名。每个用户属于一个主组，属于一个或多个附属组；每个组拥有一个 GroupID，每个进程以一个用户身份运行，并受该用户可访问的资源限制，每个可登录用户拥有一个指定的 shell，UserID 为 32 位，从 0 开始，但是为了和老式系统更兼容，UserID 限制在 60000 以下。

用户分类及其依据如表 3-1 所示。

表 3-1　用户的类型及分类依据

用 户 类 型	分 类 依 据
root 用户	ID 为 0 的用户为 root 用户
系统用户	ID 为 1～499 的用户
普通用户	ID 为 500 以上的用户

1．添加账号

添加新的用户账号使用 useradd 命令，语法如下。

```
useradd    选项    用户名
```

其中各选项含义如下。

- **-c**：指定一段注释性描述。

- **-d**：目录指定用户主目录，如果此目录不存在，则同时使用-m 选项，能创建主目录。
- **-m**：选项，可以创建主目录。
- **-g**：用户组，指定用户所属的用户组。
- **-G**：用户组，指定用户所属的附加组。
- **-s**：shell 文件，指定用户的登录 shell。
- **-u**：用户号，指定用户的用户号，如果同时有-o 选项，则能重复使用其他用户的标识号。
- **-p**：要求提供 md5 码的加密口令，普通数字是不行的。
- **-o**：可以重复使用其他用户的标识号。

【例 3-1】 创建用户。

```
# useradd -d /usr/sam -m sam
```

此命令创建了一个用户 sam，其中-d 和-m 选项用来为登录名 sam 产生一个主目录/usr/sam（/usr 为默认的用户主目录所在的父目录）。

【例 3-2】 创建一个属于组的用户。

```
# useradd -s /bin/sh -g group -G adm,root gem
```

此命令新建了一个用户 gem，该用户的登录 shell 是/bin/sh，属于 group 用户组，同时又属于 adm 和 root 用户组，其中 group 用户组是其主组。

这里可新建组：groupadd group 及 groupadd adm。

增加用户账号就是在/etc/passwd 文件中为新用户增加一条记录，同时更新其他系统文件，如/etc/shadow，/etc/group 等。

📖 用户账户本身在 /etc/passwd 中定义。Linux 系统包含一个 /etc/passwd 的同伴文件，叫作 /etc/shadow。该文件不像 /etc/passwd，只有对于 root 用户来说是可读的，并且包含加密的密码信息。

以下为/etc/shadow 的一个样本行。

```
drobbins1$1234567890123456789012345678901:11664:0:-1:-1:-1:-1:0
```

每一行为一个特别账户定义密码信息，同样的，每个字段用 : 隔开。第一个字段定义和这个 shadow 条目相关联的特别用户账户。第二个字段包含一个加密的密码。其余的字段在表 3-2 中描述。

表 3-2 创建线程其他系统函数

字　段	说　明
字段 3（0）	自 1/1/1970 起，密码被修改的天数
字段 4（-1）	密码将被允许修改之前的天数（0 表示“可在所有时间修改”）
字段 5（-1）	系统将强制用户修改为新密码之前的天数（1 表示“永远都不能修改”）
字段 6（-1）	密码过期之前，用户将被警告过期的天数（-1 表示“没有警告”）
字段 7（-1）	密码过期之后，系统自动禁用账户的天数（-1 表示“永远不会禁用”）
字段 8（0）	该账户被禁用的天数（-1 表示“该账户被启用”）；字段 9 保留供将来使用

2．删除账号

如果一个用户的账号不再使用，可以从系统中删除。

删除用户账号就是要将/etc/passwd 等系统文件中的该用户记录删除，必要时还删除用户的主目录。删除一个已有的用户账号使用 userdel 命令，其格式如下。

```
userdel
```

选项用户名常用的选项是-r，它的作用是把用户的主目录一起删除。

举例如下。

```
# userdel sam
```

此命令删除用户 sam 在系统文件中（主要是/etc/passwd,/etc/shadow,/etc/group 等）的记录，同时删除用户的主目录。

3．修改账号

修改用户账号就是根据实际情况更改用户的有关属性，如用户号、主目录、用户组、登录 shell 等。

修改已有用户的信息使用 usermod 命令，其格式如下。

```
usermod 选项用户名
```

常用的选项包括-c、-d、-m、-g、-G、-s、-u 以及-o 等，这些选项的意义与 useradd 命令中的选项一样，可以为用户指定新的资源值。另外，有些系统可以使用如下选项。

```
-l 新用户名
```

这个选项指定一个新的账号，即将原来的用户名改为新的用户名，举例如下：

```
# usermod -s /bin/ksh -d /home/z –g developer sam
```

此命令将用户 sam 的登录 shell 修改为 ksh，主目录改为/home/z，用户组改为 developer。

4．用户口令的管理

用户管理的一项重要内容是用户口令的管理。用户账号刚创建时没有口令，但是被系统锁定，无法使用，必须为其指定口令后才可以使用，即使是指定空口令。

指定和修改用户口令的 shell 命令是 passwd。超级用户可以为自己和其他用户指定口令，普通用户只能用它修改自己的口令。命令的格式如下。

```
passwd 选项用户名 可使用的选项
```

普通用户修改自己的口令时，passwd 命令会先询问原口令，验证后再要求用户输入两遍新口令，如果两次输入的口令一致，则将这个口令指定给用户；而超级用户为用户指定口令时，就不需要知道原口令。

为了系统安全起见，用户应该选择比较复杂的口令，例如，最好使用 8 位长的口令，口令中包含有大写、小写字母和数字，并且应该与姓名、生日等不相同。

为用户指定空口令时，执行下列形式的命令。

```
# passwd -d sam
```

此命令将用户 sam 的口令删除，这样用户 sam 下一次登录时，系统就不再询问口令。

passwd 命令还可以用-l(lock)选项锁定某一用户，使其不能登录，举例如下。

```
# passwd -l sam
```

新建用户异常时常用的解决方法（新建用户）：

```
useradd -d /usr/hadoop -u 586 -m hadoop -g hadoop
```

当出现 Creating mailbox file：时表示，文件已存在删除即可，代码如下：

```
rm -rf /var/spool/mail/用户名
```

当出现 useradd: invalid numeric argument 'hadoop'时，这是由于 hadoop 组不存在请先建 hadoop 组，通过 cat/etc/passwd，可以查看用户的 pass cat/etc/shadow，也可以查看用户名 cat/etc/group，还可以查看组。

3.1.2 切换账号

在使用 Linux 系统时，为了安全性，用户一般都会使用一般的身份来操作，等到了需要设定特定的系统环境时，才将身份换成 root 来进行系统管理。此时，可利用 su 命令来切换账号，su 命令的作用就是变更为其他使用者的身份。超级用户除外，变更为超级用户需要输入密码。

举例如下。

```
su[-fmp][-c command][-s shell][--help][--version][-][USER[ARG]]
```

参数说明如下。

- -f，-fast：不必读启动文件（如 csh.cshrc 等），仅用于 csh 或者 tcsh 两种 shell。
- -l，-login：加了这个参数之后，就好像是重新登录一样，大部分环境变量（HOME、SHELL 和 USER 等）都是以该使用者（USER）为主并且工作目录也会改变。如果没有指定 USER，缺省情况下为 root。
- -m，-p，-preserve-environment：执行 su 时不改变环境变数。
- -c command：变更账号为 USER 的使用者，在执行命令后再变回原来的使用者。
- -help：显示说明文件。
- -version：显示版本资讯。
- USER：欲变更的使用者账号。
- ARG：传入新的 shell 参数。

su-c ls root 变更账号为 root 并在执行 ls 指令后退出变回原使用者。

```
su[用户名]
```

1）在 root 用户下，输入 su 普通用户，则切换至普通用户，从 root 切换到普通用户不需要密码。

2）在普通用户下，输入 su[用户名]后提示 password，输入该用户的 password 后则切换到该用户。

3.1.3 远程登录

Telnet 用于因特网主机的远程登录。它可以使用户坐在联网的主机键盘前，登录进入远距离的另一联网主机，成为那台主机的终端。这使用户可以方便地操纵另一端的主机，就像它就在身边一样。

通过远程登录，本地计算机便能与网络上另一远程计算机取得“联系”，并进行程序交互。进行远程登录的用户叫作本地用户，本地用户登录进入的系统叫作远地系统。

每一个远程机器都有一个文件（/etc/hosts.equiv），包括了一个信任主机名集和共享用户名的列表。本地用户名和远程用户名相同的用户，可以在/etc/hosts.equiv 文件中列出的任何机器上登录到远程主机，而不需要密码口令。个人用户可以在主目录下设置相似的个人文件（通常叫.rhosts）。此文件中的每一行都包含了两个名字——主机名和用户名，两者用空格分开。.rhosts 文件中的每一行允许一个登录到主机名的名为用户名的用户无需密码就可以登录到远程主机。如果在远程机的/etc/hosts.equiv 文件中找不到本地主机名，并且在远程用户的.rhosts 文件中找不到本地用户名和主机名时，远程机就会提示密码。在/etc/hosts.equiv 和.rhosts 文件中的主机名必须是在主机数据库中的正式主机名，昵称均不许使用。为安全起见，.rhosts 文件必须归远程使用或根所有。

SSH 为 Secure Shell 的缩写，SSH 是建立在应用层和传输层基础上的安全协议。SSH 可以有效防止远程管理过程中的信息泄露，专为远程登录会话和其他网络服务提供安全性的协议。所以利用 SSH 远程协议也可以对虚拟机中的 Ubuntu 进行远程操控，那么如何来实现这一功能呢？

1）首先确认 Ubuntu 系统是否已经安装 SSH（通常 Ubuntu 中默认是安装的）。

通过命令查看是否已经安装 SSH，如图 3-1 所示。

```
$dpkg -l | grep ssh
```

在图 3-1 中，系统显示已经安装了 openssh-client，但是没有 openssh-server。

图 3-1 检查是否安装 SSH

说明：若是 SSH 没有完成安装，可以重新安装 openssh-client 和 openssh-server。在终端使用下列命令进行安装。

```
$sudo apt-get install openssh-client
$sudo apt-get install openssh-server
```

2）若没有安装 SSH，在终端使用下列命令进行安装，如图 3-2 所示。

```
$sudo apt-get install ssh
```

```
lyq@ubuntu:~$ dpkg -l|grep ssh
ii  libssh-4:amd64                    0.6.3-4.3
         amd64       tiny C SSH library (OpenSSL flavor)
ii  openssh-client                    1:7.2p2-4ubuntu2.1
         amd64       secure shell (SSH) client, for secure access to remote
 machines
ii  openssh-server                    1:7.2p2-4ubuntu2.1
         amd64       secure shell (SSH) server, for secure access from remo
te machines
ii  openssh-sftp-server               1:7.2p2-4ubuntu2.1
         amd64       secure shell (SSH) sftp server module, for SFTP access
 from remote machines
ii  ssh                               1:7.2p2-4ubuntu2.1
         all         secure shell client and server (metapackage)
ii  ssh-import-id                     5.5-0ubuntu1
         all         securely retrieve an SSH public key and install it loc
ally
```

图 3-2　安装 SSH

3）启动 SSH 服务，执行以下命令，如图 3-3 所示。

```
$sudo /etc/init.d/ssh star
```

```
lyq@ubuntu:~$ sudo /etc/init.d/ssh start
[ ok ] Starting ssh (via systemctl): ssh.service.
lyq@ubuntu:~$
```

图 3-3　启动 SSH

4）通过 ifconfig 命令，查看系统的 IP 地址、SSH 的端口号，SSH 端口号一般为 22。图 3-4 中所框选的 IP 就是系统的 IP 地址。

```
lyq@ubuntu:~$ ifconfig
ens33     Link encap:Ethernet  HWaddr 00:0c:29:02:78:90
          inet addr:59.77.129.69  Bcast:59.77.129.255  Mask:255.255.255.0
          inet6 addr: fe80::1121:1adb:a917:9e7d/64 Scope:Link
          inet6 addr: 2001:250:6803:2201:5128:45ab:f319:d05a/64 Scope:Global
          inet6 addr: 2001:250:6803:2201:d1c5:7ebe:d314:3e37/64 Scope:Global
          UP BROADCAST RUNNING MULTICAST  MTU:1500  Metric:1
          RX packets:108781 errors:0 dropped:0 overruns:0 frame:0
          TX packets:72484 errors:0 dropped:0 overruns:0 carrier:0
          collisions:0 txqueuelen:1000
          RX bytes:144064724 (144.0 MB)  TX bytes:6898122 (6.8 MB)

lo        Link encap:Local Loopback
          inet addr:127.0.0.1  Mask:255.0.0.0
          inet6 addr: ::1/128 Scope:Host
          UP LOOPBACK RUNNING  MTU:65536  Metric:1
          RX packets:5115 errors:0 dropped:0 overruns:0 frame:0
          TX packets:5115 errors:0 dropped:0 overruns:0 carrier:0
          collisions:0 txqueuelen:1
          RX bytes:457220 (457.2 KB)  TX bytes:457220 (457.2 KB)
```

图 3-4　查看 IP

如果想停止 SSH 服务，则执行以下命令即可。

```
sudo /etc/init.d/ssh stop:
```

5）接下来就可以在 Windows 系统中打开 SSH 客户端软件，可使用 WinSCP（是 Windows 环境下使用 SSH 的开源图形化 SFTP 客户端，同时支持 SCP 协议。它的主要功能就是在本地与远程计算机间安全地复制文件。.winscp 也可以链接其他系统，比如 Linux 系统）输入 Ubuntu 系统的 IP 地址（59.77.129.698）和端口（22），如图 3-5、图 3-6 所示。

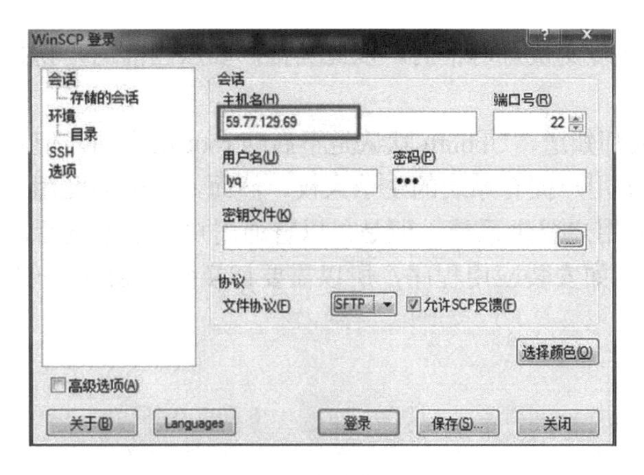

图 3-5　查看主机名

6）完成以上操作，远程工具就可以正常使用了，并且在 Ubuntu 终端中可以进行内容的粘贴，如图 3-7 所示。

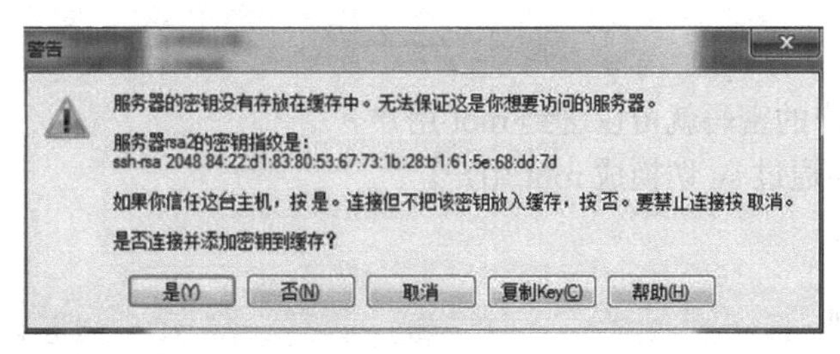

图 3-6　询问

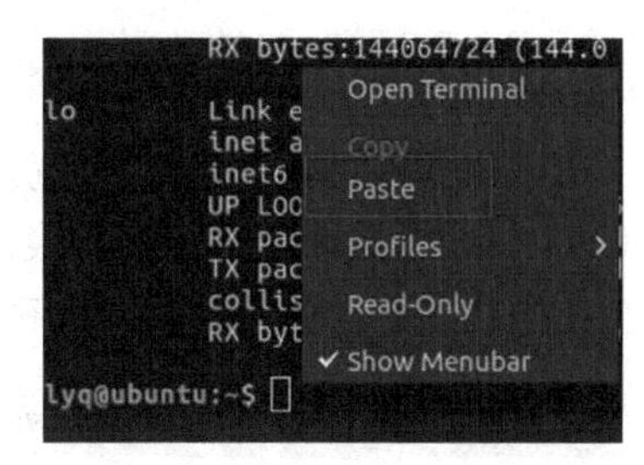

图 3-7　粘贴文件

3.2　超级用户 root

对于计算机系统来说，超级用户（Superuser）是一种用于进行系统管理的特殊用户，相比其他普通用户来说，它拥有最高权限，能够进行全系统的配置、维护等工作，做很多普通用户没有权限做的事情；而普通用户的权限一般是超级用户的子集，只具备其部分权限。在 UNIX 与 Linux 中，超级用户名称是 root，它是对所有文件与程序拥有一切权限的用户。root 用户可以进行许多普通用户无法做的操作。在本节将介绍怎样由普通用户切换到超级用户，怎样加入到用户组，以及退出超级用户的操作。

3.2.1　切换超级用户

大部分 Linux 发行版的默认账户是普通用户，而更改系统文件或者执行某些命令，需要 root 身份才能进行，这就需要从当前用户切换到 root 用户，Linux 中切换用户的命令是 su 或 su -，下面就 su 命令和 su -命令的最大本质区别给大家详解一下。

su 命令只是切换了 root 身份，但 shell 环境仍然是普通用户的 shell；而 su-命令连用户和 shell 环境一起切换成 root 身份。只有切换了 shell 环境才不会出现 PATH 环境变量错误。使用 su 命令切换成 root 用户以后，使用 pwd，发现工作目录仍然是普通用户的工作目录；而用 su -命令切换以后，工作目录变成 root 的工作目录了。还可以用 echo $PATH 命令看一下 su 和 su -以后的环境变量有何不同。以此类推，要从当前用户切换到其他用户也一样，应该使用 su -命令。

用过 Ubuntu 的人都知道，Ubuntu 默认是不启动 root 用户的，但是 root 用户是 Linux 系统的最高权限用户，该用户拥有系统的生杀大权。然而，正因为此用户权限过大，系统一般情况下不允许以 root 用户登录系统。但是，以普通用户登录系统后，普通用户权力受限，做不了一些基本操作，如安装应用程序，所以需要切换到 root 用户来执行一些对系统有重大影响的操作。

1）sudo 命令。

```
xzm@ubuntu:~$ sudo
```

这样输入当前管理员用户密码就可以得到超级用户的权限。但默认的情况下 5 分钟后 root 权限就失效了。

2）sudo -i 命令。

```
xzm@ubuntu:~$ sudo –i
```

通过这种方法输入当前管理员用户的密码就可以进到 root 用户。

3）如果想一直使用 root 权限，要通过 su 切换成 root 用户。

首先要重新设置 root 用户的密码。

```
xzm@ubuntu:~$ sudo passwd root
```

这样就可以设置 root 用户的密码了，之后就可以自由地切换到 root 用户了。

```
xzm@ubuntu:~$ su
```

输入 root 用户的密码即可。

4）让 Ubuntu 自动登录

图形模式下，选择“系统”→“系统管理”→“登录窗口”命令，授权解锁后选择作为 user 自动登录即可。

3.2.2 加入用户组

用户组是具有相同特征用户的逻辑集合，有时需要让多个用户具有相同的权限，如查看、修改某一个文件的权限，一种方法是分别对多个用户进行文件访问授权，如果有 10 个用户的话，就需要授权 10 次，显然这种方法不太合理；另一种方法是建立一个组，让这个组具有查看、修改此文件的权限，然后将所有需要访问此文件的用户放入这个组中，那么所有用户就具有了和组一样的权限，这就是用户组。将用户分组是 Linux 系统中对用户进行管理及控制访问权限的一种手段，通过定义用户组，在很大程度上简化了管理工作。

接下来将介绍怎样增加一个新的用户组。

增加一个新的用户组使用 groupadd 命令，其格式如下：

```
groupadd 选项 用户组
```

可以使用的选项如下。

- **-g：** GID 指定新用户组的组标识号（GID）。
- **-o：** 一般与-g 选项同时使用，表示新用户组的 GID 可以与系统已有用户组的 GID 相同。

```
# groupadd   olcs
```

此命令向系统中增加了一个新组 olcs，新组的组标识号是在当前已有的最大组标识号的基础上加 1。

```
#groupadd -g 101 group1
```

此命令向系统中增加了一个新组 group1，同时指定新组的组标识号是 101。

3.2.3 退出

虽然超级用户（root）具有至高无上的权利，但是若一直使用 root 用户登录，系统可能遭受到破坏，所以有时候在进入超级用户执行完某些必要的操作后，会选择退出超级用户。接下来的几种方法都是超级用户退出的方法。

1）root 用户登录想要退出超级用户状态，可以使用以下命令。

```
su-[用户名]
```

输入想要进入的普通用户的用户名，即可退出超级用户，进入到该普通用户。

2）如果普通用户通过 su 命令切换为 root 用户，可以直接使用 exit 命令退出。

```
-exit
```

3）直接使用〈Ctrl+D〉组合键，即可退出 root 权限。如果要停止正在执行的命令，按下〈Ctrl+C〉组合键即可停止当前正在执行的命令。

3.3 用户操作权限

在 Linux 中的每一个文件或目录都包含有访问权限，这些访问权限决定了谁能访问和如何访问这些文件和目录。通过设定权限可以从以下 3 种访问方式限制访问权限：只允许用户自己访问；允许一个预先指定的用户组中的用户访问；允许系统中的任何用户访问。同时，用户能够控制一个给定的文件或目录的访问程度。一个文件活目录可能有读、写及执行权限。当创建一个文件时，系统会自动地赋予文件所有者读和写的权限，这样可以允许所有者能够显示文件内容和修改文件。文件所有者可以将这些权限改变为任何想指定的权限。一个文件也许只有读权限，禁止任何修改。文件也可能只有执行权限，允许它像一个程序一样执行。接下来将介绍文件的权限管理和怎样修改文件的权限。

3.3.1 文件权限管理概述

Linux 是一个多用户和多任务的操作系统，在 Linux 系统中信息都存放在文件中，系统里运行的程序部分以文件的形式存储。不同的用户为了不同的目的使用操作系统是通过系统赋予用户对某个文件的特定权限来实现的。

Linux 系统中文件或目录的访问权限分为读权限、写权限和可执行权限 3 种，分别用 r、w 和 x 表示，见表 3-3。用户具有读权限可以使用 cat、more 等文件查看程序读取文件的内容，这种方式仅仅是读取，不能对文件进行修改；用户具有写权限可以在目录中创建新的文件或者修改已有的文件；用户具有可执行权限可以执行一些可执行程序。在 Linux 系统中，有 3 种不同类型的用户可对文件或者目录拥有不同的权限，这三类用户是文件所有者、同组用户和其他用户。

确定了某个文件或者目录的访问权限以后，用户可以使用 Linux 系统提供的 chmod 命令来重新设置文件或者目录的访问权限，达到控制不同用户对文件的不同的访问权限。该命令有两种用法：一种是包含字母和操作符表达式的文字设定法；另一种是包含数字的数字设定法。

权限是操作系统用来限制对资源访问的机制，权限一般分为读、写、执行。系统中的每个文件都拥有特定的权限、所属用户及所属组，通过这样的机制来限制哪些用户、哪些组可以对特定的文件进行什么样的操作。

每个进程都是以某个用户的身份运行，所以进程的权限与该用户的权限一样，用户的权限大，该进程拥有的权限就大。

表 3-3　文件的权限

权限	对文件的影响	对目录的影响
r（读取）	可读取文件内容	可列出的目录内容
w (写入)	可修改文件内容	可在目录中创建、删除文件
x（执行）	可作为命令执行	可访问目录内容

注意：目录文件必须拥有 x 权限，否则无法查看其内容。

Linux 权限基于 UGO 模型进行控制。

- U 代表 User，G 代表 Group，O 代表 Other。
- 每一个文件的权限基于 UGO 进行设置。
- 权限三个一组（rwx），对应的 UGO 分别设置。
- 每一个文件拥有一个所属用户和所属组，对应 UG，不属于该文件所属用户或所属组的使用 O 权限。
- 命令 ls-l 可以查看当前目录下文件的详细信息。

3.3.2　修改权限

命令 chmod 用以修改文件的权限，在 Linux 中可使用 chmod 命令来修改一个文件夹或文件的权限，格式如下。

```
chmod [who] [+|-|=] [mode] 文件名
```

其中：

- u：代表所有者（user）。

- g：代表所有者所在的组群（group）。
- o：代表其他人，但不是 u 和 g （other）。
- a：代表全部的人，也就是包括 u，g 和 o。
- r：表示文件可以被读（read）。
- w：表示文件可以被写（write）。
- x：表示文件可以被执行（如果它是程序的话）。

其中，rwx 也可以用数字来代替，即 r：4，w：2，x：1，-：0。

当大家都明白了上面的东西之后，那么以下权限就很容易都明白了。

- -rw------- (600)：只有所有者才有读和写的权限。
- -rw-r--r-- (644)：只有所有者才有读和写的权限，组群和其他人只有读的权限。
- -rwx------ (700)：只有所有者才有读、写、执行的权限。
- -rwxr-xr-x (755)：只有所有者才有读、写、执行的权限，组群和其他人只有读和执行的权限。
- -rwx--x--x (711)：只有所有者才有读、写、执行的权限，组群和其他人只有执行的权限。
- -rw-rw-rw- (666)：每个人都有读写的权限。
- -rwxrwxrwx (777)：每个人都有读写和执行的权限。

命令 chmod 也支持以数字方式修改权限，3 个权限分别由 3 个数字表示。

例如，

```
-r=4 (2^2)
-w=2 (2^1)
-x=1 (2^0)
```

使用数字表示权限时，每组权限分别为对应的数字之和。

```
rw=4+2=6
rwx=4+2+1=7
rx=4+1=5
```

所以，用数字表示 UGO 权限的方式如下。

```
chmod 660 linuxcast.net==rw-rw-----
chmod 775 linuxcast.net==rwxrwxr-x
```

1）修改文件可读写属性。

把 index.html 文件修改为可写可读可执行。

```
chmod 777 index.html
```

2）修改目录下所有文件属性为可写可读可执行。

```
chmod 777 *.*
```

把文件夹名称与后缀名用*来代替就可以了。
例如，修改所有 htm 文件的属性。

```
chmod 777 *.htm
```

3）修改文件夹属性的方法。
把目录 /images/xiao 修改为可写可读可执行。

```
chmod 777 /images/xiao
```

4）修改目录下所有的文件夹属性。

```
chmod 777 *
```

把文件夹名称用*来代替就可以了。
5）修改文件夹内所有的文件和文件夹及子文件夹属性为可写可读可执行。

```
chmod -R 777 /upload
```

6）给其他人授予写 xxx.xxx 这个文件的权限。

```
chmod o w xxx.xxx
```

7）删除 xxx.xxx 中组群和其他人的读和写的权限。

```
chmod go-rw xxx.xxx
```

3.4 系统的安全性

很多人都知道 Linux 系统的安全性比微软的 Windows 系统更高。但是，为什么会这样呢？这种说法有没有道理呢？首先必须明确“安全性”的定义。其实，绝大多数人都犯了同样一个错误，那就是孤立地认为某个产品比较安全。例如，Linux 系统要比微软的 Windows 系统更加安全，或是，开放源代码的 Firefox 网络浏览器要比微软的 IE 浏览器更加安全。但是其实安全性指的是用户和软件之间，通过适当的交互方式，所达成的一种活跃的状态。漏洞补丁管理仅仅是这套系统的一个重要方面，而其他可能更为重要的方面还包括用于补丁管理的恰当工具、健壮的默认设置，达成安全的多层次运作体系，以及时刻将用户看作是安全性的第一道，也是最后一道防线的设计理念。

3.4.1 账号的安全性

（1）更加卓越的补丁管理工具

在微软的 Windows 系统中自动更新的程序只会升级那些由微软公司官方所提供的组件。而第三方的应用程序却不会得到修补。从而，第三方的应用程序可能会给系统带来大量安全隐患。因为对于计算机上的所有应用程序，用户需要定期地对每一款软件单独地进行更新升级，这种方法非常的烦琐，并且让人心烦，而绝大多数用户很快就将这项工作忘到九霄云外去了。

而在 Linux 系统中，当用户在自动更新系统的时候，它将同时升级系统中所有的软件。在 Ubuntu 系统中的任何软件产品，都会出现在程序仓库当中，要升级软件，只需要用鼠标选择即可。而在其他的 Linux 发行版本中，如果下载的软件并没有出现在系统的程序仓库中，添加它也是非常的简便。这样的设计，极大地提高了用户实时更新系统的积极性。

（2）更加健壮的默认设置

Linux 系统天生就被设计成一个多用户的操作系统。因此，即便是某个用户想要进行恶意的破坏，底层系统文件依然会受到保护。假如，在非常不幸的情况下，有任何进程的恶意代码在系统中被执行了，它所带来的危害都会蔓延到整个系统中。

（3）模块化设计

Linux 系统采用的是模块化设计。这表示，如果不需要的话，用户可以将任何一个系统组件给删除掉。由此带来的好处是，如果用户感觉 Linux 系统的某个部分不太安全，就可以移除掉这个组件。这对于 Windows 系统来说，简直不可思议。例如，如果感觉对于 Linux 系统来说，Firefox 网络浏览器是最薄弱的一个环节，就可以删除掉它，用其他的网络浏览器来替代，如 Opera。而在 Windows 系统中，即便是再不满意，用户也无法删除微软的 Internet Explorer 网络浏览器。

（4）更棒的“零日攻击（zero-day-attacks）”防御工具

即便用户能确保自己的系统实时更新，这也不代表着万无一失。零日攻击，指的是在软件生产商发布针对漏洞的更新补丁之前，就抢先利用该漏洞发动网络攻击正在变得日益猖獗。此外，一项调查研究页显示：对于攻击者来说，他们只需要 6 天时间就能够开发出针对漏洞的恶意攻击代码，而软件生产厂商却需要花费较长的时间才能够推出相应的更新补丁。因此，一套睿智的安全策略在防御零日攻击方面至关重要。

与之相应的是，无论是何种类型的运程遥控代码攻击，AppArmor 或 SELinux 都能够为系统提供细致而周全的保护，有越来越多的主流 Linux 发行版本，在系统中都默认整合了 AppArmor（例如，SuSE、Ubuntu Gutsy）或者 SELinux（例如，Fedora、Debian Etch、Yellow Dog）。即使是对于其他发行版本来说，用户也可以非常方便地从网络上下载并安装这两款软件。

（5）开放源代码构架

在 Linux 系统中，当谈论到系统安全性的时候，用“你所看到，就是你所得到的”这句话来形容，是再合适不过了。开放代码意味着，任何可能的软件漏洞都将被“无数双眼睛”所看到，并且得到尽可能的修复。而更重要的是，这也同时意味着在这里没有任何被隐藏的修复措施。作为用户，只要有心，就可以找出自己系统中所存在的安全问题，并采用相应的措施以应对潜在的安全威胁，即便是该漏洞还没有被修补。

而在 Windows 系统中，有很多的安全问题都是被掩盖起来的。微软公司内部所发现的软件漏洞，是不会让外界所知晓的，而他们所想的只是在下一个更新升级包中对它默默地修补。虽然这样做可以让被公开的软件漏洞数目更少，并让某些漏洞不会被大规模的利用，但这种做法同时也蒙蔽了用户的双眼。由此所导致的结果是，用户很可能不会积极地对系统进行升级，因为他不了解自己的系统存在怎样的漏洞，以及这些漏洞的危害大小，结果反而会成为恶意攻击的牺牲品。

（6）多样化的系统环境

Windows 的系统环境可以说是千篇一律。这种巨大的一致性让攻击者们在编写恶意代码、病毒或其他诸如此类的东西时显得得心应手。而 Linux 系统中，应用程序可以是.deb、.rpm 或源代码，以及其他格式。这种差异性让攻击者们很难在 Linux 系统上获得像 Windows 系统那样广泛的影响。

最后，用户必须时刻记住，系统的安全性最终还是掌握在用户手中。一位有经验的用户可以安全地使用 Window 操作系统，而一位无知的用户则能让基于 OpenBSD 的系统都千疮百孔。因此，归根结底，用户才是系统安全的核心。

3.4.2 常见漏洞的安全性

首先普及一下什么是系统漏洞。系统漏洞（System vulnerabilities）是指应用软件或操作系统软件在逻辑设计上的缺陷或错误，被不法者利用，通过网络植入木马、病毒等方式来攻击或控制整个计算机，窃取计算机中的重要资料和信息，甚至破坏系统。

漏洞会影响到的范围很大，包括系统本身及其支撑软件，网络客户和服务器软件，网络路由器和安全防火墙等。换而言之，在这些不同的软硬件设备中都可能存在不同的安全漏洞问题。在不同种类的软、硬件设备，同种设备的不同版本之间，由不同设备构成的不同系统之间，以及同种系统在不同的设置条件下，都会存在各自不同的安全漏洞问题。

与 Windows 相比，Linux 被认为具有更好的安全性和其他扩展性能。这些特性使得 Linux 在操作系统领域异军突起，得到越来越多的重视。随着 Linux 应用量的增加，其安全性也逐渐受到了公众甚至黑客的关注。那么，Linux 是否真的如其支持厂商们所宣称的那样安全呢？

Linux 内核精短、稳定性高、可扩展性好、硬件需求低、免费、网络功能丰富、适用于多种 CPU。其独特的魅力使它不仅在 PC 机上占据一定的份额，而且越来越多地被使用在各种嵌入式设备中，并被当作专业的路由器、防火墙，或者高端的服务器 OS 来使用。各种类型的 Linux 发行版本也如雨后春笋般冒了出来，国内更是掀起了 Linux 的使用热潮，很多政府部门因安全需要也被要求使用 Linux。正是因为 Linux 被越来越多地使用，其安全性也渐渐受到了公众的关注，当然，也更多地受到了黑客的关注。通常，Linux 系统安全都是从 Linux 安全配置的角度或者 Linux 的安全特性等方面来讨论，而这一次转换一下视角，从 Linux 系统中存在的漏洞与这些漏洞产生的影响来讨论 Linux 的安全性。

首先讨论 Linux 系统安全的范围，其实通常所说的 Linux 是指 GNU/Linux 系统，Linux 是系统中使用的操作系统内核。以下重点从 Linux 系统内核中存在的几类非常有特点的漏洞来讨论 Linux 系统的安全性。

（1）权限提升类漏洞

一般来说，利用系统上一些程序的逻辑缺陷或缓冲区溢出的手段，攻击者很容易在本地获得 Linux 服务器上的管理员权限 root，在一些远程的情况下，攻击者会利用一些以 root 身份执行的有缺陷的系统守护进程来取得 root 权限，或利用有缺陷的服务进程漏洞来取得普通用户权限用以远程登录服务器。目前很多 Linux 服务器都用关闭各种不需要的服务和进程的方式来提升自身的安全性，但是只要这个服务器上运行着某些服务，攻击者就可以找到权限提升的途径。下面是一个比较新的导致权限提升的漏洞。

do_brk()边界检查不充分漏洞在 2003 年 9 月份被 Linux 内核开发人员发现，并在 9 月底发布的 Linux kernel 2.6.0-test6 中对其进行了修补。但是 Linux 内核开发人员并没有意识到此漏洞的威胁，所以没有做任何通报，一些安全专家与黑客却看到了此漏洞蕴涵的巨大威力。在 2003 年 11 月黑客利用 rsync 中一个未公开的堆溢出与此漏洞配合，成功地攻击了多台 Debian 与 Gentoo Linux 的服务器。

下面简单描述一下该漏洞。该漏洞被发现于 brk 系统调用中。brk 系统调用可以对用户进程的堆的大小进行操作，使堆扩展或者缩小。而 brk 内部就是直接使用 do_brk()函数来做具体的操作，do_brk()函数在调整进程堆的大小时既没有对参数 len 进行任何检查（不检查大小也不检查正负），也没有对 addr+len 是否超过 TASK_SIZE 做检查。这样就可以向它提交任意大小的参数 len，使用户进程的大小任意改变以至可以超过 TASK_SIZE 的限制，使系统认为内核范围的内存空间也是可以被用户访问的，这样普通用户就可以访问到内核的内存区域。通过一定的操作，攻击者就可以获得管理员权限。这个漏洞极其危险，利用这个漏洞可以使攻击者直接对内核区域操作，绕过很多 Linux 系统下的安全保护模块。

此漏洞的发现提出了一种新的漏洞概念，即通过扩展用户的内存空间到系统内核的内存空间来提升权限。当发现这种漏洞时，通过研究可认为内核中一定还会存在类似的漏洞，果然几个月后黑客们又在 Linux 内核中发现与 brk 相似的漏洞。通过这次成功的预测，更证实了对这种新型的概念型漏洞进行研究有助于安全人员在系统中发现新的漏洞。

（2）拒绝服务类漏洞

拒绝服务攻击是目前比较流行的攻击方式，它并不取得服务器权限，而是使服务器崩溃或失去响应。对 Linux 的拒绝服务大多数都无须登录即可对系统发起拒绝服务攻击，使系统或相关的应用程序崩溃或失去响应能力，这种方式属于利用系统本身漏洞或其守护进程缺陷及不正确设置进行攻击。

另外一种情况，攻击者登录到 Linux 系统后，利用这类漏洞，也可以使系统本身或应用程序崩溃。这种漏洞主要由程序对意外情况的处理失误引起，如写临时文件之前不检查文件是否存在，盲目跟随链接等。

下面，简单描述一下 Linux 在处理 intel IA386 CPU 中的寄存器时发生错误而产生的拒绝服务漏洞。该漏洞是因为 IA386 多媒体指令使用的寄存器 MXCSR 的特性导致的。由于 IA386 CPU 规定 MXCSR 寄存器的高 16 位不能有任何位被置位，否则 CPU 就会报错导致系统崩溃。为了保证系统正常运转，在 Linux 系统中有一段代码专门对 MXCSR 的这个特性作处理，而这一段代码在特定的情况下会出现错误，导致 MXCSR 中的高 16 位没有被清零，使系统崩溃。如果攻击者制造了这种“极限”的内存情况就会对系统产生 DOS 效果。

攻击者通过调用 get_fpxregs 函数可以读取多媒体寄存器至用户空间，这样用户就可以取得 MXCSR 寄存器的值。调用 set_fpxregs 函数可以使用用户空间提供的数据对 MXCSR 寄存器进行赋值。通过对 MXCSR 的高 16 位清 0，就保证了 IA386 CPU 的这个特性。如果产生一种极限效果使程序跳过这一行，使 MXCSR 寄存器的高 16 位没有被清 0，一旦 MXCSR 寄存器的高 16 位有任何位被置位，系统就会立即崩溃。

利用这个漏洞攻击还需要登录到系统，这个漏洞也不能使攻击者提升权限，只能达到

DOS 的效果，所以这个漏洞的危害还是比较小的。那么分析这个漏洞就没有意义了吗？其实由分析这个漏洞可以看出：Linux 内核开发成员对这种内存复制时出现错误的情况没有进行考虑，以至造成了这个漏洞，分析了解了这个漏洞后，在漏洞挖掘方面也出现了一种新的类型，可在以后的开发中尽量避免这种情况。

（3）Linux 内核算法上出现的漏洞

先来简单介绍一下这个漏洞，当 Linux 系统接收到攻击者经过特殊构造的包后，会引起 hash 表产生冲突导致服务器资源被耗尽。这里所说的 hash 冲突就是指：许多数值经过某种 hash 算法运算以后得出的值相同，并且这些值都被储存在同一个 hash 槽内，这就使 hash 表变成了一个单向链表。而对此 hash 表的插入操作会从原来的复杂度 O（n）变为 O（n*n）。这样就会导致系统消耗巨大的 CPU 资源，从而产生了 DOS 攻击效果。

先看一下在 Linux 中使用的 hash 算法，这个算法用在对 Linux route catch 的索引与分片重组的操作中。Rice University 计算机科学系的 Scott A. Crosby 与 Dan S. Wallach 提出了一种新的低带宽的 DOS 攻击方法，即针对应用程序所使用的 hash 算法的脆弱性进行攻击。这种方法提出：如果应用程序使用的 hash 算法存在弱点，也就是说 hash 算法不能有效地散列数据，攻击者就可以通过构造特殊的值使 hash 算法产生冲突引起 DOS 攻击。

```
01  static __inline__ unsigned rt_hash_code(u32 daddr, u32 saddr, u8 tos)
02  {
03  unsigned hash = ((daddr & 0xF0F0F0F0) >> 4) |
04  ((daddr & 0x0F0F0F0F) << 4);
05  hash ^= saddr ^ tos;
06  hash ^= (hash >> 16);
07  return (hash ^ (hash >> 8)) & rt_hash_mask;
08  }
```

以上的代码就是 Linux 对 IP 包进行路由或者重组时使用的算法。此算法由于过于简单而不能把 route 缓存进行有效的散列，从而产生了 DOS 漏洞。下面来分析一下以上代码。

01 行为此函数的函数名与入口参数，u32 daddr 为 32 位的目的地址，而 u32 saddr 为 32 位的原地址，tos 为协议。

03 行-04 行是把目标地址前后字节进行转换。

05 行把原地址与 tos 进行异或后，再与 hash 异或，然后再赋值给 hash。

06 行把 hash 的值向右偏移 16 位，然后与 hash 异或，再赋值给 hash。

07 行是此函数返回 hash 与它本身向右偏移 8 位的值异或，然后再跟 rt_hash_mask 进行与操作的值。

这种攻击是一种较为少见的拒绝服务方式，因为它利用了系统本身算法中的漏洞。该漏洞也代表了一种新的漏洞发掘的方向，就是针对应用软件或者系统使用的 hash 算法进行漏洞挖掘。因此，这种针对 hash 表攻击的方法不仅对 Linux，而且会对很多应用软件产生影响，如 Perl5，在这个 perl 的版本中使用的 hash 算法就容易使攻击者利用精心筛选的数据，使用 perl5 进行编程的应用程序对 hash 表产生 hash 冲突，包括一些代理服务器软件，甚至一些 IDS 软件，防火墙等，凡使用 Linux 内核的系统都会被此种攻击影响。

（4）Linux 内核中的整数溢出漏洞

Linux Kernel 2.4 NFSv3 XDR 处理器例程远程拒绝服务漏洞在 2003 年 7 月 29 日公布，影响 Linux Kernel 2.4.21 以下的所有 Linux 内核版本。

该漏洞存在于 XDR 处理器例程中，相关内核源代码文件为 nfs3xdr.c。此漏洞是由于一个整形漏洞引起的（正数/负数不匹配）。攻击者可以构造一个特殊的 XDR 头（通过设置变量 int size 为负数）发送给 Linux 系统即可触发此漏洞。当 Linux 系统的 NFSv3 XDR 处理程序收到这个被特殊构造的包时，程序中的检测语句会错误地判断包的大小，从而在内核中复制巨大的内存，导致内核数据被破坏，致使 Linux 系统崩溃。

漏洞代码：

```
static inline u32 *
    decode_fh(u32 *p, struct svc_fh *fhp)
    {
    int size;
    fh_init(fhp, NFS3_FHSIZE);
    size = ntohl(*p++);
    if (size > NFS3_FHSIZE)
    return NULL;
    memcpy(&fhp->fh_handle.fh_base, p, size); fhp->fh_handle.fh_size = size;
    return p + XDR_QUADLEN(size);
    }
```

因为此内存复制是在内核内存区域中进行，会破坏内核中的数据导致内核崩溃，所以此漏洞并没有证实可以用来远程获取权限，而且利用此漏洞时攻击者必须可以挂载此系统上的目录，更为利用此漏洞增加了困难。

可通过这个漏洞的特点来寻找此种类型的漏洞并更好地修补它。通过分析可知，该漏洞是一个非常典型的整数溢出漏洞，如果在内核中存在这样的漏洞是非常危险的。所以 Linux 的内核开发人员对 Linux 内核中关于数据大小的变量都做了处理（使用了 unsigned int），这样就避免了再次出现这种典型的整数溢出。通过对这种特别典型的漏洞原理进行分析，开发人员可以在以后的开发中避免出现这种漏洞。

（5）IP 地址欺骗类漏洞

由于 TCP/IP 本身的缺陷，导致很多操作系统都存在 TCP/IP 堆栈漏洞，使攻击者进行 IP 地址欺骗非常容易实现。Linux 也不例外。虽然 IP 地址欺骗不会对 Linux 服务器本身造成很严重的影响，但是对很多使用 Linux 操作系统的防火墙和 IDS 产品来说，这个漏洞却是致命的。

IP 地址欺骗是很多攻击的基础，之所以使用这个方法，是因为 IP 自身的缺点。IP 依据 IP 头中的目的地址项来发送 IP 数据包。如果目的地址是本地网络内的地址，该 IP 包就被直接发送到目的地。如果目的地址不在本地网络内，该 IP 包就会被发送到网关，再由网关决定将其发送到何处。这是 IP 路由 IP 包的方法。IP 路由 IP 包时对 IP 头中提供的 IP 源地址不做任何检查，认为 IP 头中的 IP 源地址即为发送该包的机器的 IP 地址。当接收到该包的目的主机要与源主机进行通信时，它以接收到的 IP 包的 IP 头中 IP 源地址作为其发送的 IP

包的目的地址，来与源主机进行数据通信。IP 的这种数据通信方式虽然非常简单和高效，但同时也是 IP 的一个安全隐患，很多网络安全事故都是由 IP 的这个缺点而引发的。

黑客或入侵者利用伪造的 IP 发送地址产生虚假的数据分组，乔装成来自内部站的分组过滤器，这种类型的攻击是非常危险的。关于涉及的分组真正是内部的，还是外部的分组被包装得看起来像内部分组的种种迹象都已丧失殆尽。只要系统发现发送地址在自己的范围之内，就把该分组按内部通信对待并让其通过。

通常主机 A 与主机 B 的 TCP 连接是通过主机 A 向主机 B 提出请求建立起来的，而其间主机 A 和主机 B 仅仅根据由主机 A 产生并经主机 B 验证的初始序列号 ISN 来确认。

主机 A 产生它的 ISN，传送给主机 B，请求建立连接；主机 B 接收到来自主机 A 的带有 SYN 标志的 ISN 后，将自己本身的 ISN 连同应答信息 ACK 一同返回给主机 A；主机 A 再将主机 B 传送来的 ISN 及应答信息 ACK 返回给主机 B。至此，正常情况下，主机 A 与主机 B 的 TCP 连接就建立起来了。

B→SYN→A

B←SYN+ACK←A

B→ACK→A

假设主机 C 企图攻击主机 A，因为主机 A 和主机 B 是相互信任的，如果主机 C 已经知道了被主机 A 信任的主机 B，那么就要想办法使得主机 B 的网络功能瘫痪，防止别的东西干扰自己的攻击。在这里普遍使用的是 SYN flood。攻击者向被攻击主机发送许多 TCP-SYN 包。这些 TCP-SYN 包的源地址并不是攻击者所在主机的 IP 地址，而是攻击者自己填入的 IP 地址。当被攻击主机接收到攻击者发送来的 TCP-SYN 包后，会为一个 TCP 连接分配一定的资源，并且会以接收到的数据包中的源地址（即攻击者自己伪造的 IP 地址）为目的地址向目的主机发送 TCP-（SYN+ACK）应答包。由于攻击者自己伪造的 IP 地址一定是精心选择的不存在的地址，所以被攻击主机永远也不可能收到它发送出去的 TCP-（SYN+ACK）包的应答包，因而被攻击主机的 TCP 状态机处于等待状态。如果被攻击主机的 TCP 状态机有超时控制的话，直到超时，为该连接分配的资源才会被回收。因此如果攻击者向被攻击主机发送足够多的 TCP-SYN 包，并且足够快，被攻击主机的 TCP 模块肯定会因为无法为新的 TCP 连接分配到系统资源而处于服务拒绝状态。即使被攻击主机所在网络的管理员监听到了攻击者的数据包也无法依据 IP 头的源地址信息判定攻击者是谁。

当主机 B 的网络功能暂时瘫痪时，主机 C 必须想方设法确定主机 A 当前的 ISN。首先连向 25 端口，因为 SMTP 是没有安全校验机制的，与前面类似，不过这次需要记录主机 A 的 ISN，以及主机 C 到主机 A 的大致的 RTT（round trip time）。这个步骤要重复多次以便求出 RTT 的平均值。一旦主机 C 知道了主机 A 的 ISN 基值和增加规律，就可以计算出从主机 C 到主机 A 需要 RTT/2 的时间。然后立即进行攻击，否则在这之间有其他主机与主机 A 连接，ISN 将比预料的多。

主机 C 向主机 A 发送带有 SYN 标志的数据段请求连接，只是信源 IP 改成了主机 B。主机 A 向主机 B 回送 SYN+ACK 数据段，主机 B 已经无法响应，主机 B 的 TCP 层只是简单地丢弃主机 A 的回送数据段。这个时候主机 C 需要暂停一小会儿，让主机 A 有足够时间发送 SYN+ACK，因为主机 C 看不到这个包。然后主机 C 再次伪装成主机 B 向主机 A 发送 ACK，此时发送的数据段带有主机 C 预测的主机 A 的 ISN+1。如果预测准确，连接建立，数据传送开始。问题在于即使连接建立，主机 A 仍然会向主机 B 发送数据，而不是主机 C，主机 C 仍然无法看到主机 A 发往主机 B 的数据段，主机 C 必须蒙着头按照协议标准假冒主机 B 向主机 A 发送命令，于是攻击完成。如果预测不准确，主机 A 将发送一个带有 RST 标志的数据段异常终止连接，主机 C 只有从头再来。随着不断地纠正预测的 ISN，攻击者最终会与目标主机建立一个会晤。通过这种方式，攻击者以合法用户的身份登录到目标主机而不需进一步的确认。如果反复试验使得目标主机能够接收对网络的 root 登录，那么就可以完全控制整个网络。

C（B）—— SYN→A

B←SYN+ACK —— A

C（B）—— ACK→A

C（B）—— PSH→A

IP 欺骗攻击利用了 RPC 服务器仅仅依赖于信源 IP 地址进行安全校验的特性，攻击最困难的地方在于预测主机 A 的 ISN。攻击难度比较大，但成功的可能性也很大。主机 C 必须精确地预见可能从主机 A 发往主机 B 的信息，以及主机 A 期待来自主机 B 的什么应答信息，这要求攻击者对协议本身相当熟悉。同时需要明白，这种攻击根本不可能在交互状态下完成，必须写程序完成。当然在准备阶段可以用 netxray 之类的工具进行协议分析。

通过分析上面的几个漏洞大家也可以看到 Linux 并不是完美的，还有很多的地方需要完善。有些漏洞极大地影响了 Linux 的推广和使用，例如，上面那个 Linux hash 表冲突的漏洞，因为一些 IDS 厂商和防火墙厂商就是基于 Linux 内核来开发自己的产品，如果还是使用的 Linux 本身的 hash 算法就会受到这种漏洞的影响，极易被攻击者进行 DoS 攻击。因为防火墙、IDS 本身就是安全产品，如果它们被攻击就会使用户产生极大的损失，所以需要对这些漏洞进行跟踪分析，并通过了解它们的特性以避免在系统中再次产生这些类型的漏洞。通过对这些类型的漏洞进行预测挖掘，能积极地防御黑客的攻击破坏。

3.4.3 SELinux

1．SELinux 概述

安全增强 Linux（Secure Enhanced Linux，SELinux）是由 NSA 针对计算机基础结构安全开发的一个全新的 Linux 安全策略机制。SELinux 允许管理员更加灵活地定义安全策略。

SELinux 是一个内核级的安全机制，从 2.6 内核之后集成在内核当中 Linux 发行版本都会集成 SELinux 机制，CentOS/RHEL 默认会开启 SELinux。因为 SELinux 是内核级机制，所以对 SELinux 的修改一般需要重新启动。

所有的安全机制都是对两样东西做出限制：域（domain）和上下文（context）。

- 域用来对进程进行限制。
- 上下文用来对系统资源进行限制。

SELinux 通过定义策略来控制哪些域可以访问哪些上下文。SELinux 有很多预置策略，通常不需要自定义策略（除非需要对自定义服务，程序进行保护）。

1）CentOS、RHEL 使用预置的目标策略。

目标（target）策略定义只有目标的进程受到 SELinux 限制，其他进程运行在非限制模式下。目标策略只影响网络应用程序。

在CentOS/RHEL中，受限制的网络服务程序在200个左右，常见的有以下几个。

```
-dhcpd          -ntpd
-httpd          -rpcbind
-mysqld         -squld
-nomed          -syslogd
```

SELinux有3种工作模式。

● 强制（enforcing）。

违反策略的行动都被禁止，并作为内核信息记录。

● 允许（permissive）。

违反策略的行动都不被禁止，但是会产生警告信息。

● 禁用（disabled）。

禁用SELinux，与不带SELinux功能的系统一样。

SELinux模式的配置文件为/etc/sysconfig/selinux：

```
SELINUX=permissive
```

命令getenforce可以查看当前SELinux工作状态：

```
getenforce
```

命令setenforce可以设置当前SELinux工作状态：

```
setenforce[0|1]
```

命令ps，ls加入-Z参数就可以显示对应的SELinux信息，显示的信息类似：

```
system_u:  object_r : httpd_exec-t :s0
```

2）SELinux策略规定哪些域（进程）可以访问哪些上下文（文件）。

在对系统进行管理的时候，对文件的操作有时候会改变文件的上下文，导致一些进程无法访问某些文件，所以一般需要检查，修改文件的上下文。

命令restorecon可以用以恢复文件默认的上下文：

```
restorecon-R-v/var/www
```

命令chcon可以用以改变文件的上下文：

```
chcon—reference=etc/named.conf.orig    /etc/named.conf
```

2．SElinux常用命令

1）查看安全上下文。

```
ls -Z
ps -Z
```

2）更改安全上下文。

```
chcon -t tmp_t /etc/hosts
chcon -t public_content_rw_t /var/ftp/incoming
```

3）恢复系统的默认上下文。

```
restorecon /etc/hosts
```

4）查看和设置 SELinux 级别。

```
getenforce
setenforce
system-config-selinux
```

5）SELinux 帮助工具。

安装 setroubleshootd；

用 sealert -b 打开这个图形工具。

6）SELinux 策略管理工具 列出文件上下文。

```
semanage fcontext -l | grep ftp
```

7）setroubleshoot client tool 查看警告 id。

```
sealert -l 05d2769e-af58-4fc5-ac09-b32cdfb38222
```

8）设置 SELinux 布尔值。

```
setsebool -P ftpd_disable_trans=1
setsebool -P allow_ftpd_anon_write=1
```

9）获得 SELinux 布尔值。

```
getsebool -a | grep ftp
```

10）查看程序相关的 SELinux 帮助。

```
-k ftp | grep selinux    ftpd_selinux (8) – Security  Enhanced  Linux  Policy  for  the  ftp  daemon
ftpd_selinux
```

3．SELinux 对服务的应用

SELinux 的设置分为两个部分，修改安全上下文以及策略，下面收集了一些应用的安全上下文，供配置时使用；对于策略的设置，应根据服务应用的特点来修改相应的策略值。

1）SElinux 与 samba。

samba 共享的文件必须用正确的 SELinux 安全上下文标记。

```
chcon -R -t samba_share_t /tmp/abc
```

如果共享 /home/abc，需要设置整个主目录的安全上下文。

```
chcon -R -r samba_share_t /home
```

修改策略（只对主目录的策略的修改）。

```
setsebool -P samba_enable_home_dirs=1
setsebool -P allow_smbd_anon_write=1
 getsebool 查看
samba_enable_home_dirs -->on
allow_smbd_anon_write --> on /*允许匿名访问并且可写*/
```

2）SELinux 与 nfs。

SELinux 对 nfs 的限制好像不是很严格，默认状态下，不对 nfs 的安全上下文进行标记，而且在默认状态的策略下，nfs 的目标策略允许 nfs_export_all_ro，即默认是允许访问的。

```
nfs_export_all_ro
nfs_export_all_rw 值为 0
```

但是如果共享的是/home/abc 的话，需要打开相关策略对 home 的访问。

```
setsebool -P use_nfs_home_dirs boolean 1 getsebool use_nfs_home_dirs
```

3）SELinux 与 ftp。

如果 ftp 为匿名用户共享目录的话，应修改安全上下文。

```
chcon -R -t public_content_t /var/ftp
chcon -R -t public_content_rw_t /var/ftp/incoming
```

策略的设置。

```
setsebool -P allow_ftpd_anon_write =1
getsebool allow_ftpd_anon_write
allow_ftpd_anon_write--> on
```

4）SELinux 与 http。

Apache 的主目录如果修改为其他位置，SELinux 就会限制客户的访问。

① 修改安全上下文。

```
chcon -R -t httpd_sys_content_t /home/html
```

由于网页都需要进行匿名访问，所以要允许匿名访问。

② 修改策略。

```
setsebool -P allow_ftpd_anon_write = 1
setsebool -P allow_httpd_anon_write = 1
setsebool -P allow_<协议名>_anon_write = 1
```

③ 关闭 selinux 对 httpd 的保护。

```
httpd_disable_trans=0
```

5）SELinux 与公共目录共享。

如果 ftp,samba,web 都访问共享目录的话，该文件的安全上下文如下。

```
public_content_t
public_content_rw_t
```

其他各服务策略的 bool 值，应根据具体情况做相应的修改。

3.5 应用案例：**Hadoop** 集群创建的用户

增加 Hadoop 用户会为以后搭建 Hadoop 运行环境提供很多方便。

1）进入 root 模式。Ubuntu 系统中只有在 root 模式下才可以添加或者删除用户。

输入命令行：

```
sudo -s
```

然后输入密码，如图 3-8 所示。

```
hadoop@master:~$ sudo -s
[sudo] password for hadoop:
root@master:~#
```

图 3-8 进入 root 模式

📖 root 是 Ubuntu 中的超级管理员。

2）添加用户 master。

在命令行输入以下代码，结果如图 3-9 所示。

```
adduser master
```

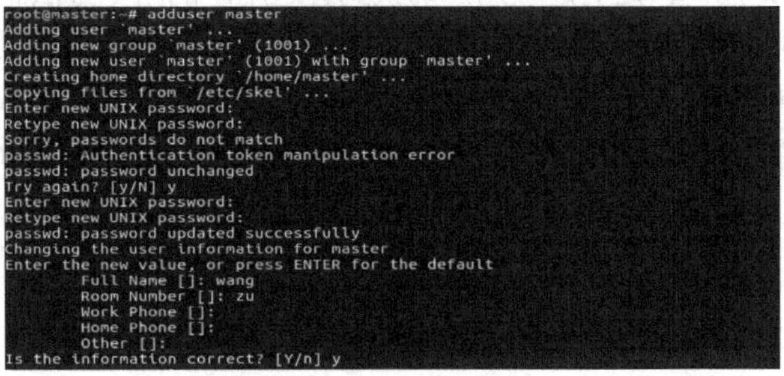

```
root@master:~# adduser master
Adding user `master' ...
Adding new group `master' (1001) ...
Adding new user `master' (1001) with group `master' ...
Creating home directory `/home/master' ...
Copying files from `/etc/skel' ...
Enter new UNIX password:
Retype new UNIX password:
Sorry, passwords do not match
passwd: Authentication token manipulation error
passwd: password unchanged
Try again? [y/N] y
Enter new UNIX password:
Retype new UNIX password:
passwd: password updated successfully
Changing the user information for master
Enter the new value, or press ENTER for the default
        Full Name []: wang
        Room Number []: zu
        Work Phone []:
        Home Phone []:
        Other []:
Is the information correct? [Y/n] y
```

图 3-9 增加用户 master

3）将 master 用户添加至管理组。

输入如下命令，结果如图 3-10 所示。

```
chmod u+w /etc/sudoers
vi /etc/sudoers
```

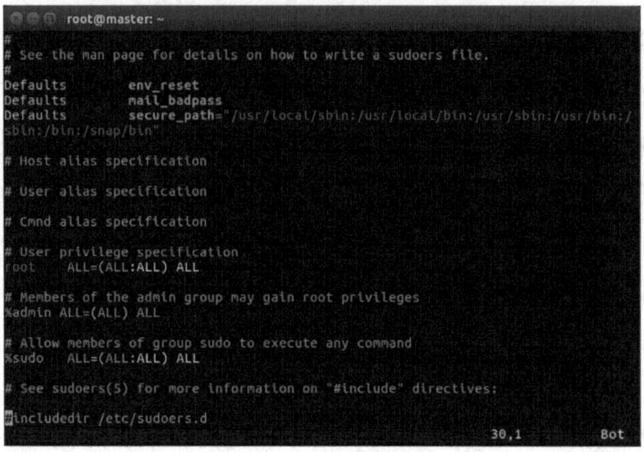

```
root@master: ~
#
# See the man page for details on how to write a sudoers file.
#
Defaults        env_reset
Defaults        mail_badpass
Defaults        secure_path="/usr/local/sbin:/usr/local/bin:/usr/sbin:/usr/bin:/sbin:/bin:/snap/bin"

# Host alias specification

# User alias specification

# Cmnd alias specification

# User privilege specification
root    ALL=(ALL:ALL) ALL

# Members of the admin group may gain root privileges
%admin ALL=(ALL) ALL

# Allow members of group sudo to execute any command
%sudo   ALL=(ALL:ALL) ALL

# See sudoers(5) for more information on "#include" directives:

#includedir /etc/sudoers.d
                                                    30,1          Bot
```

图 3-10　修改用户权限

4）进入 master 用户。

输入如下命令，结果如图 3-11 所示。

```
su master
```

```
root@master:~# su master
master@master:/home/hadoop$
```

图 3-11　进入 master 用户

3.6　本章小结

Linux 是一个多用户的操作系统，所以学习 Linux 操作系统下的用户和用户组管理是非常有必要性的。本章首先介绍了用户的分类：超级用户、普通用户、系统用户，以及怎样添加一个账户和将一个账户加入到一个组中。还介绍了 Linux 的远程登录功能，简单介绍了 root 用户，从普通用户到 root 用户，还有超级用户切换到普通用户的指令方法。在 Linux 系统中的文件各式各样，对应不同的用户有不同的权限，为此引入了用户的操作权限，并介绍了可读、可写、可执行等权限，同时详细介绍了怎样利用 chmod 命令来更改用户的权限。最后详细地介绍了 Linux 系统的安全性、Linux 系统的常见漏洞，以及 SELinux 的基础简介。

实践与练习

一、选择题

1．某文件的权限是 －rwxr－－r－－，下面描述正确的是（　　）。

A．文件的权限值是 755

B．文件的所有者对文件只有读权限

C．文件的权限值是 744

D．其他用户对文件只有读权限

E．同组用户对文件只有写权限

2．下列哪个命令可以将普通用户切换成超级用户。（　　）

A．super　　B．passwd　　C．tar　　D．su

3．Linux 系统通过什么命令给其他用户发消息？（　　）

A．less　　B．mesg y　　C．write　　D．echo to

4．退出交互式的 shell，应输入（　　）。

A．esc　　B．q　　C．exit　　D．quit

5．哪一个目录存放着 Linux 的源代码？（　　）

A．/etc　　B．/usr/src　　C．/usr　　D．/home

6．通过修改文件（　　），可以设定开机时自动安装的文件系统（　　）。

A．/etc/mtab　　B．/etc/fastboot　　C．/etc/fstab　　D．/etc/inetd.conf

7．root 文件系统一旦安装完毕，内核将启动名为（　　）的程序，这也是指导过程完成后，内核运行的第一个程序。

A．login　　B．rc.d　　C．init　　D．startup

8．为了将归档文件./myftp.tgz 解压缩到当前目录下，我们可以使用（　　）。

A．tar cvzf ./myftp.tgz　　B．tar xvzf ./myftp.tgz

C．tar vzf .mytp.tgz　　D．tar ztvf ./myftp.tgz

9．为了保证系统的安全，现在的 Linux 系统一般将/etc/passwd 密码文件加密后，保存在（　　）文件。

A．/etc/group　　B．etc/netgroup

C．/etc/libasafe.notify　　D．etc/shadow

10．一般来说，Linux 系统下的各种系统记录文件 LOG 主要是存放在系统中的（　　）目录下。

A．/tmp　　B．/var　　C．/proc　　D．/usr

11．为了设置共享库的搜索目录，可以（　　）。

A．修改/etc/ld.so.conf 文件　　B．重新编译内核

C．设置环境变量 PATH　　D．修改/etc/ld.conf

12．命令 adduser 的哪一个选项可以设置用户的家目录？（　　）

A．-d　　B．-h　　C．-u　　D．-a

13．命令 usermod 的哪一个选项可以为用户设置第 2 个属组？（　　）

A．-g　　B．-d　　C．-U　　D．-s

二、填空题

1．默认情况下，超级用户和普通用户的登录提示符分别是________、________。

2．某文件的权限为：drw-r-r 用数值形式表示该权限，则该八进制数为________，该文件属性为________。

3．在 Linux 系统中添加新用户的命令是________。

4．目录可写意味着________。

5．常用的备份工具有________。

6．tar 命令的 r 选项命令含义是________。

7．假设你是超级用户，需要给普通用户发布通知，需要修改文件________。

8．系统管理常用的二进制文件，一般放置在________目录下。

9．root 文件系统一旦安装完毕，内核将启动名为________的程序，这也是指导过程完成后，内核运行的第一个程序。

10．Linux 用于暂时锁定用户账号的命令是________。

11．一个文件名为 rr.z，可以用来解压缩的命令是________。

三、简答题

执行命令 ls-l 时，某行显示如下：

-rw-r—r—1 chris chris 207 jul20 11:58 mydata

（1）用户 chris 对该文件具有什么权限？

（2）执行命令 useradd Tom 后，用户 Tom 对该文件具有什么权限？

（3）如何使得任何用户都可以执行该文件？

（4）如何把该文件属主改为用户 root？

第4章　Linux 系统编辑器和软件安装

编辑器是软体程序，一般是指用来修改计算机档案的编写软件，但也有人称 PE2、HE4（汉书）等文书软件为编辑器。常见的编辑器有文本编辑器、网页编辑器、源程序编辑器、图像编辑器，声音编辑器和视频编辑器等。在本章主要学习基于 Linux 系统的文本编辑器，包括 vim 编辑器和 gedit 编辑器。

4.1　Linux 主要编辑器介绍

在使用 Windows 系统的过程中，很多人已经习惯了通过图形界面修改计算机的配置、配置各种服务等操作，而在 Linux 中大部分的配置工作都是通过修改 Linux 的各种配置文件实现。修改配置文件就需要使用文件编辑器，Linux 下的文件编辑器非常多，有的是在字符界面下使用，有的是在图形界面下使用。本节中主要介绍一款在图形界面下使用的文件编辑器。

4.1.1　gedit 编辑器

gedit 编辑器是一个在 GNOME 桌面环境下兼容 UTF-8 的文本编辑器。gedit 包含语法高亮和标签编辑多个文件的功能，对中文支持很好，支持包括 GB2312、GBK 在内的多种字符编码。利用 GNOME VFS 库，它还可以编辑远程文件。它支持完整的恢复和重做系统以及查找和替换功能。它还支持包括多语言拼写检查和一个灵活的插件系统，可以动态地添加新特性，例如，snippets 和外部程序的整合。另外，gedit 还有一些小特性，包括行号显示、括号匹配、文本自动换行等。

1．gedit 的启动

gedit 文本编辑器是 Ubuntu 系统内初始的默认编辑器。它既适于基本的文本编辑，也适用于高级文本编辑。gedit 在绝大多数 Ubuntu 的发行版中都已经预装。

gedit 的启动方式有多种，可以从菜单启动，也可以从终端命令行启动。从菜单启动时，选择桌面顶部的“应用程序”→“文本编辑器”命令即可打开；从终端启动，只需要输入以下代码，再按〈Enter〉键即可。

```
sudo gedit
```

启动之后的主界面如图 4-1 所示。

图 4-1　gedit 文本显示

2．窗口说明

读者可以看到 gedit 启动的界面和 Windows 中的写字板程序相似。窗口中有菜单栏、工具栏、编辑栏、状态栏等。

3．常用的技巧

（1）打开多个文件

要从命令行打开多个文件，请输入 gedit file1.txt file2.txt file3.txt 命令，然后按〈Enter〉键，如图 4-2 所示。

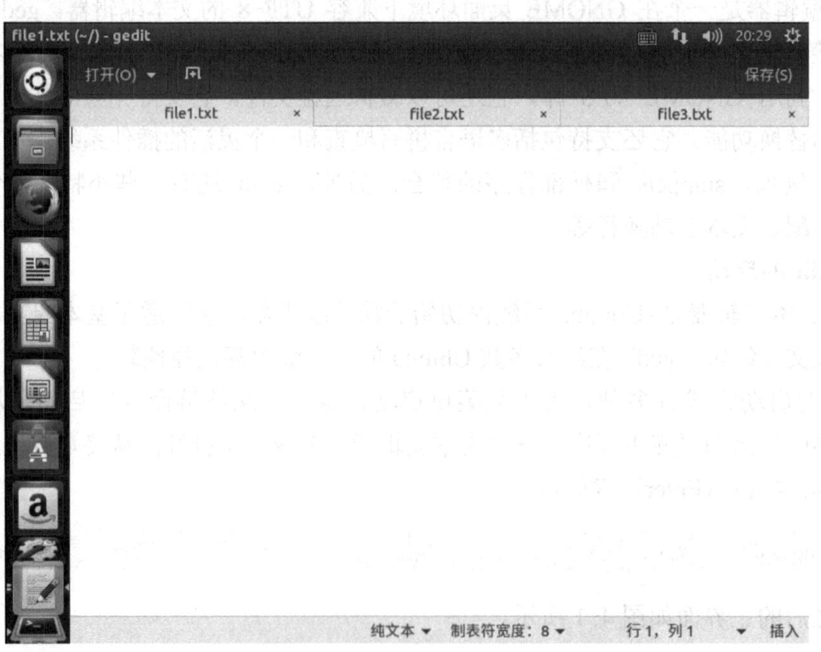

图 4-2　命令行打开多个文件

（2）将命令的输出输送到文件中

例如，要将 ls 命令的输出输送到一个文本文件中，可输入 ls | gedit，然后按〈Enter〉键，ls 命令的输出就会显示在 gedit 窗口的一个新文件中。

（3）更改为突出显示模式

例如，更改为突出显示模式以适应 html 文件的步骤为，选择“查看”→“突出显示模式”→“标记语言”→“HTML”，即可以彩色模式查看 html 文件。

（4）插件

gedit 中有多种插件可以选用，这些插件极大地方便了用户处理代码。常用的插件包括以下几种。

1）文档统计信息：选择“工具”→“文档统计”命令，出现“文档统计”对话框，该对话框显示了当前文件中的行数、单词数、字符数及字节数，如图 4-3 所示。

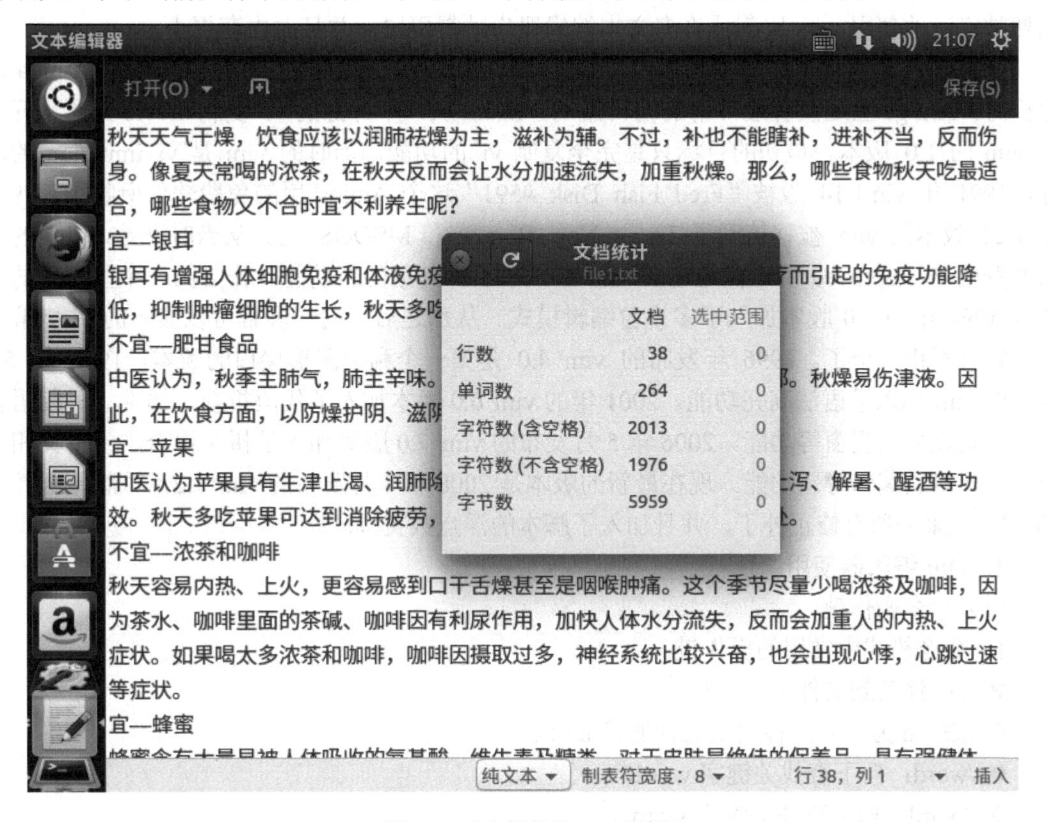

图 4-3 “文档统计”对话框

2）高亮显示：选择“视图”→“高亮”命令，然后再选择需要高亮显示的文本。

3）插入日期/时间：选择“编辑”→“插入时间和日期”命令，则在文件中插入当前时间和日期。

4）跳到指定行：选择“查找”→“进入行”命令，之后输入需要定位的行数，即可跳到指定的行。

（5）常用的快捷键

● 撤销：〈Ctrl+Z〉。

- 复制：〈Ctrl+C〉。
- 粘贴：〈Ctrl+V〉。
- 缩进：〈Ctrl+T〉。
- 退出：〈Ctrl+Q〉。
- 保存：〈Ctrl+S〉。
- 替换：〈Ctrl+R〉。

4.1.2 vim 编辑器

1．vim 起源

1976 年由 BilJoy 完成编写 vi，并由 BSD 发布。从 2006 年开始，作为“单一 UNIX 规范”的一部分，vi 或 vi 的一种变形版本一定会在类 UNIX 系统中找到。直到现在，vi 仍然被广泛地使用，vi 比其他许多文本编辑器启动得更快，并且占内存更少。

vim 是 vi 最著名的一种变形版本。Bram Moolenaar 在 20 世纪 80 年代末购入 Amiga 计算机时，Amiga 上还没有最常用的编辑器 vi。Bram 从一个开源的 vi 复制 Stevie 开始，开发了 vim 的 1.0 版本。最初的目标只是完全复制 vi 的功能，当时的 vim 是 vi imitation 的简称。1991 年 vim1.14 版被“Fred Fish Disk #591”这个 Amiga 用的免费软件所收录。1992 年 1.22 版本的 vim 被移植到了 Times New Roman 和 MSDOS 上。从当时开始，vim 的全名就变成 vi improved 了，在这之后 vim 加入了不计其数的新功能。作为第一个里程碑的事件是 1994 年的 3.0 版本加入了多视窗编辑模式。从那之后，同一屏幕可以显示的 vim 编辑文件数就不止一个了。1996 年发布的 vim 4.0 是第一个利用图形接口的版本。1998 年 5.0 版本的 vim 加入了语法高亮功能。2001 年的 vim 6.0 版本加入了代码折叠、插件、多国语言支持、垂直分割视窗等功能。2006 年 5 月发布的 vim 7.0 版更加入了拼字检查、上下文相关补完、标签页编辑等新功能。现在最新的版本是 2008 年 8 月发布的 vim 7.2，该版本合并了 vim 7.1 以来的所有修正补丁，并且加入了脚本的浮点数支持。

2．vim 编辑器使用

（1）命令操作键

1）命令模式中常用的操作键。

- G：移动到文件最后一行。
- nG：n 为数字，移动到文件的第 n 行。
- /word：向下查找关键字 word。
- ?word：向上查找关键字 word。
- n：重复前一个查找。
- N：反向重复前一个查找。
- :n,$s/a/b/：替换第 n 行开始到最后一行中每一行的第一个 a 为 b。
- :n,$s/a/b/g：替换第 n 行开始到最后一行中每一行所有 a 为 b ，n 为数字，若 n 为.，表示从当前行开始到最后一行。
- d$：删除光标所在位置到该行最后一个字符。
- dd：剪切当前行。
- yy：复制所选内容。

- nyy：复制从光标开始的 n 行内容。
- p：将已复制的数据粘贴到光标下一行。
- P：将已复制的数据粘贴到光标上一行。
- u：复原上一个操作。
- Ctrl+R：重复前一个操作。
- o：当前下插入空行，并进入插入模式。
- O：当前上插入空行，并进入插入模式。
- .：重复前一个动作。
- i：进入插入模式，从当前光标所在处插入。
- I：插入模式，从当前行第一个非空格处插入。
- r：插入模式，替换光标所在字符。
- R：进入修改模式。
- 〈Esc〉键：返回命令模式。

2）扩展命令模式中常用的操作键。

- :w：保存。
- :w!：文件为只读时强制保存，不过能否保存还要看文件权限。
- :q：离开 vim。
- :q!：强制离开。
- :wq：保存后离开。
- :x：保存后离开。
- :e!：将文件恢复到原始状态。
- :w [filename]：另存为新文件。
- v：进入可视模式。
- Ctrl+V：进入块操作模式。
- :r [filename]：将 filename 的文件读到光标的后面。
- n1,n2 w [filename]：将 n1 到 n2 另存为新文件。
- :new：新增水平窗口。
- :new filename：新增水平窗口，并在新增的窗口加载 filename 的文件。
- :v new 新增垂直窗口。
- :v filename：新增垂直窗口，并在新增的窗口加载 filename 的文件。
- Ctrl+W+方向键：切换窗口。
- :only：仅保留目前的窗口。
- :set nu：显示行号。
- :set nonu：不显示行号。
- :set readonly：文件只读，除非使用！可写。
- :set ic：查找时忽略大小写。
- :set noic：查找时不忽略大小写。

（2）vim 高级操作

vim 成为 Linux 平台主流的文本编辑器，与其丰富的功能是分不开的。vim 除在上面提到的基本功能外，还有许多高级功能。下面几种就是这些高级功能中的一部分。

1）shell 切换。

在 vim 中进入文件编辑时，利用 vim 命令模式所提供的 shell 切换功能，可以在不退出 vim 的情况下执行 Linux 命令。使用该功能时只需在命令模式中输入以下语句。

```
:! <Linux 命令>
```

当 Linux 命令执行完成后按〈Enter〉键就回到了 vim 环境中。

2）分割窗口。

vim 可以在分割多窗口环境下同时编辑多个文件。在 vim 进入了多窗口后，可以使用〈Ctrl+W〉组合键在不同窗口之间切换。

要进入 vim 多窗口可以使用以下两种方法。

① 在启动 vim 时使用“-o”或“-O”，并加上需要同时编辑的多个文件名，其中“-o”是使用水平分割的多窗口；“-O”是使用垂直分割的多窗口。

【例 4-1】 水平分割的多窗口。

使用如下命令时，如以下命令，vim 就进入如图 4-4 所示的多窗口环境。

```
hadoop@hadoop:~$ sudo  vim -o /etc/usr/jc/qwer /etc/usr/jc/df
```

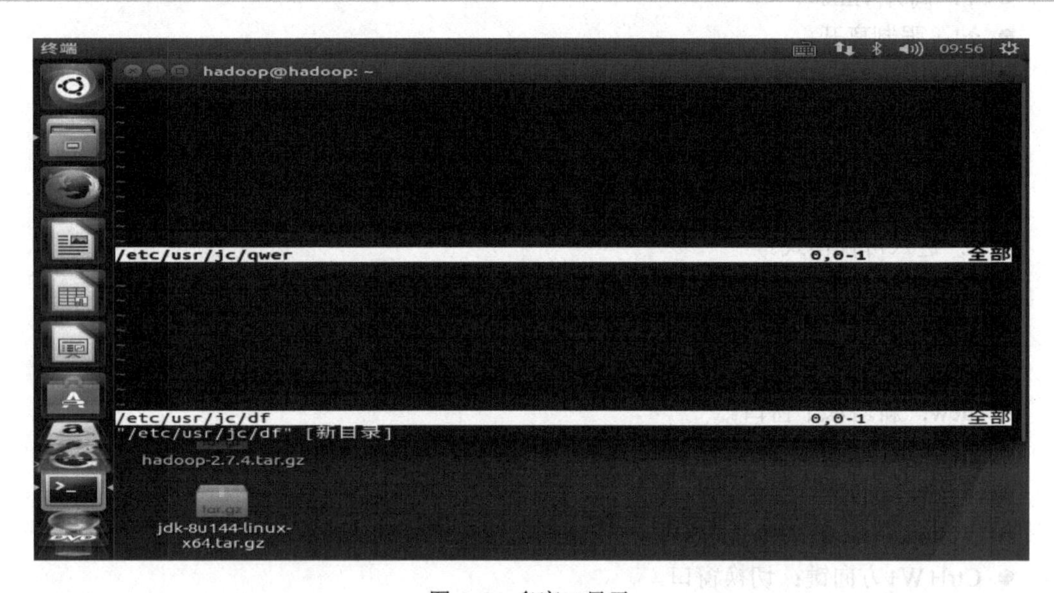

图 4-4 多窗口显示

② 在已经打开 vim 的情况下，如果希望 vim 进入多窗口，打开另一个文件，并在命令模式下输入以下语句即可进入多窗口。

```
:split <文件名>（水平分割）
```

或

```
:vsplit <文件名>（垂直分割）
```

3）键映射。

键映射就是定义一个快捷键用于执行一个宏。下面是一个键映射的简单例子，将功能键〈F5〉定义为在行尾输入分号（;），可在 vim 命令模式下输入以下内容。

```
:map <F5> i<End>;<Esc>
```

上述定义完成后，当在命令模式下按下功能键〈F5〉时，vim 会依次执行输入字母“i”（进行插入模式）、按〈End〉键（移动到当前行尾）、输入分号、按〈Esc〉键（返回命令模式）。

:map 定义的键映射并不是在 vim 的所有模式下都可用。vim 可以定义的其他模式下的键映射见表 4-1。

表 4-1　定义键映射

命令	可用模式
:map	可视模式，命令模式
:vmap	可视模式
:nmap	命令模式，Operator-pending 模式
:omap	Operator-pending 模式
:map!	插入模式，拓展命令模式
:imap	插入模式
:cmap	拓展命令模式

提示：

Operator-pending 模式是指已经选择了一个作为命令的操作符，如“d”，接下来 vim 希望继续选择一个移动命令或是一个文本对象。vim 希望继续接收命令而用户又尚未选择命令的状态，如命令“dw”，其中的“w”就是在 Operator-pending 模式下选择的。在各种模式下定义键映射的命令虽然不一样，但方法是完全相同的，只是在定义的时候要注意映射的执行流程。如上述定义 F5 的例子如果希望定义在插入模式中就不能只将“:map”改为“:imap”了，因为上述例子中的“i”是进入插入模式，而“:imap”定义的映射在使用时已经处于该模式，所以如果希望实现相同的功能就需要修改为以下方式。

```
:imap <F5> <Esc>i<End>;<Esc>
```

用户在使用 Windows 平台软件时已经习惯了使用组合键，通过映射功能也可以定义组合键，如将〈Ctrl+O〉定义为在行尾输入分号，在 vim 命令模式下输入以下内容即可。

```
:map <C-o> <Esc>i<End>;<Esc>
```

对于不需要使用的键映射可以使用如下方法删除其映射关系，不同模式删除映射关系的命令见表 4-2。

```
:unmap <C-o>
```

表 4-2 删除映射关系

定义命令	删除命令
:map	:unmap
:vmap	:vnumap
:nmap	:nunmap
:omap	:ounmap
:map!	:unmap!
:imap	:iunmap
:cmap	:cunmap

4）插件

vim 的功能可以通过向其增加插件的方式扩展。插件就是会被 vim 自动载入执行的脚本。在 RHEL 5.x 中，把插件的脚本放入/usr/share/vim/vim70/plugin 目录即可。RHEL 5.x 使用的 vim 已经自带了很多插件。例如，插件 gzip，使得 vim 可以直接打开使用 gzip、bzip2 及 compress 压缩的文件，当文件打开时被动态解压缩，并在写操作时被自动重新压缩。

3．Ubuntu 下安装 vim 编辑器

【例 4-2】 Ubuntu 系统上 vim 编辑器的安装。

打开终端，在普通用户下输入以下命令，如图 4-5 所示。

```
vim
sudo apt-get install vim-gtk
```

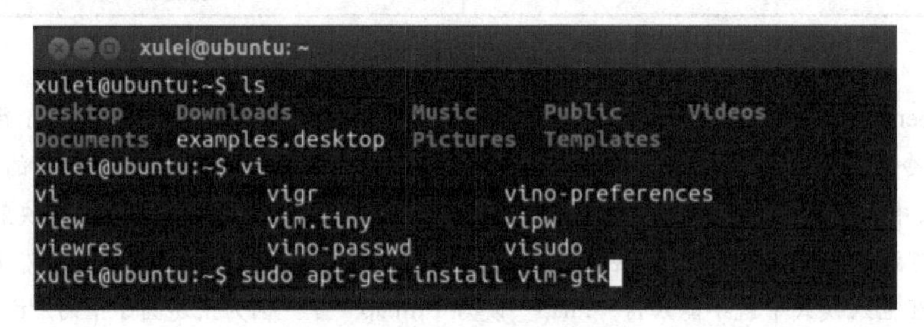

图 4-5 查看并安装

等待安装完成，在命令行输入 vim，按〈Enter〉键。如图 4-6 所示，说明安装成功。

图 4-6 安装成功

4.2 HTTP Server 的介绍和安装

Apache HTTP Server（简称 Apache）是 Apache 软件基金会的一个开放源码的网页服务器，可以在大多数计算机操作系统中运行，由于其多平台和安全性被广泛使用，是最流行的 Web 服务器端软件之一。它快速、可靠并且可通过简单的 API 扩展，将 Perl/Python 等解释器编译到服务器中。

Apache HTTP Server 是世界使用排名第一的 Web 服务器软件，可以运行在几乎所有广泛 Apache Server 配置界面使用的计算机平台上。

4.2.1 Apache HTTP Server

Apache 源于 NCSAhttpd 服务器，经过多次修改，成为世界上最流行的 Web 服务器软件之一。Apache 取自“a patchy server”的读音，意思是充满补丁的服务器，因为它是自由软件，所以不断有人来为它开发新的功能、新的特性、修改原来的缺陷。Apache 的特点是简单、速度快、性能稳定，并可作为代理服务器使用。

本来它只用于小型或试验 Internet 网络，后来逐步扩充到各种 UNIX 系统中，尤其对 Linux 的支持相当完美。Apache 有多种产品，可以支持 SSL 技术，支持多个虚拟主机。Apache 是以进程为基础的结构，进程要比线程消耗更多的系统开支，不太适合于多处理器环境，因此，在一个 Apache Web 站点扩容时，通常是增加服务器或扩充群集节点而不是增加处理器。到目前为止 Apache 仍然是世界上用得最多的 Web 服务器，市场占有率达 60%左右。世界上很多著名的网站如 Amazon、Yahoo!、W3 Consortium、Financial Times 等都是 Apache 的产物，它的成功之处主要在于它的源代码开放、有一支开放的开发队伍、支持跨平台的应用（可以运行在几乎所有的 UNIX、Windows、Linux 系统平台上）以及它的可移植性等方面。

Apache 的诞生极富有戏剧性。当 NCSAWWW 服务器项目停顿后，那些使用 NCSA WWW 服务器的人们开始交换他们用于该服务器的补丁程序，他们也很快认识到成立管理这些补丁程序的论坛是必要的。就这样，诞生了 Apache Group，后来这个团体在 NCSA 的基础上创建了 Apache。

4.2.2 安装与配置实例

1）命令行安装 Apache。

打开终端窗口，输入“sudo apt-get install apache2”后按〈Enter〉键，再输入“root 用户的密码”后按〈Enter〉键，输入“y”后按〈Enter〉键，安装完成，如图 4-7 所示。

2）默认的网站根目录的路径。

Apache 安装完成后，默认的网站根目录是“/var/www/html”，在终端窗口中输入“ls /var/www/html”，按〈Enter〉键，在网站根目录下有一个“index.html”文件，如图 4-8 所示，在 IE 浏览器中输入“127.0.0.1”，按〈Enter〉键，就可以打开该页面，如图 4-9 所示。

```
hadoop@hadoop:~$ sudo apt install apache2
[sudo] hadoop 的密码:
正在读取软件包列表... 完成
正在分析软件包的依赖关系树
正在读取状态信息... 完成
下列软件包是自动安装的并且现在不需要了:
  linux-headers-4.10.0-28 linux-headers-4.10.0-28-generic
  linux-image-4.10.0-28-generic linux-image-extra-4.10.0-28-generic
使用'sudo apt autoremove'来卸载它(它们)。
将会同时安装下列软件:
  apache2-bin apache2-data apache2-utils libapr1 libaprutil1
  libaprutil1-dbd-sqlite3 libaprutil1-ldap liblua5.1-0
建议安装:
  apache2-doc apache2-suexec-pristine | apache2-suexec-custom
下列【新】软件包将被安装:
  apache2 apache2-bin apache2-data apache2-utils libapr1 libaprutil1
  libaprutil1-dbd-sqlite3 libaprutil1-ldap liblua5.1-0
升级了 0 个软件包，新安装了 9 个软件包，要卸载 0 个软件包，有 95 个软件包未被升级。
需要下载 1,540 kB 的归档。
解压缩后会消耗 6,369 kB 的额外空间。
您希望继续执行吗? [Y/n] Y
获取:1 http://cn.archive.ubuntu.com/ubuntu xenial/main amd64 libapr1 amd64 1.5.2-3 [86.0 kB]
```

图 4-7 安装 Apache

```
WARN: /usr 全局可写!
WARN: /usr 全组可写!
hadoop@hadoop:~$ ls /var/www/html
index.html
hadoop@hadoop:~$
```

图 4-8 设置路径

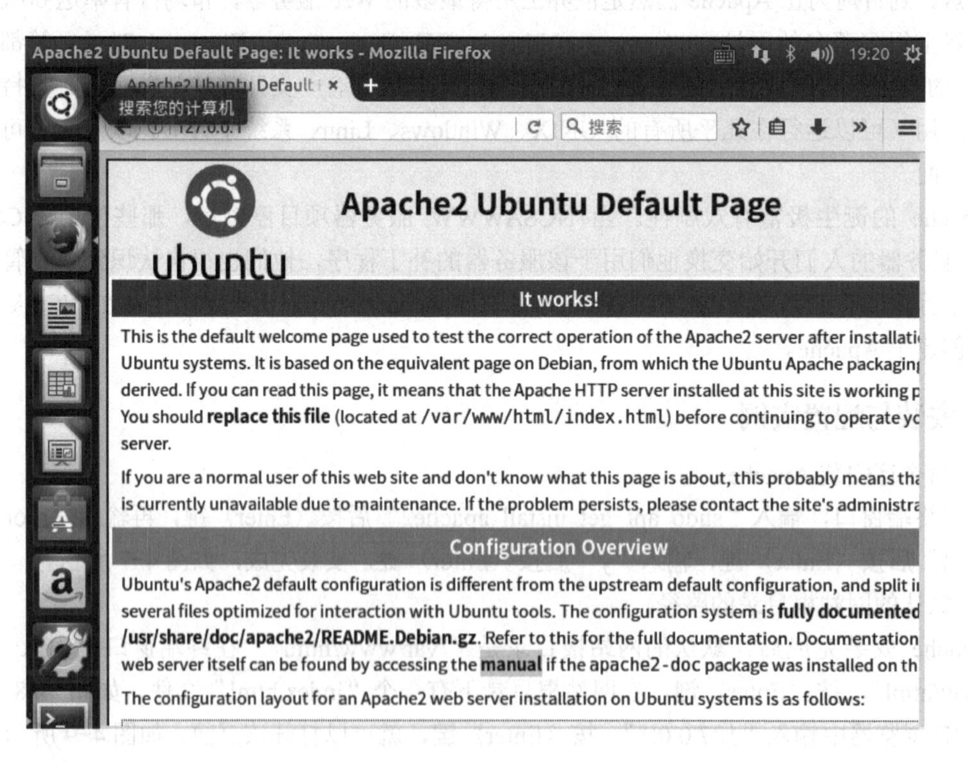

图 4-9 打开页面

3）Apache 的第一个配置文件 apache2.conf 的路径。

在终端窗口中输入“ls /etc/apache2”，按〈Enter〉键，有一个“apache2.conf”的配置文件，如图 4-10 所示。

```
hadoop@hadoop:~$ ls /var/www/html
index.html
hadoop@hadoop:~$ ls /etc/apache2
apache2.conf    conf-enabled  magic           mods-enabled  sites-available
conf-available  envvars       mods-available  ports.conf    sites-enabled
hadoop@hadoop:~$
```

图 4-10　配置文件 apache2.conf 路径

4）Apache 的第二个配置文件 000-default.conf 的路径。

在终端窗口中输入“ls /etc/apache2/sites-available”按〈Enter〉键，有一个“000-default.conf”的配置文件，如图 4-11 所示。

```
apache2.conf    conf-enabled  magic           mods-enabled  sites-available
conf-available  envvars       mods-available  ports.conf    sites-enabled
hadoop@hadoop:~$ ls /etc/apache2/sites-available
000-default.conf  default-ssl.conf
hadoop@hadoop:~$
```

图 4-11　配置文件 000-default.conf 路径

5）修改网站的根目录。

① 在终端窗口中输入“sudo vi /etc/apache2/apache2.conf”，按〈Enter〉键，找到“<Directory /var/www/>”的位置，然后更改“/var/www/”为新的根目录就可以了，如图 4-12、图 4-13 所示。

```
hadoop@hadoop:~$ sudo vi /etc/apache2/apache2.conf
hadoop@hadoop:~$ sudo vi /etc/apache2/sites-available/000-default.conf
```

图 4-12　更改根目录

```
        AllowOverride None
        Require all granted
</Directory>

<Directory /var/www/>
        Options Indexes FollowSymLinks
        AllowOverride None
        Require all granted
</Directory>

#<Directory /srv/>
#       Options Indexes FollowSymLinks
#       AllowOverride None
```

图 4-13　更改后根目录

② 在终端窗口中输入“sudo vi /etc/apache2/sites-available/000-default.conf”，按

〈Enter〉键，找到“DocumentRoot /var/www/html”的位置→更改"/var/www/html"为新的根目录就可以了，这里把它更改为"/var/www/"，如图 4-14 所示。

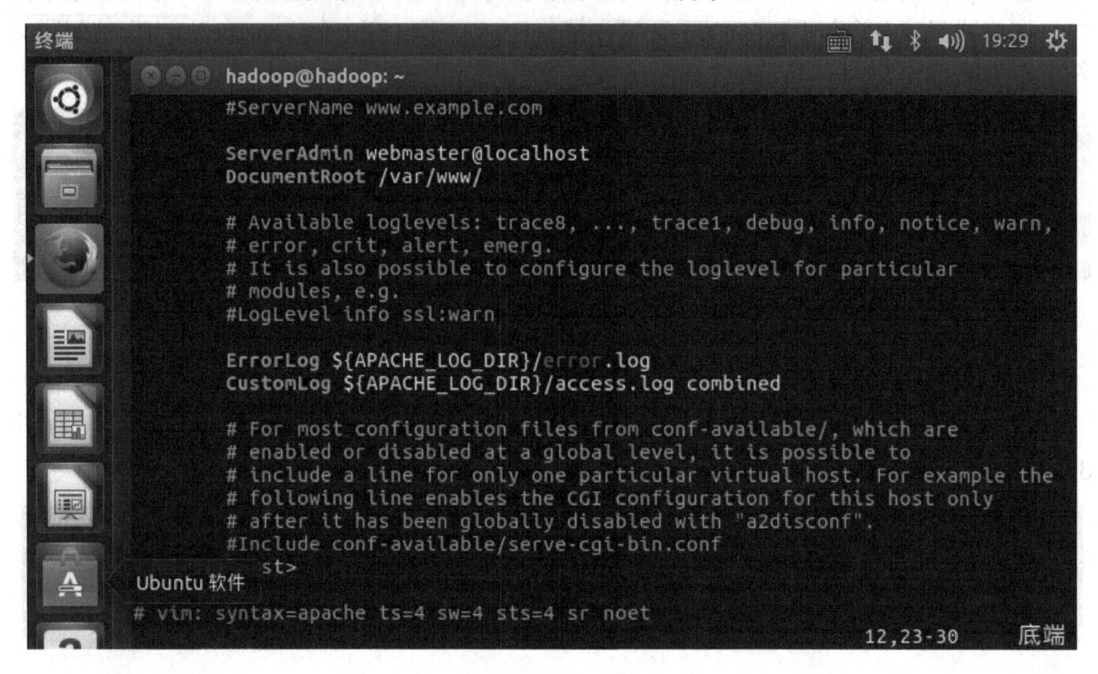

图 4-14　更改后目录

6）重启 Apache。

在终端窗口中输入“sudo /etc/init.d/apache2 restart”重启成功，如图 4-15 所示。

```
hadoop@hadoop:~$ sudo vi /etc/apache2/apache2.conf
hadoop@hadoop:~$ sudo /etc/init.d/apache2 restart
[ ok ] Restarting apache2 (via systemctl): apache2.service.
hadoop@hadoop:~$
```

图 4-15　重启 Apache

7）复制“index.html”文件到“/var/www”目录下。

在终端窗口中输入“cp /var/www/html/index.html /var/www/”，按〈Enter〉键，再输入“ls /var/www”，按〈Enter〉键，名为“index.html”的文件复制成功，如图 4-16 所示。

```
hadoop@hadoop:~$ cp /var/www/html/index.html /var/www/
hadoop@hadoop:~$ ls /var/www
html  index.html
hadoop@hadoop:~$
```

图 4-16　复制文件

8）测试更改网站根目录是否成功。

在浏览器中输入“127.0.0.1”后，能访问到“index.html”文件，则表示更改网站根目录成功，如图 4-17 所示。

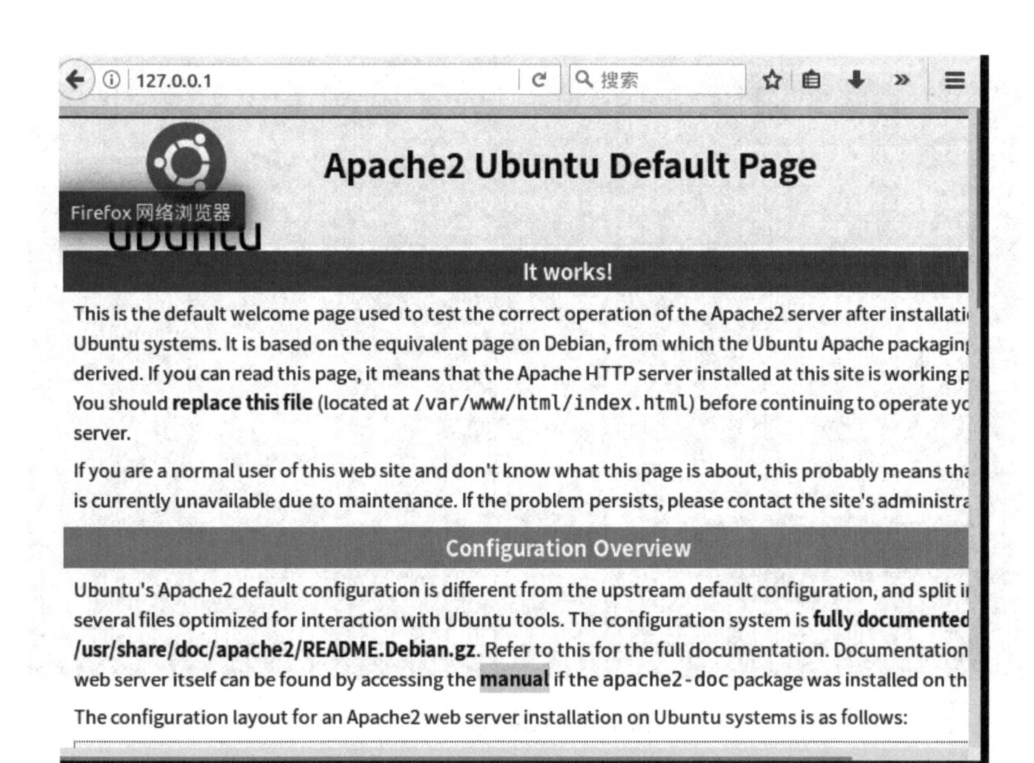

图 4-17　测试

4.3　Linux 大数据包导入库

Linux 系统在进行大数据配置和应用时，经常会引入第三方类库；而 pip 是 easy_install 的替代品，在 CPython 解释器和 pypy 解释器都可以很好地工作。包管理器就是在计算机中自动安装、配制、卸载和升级软件包的工具组合。pip 可以代替之前的 easy_install，可以十分方便地引入第三方库。和 Linux 的Ubuntu以及 Debian 等的 apt 包管理器是一样的概念。

4.3.1　pip 安装

1．pip 简介

pip 类似 RedHat 里面的 yum，安装 Python 包非常方便。pip 是一个安装和管理 Python 包的工具，Python 安装包的工具有 easy_install，setuptools，pip，distribute。使用这些工具都能下载并安装 django。

2．安装 pip

1）在终端上使用以下命令：

```
$ sudo apt-get install python-pip python-dev build-essential
```

输入 Y，如图 4-18 所示。

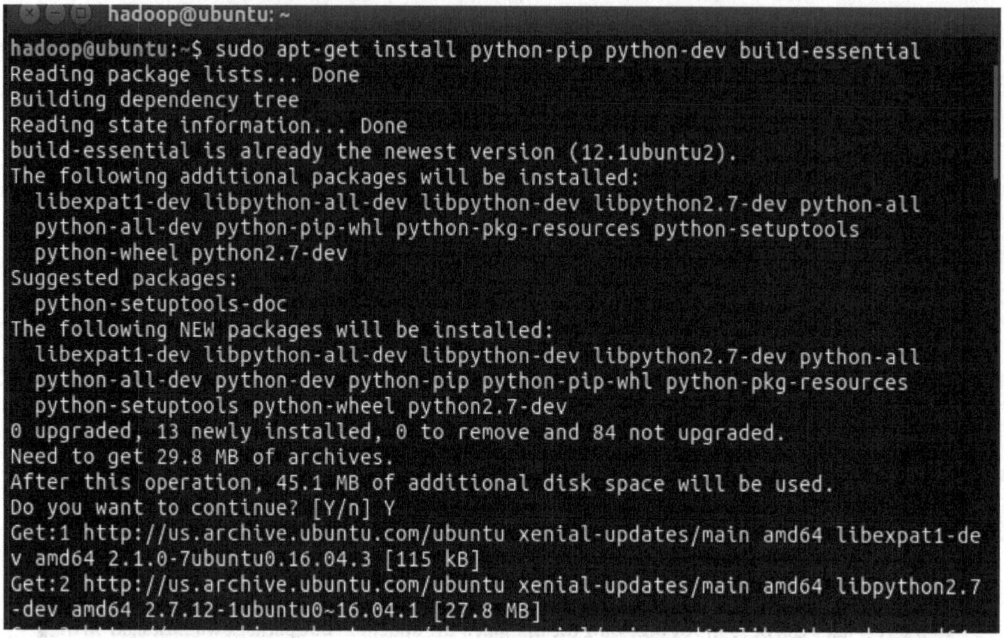

```
hadoop@ubuntu: ~
hadoop@ubuntu:~$ sudo apt-get install python-pip python-dev build-essential
Reading package lists... Done
Building dependency tree
Reading state information... Done
build-essential is already the newest version (12.1ubuntu2).
The following additional packages will be installed:
  libexpat1-dev libpython-all-dev libpython-dev libpython2.7-dev python-all
  python-all-dev python-pip-whl python-pkg-resources python-setuptools
  python-wheel python2.7-dev
Suggested packages:
  python-setuptools-doc
The following NEW packages will be installed:
  libexpat1-dev libpython-all-dev libpython-dev libpython2.7-dev python-all
  python-all-dev python-dev python-pip python-pip-whl python-pkg-resources
  python-setuptools python-wheel python2.7-dev
0 upgraded, 13 newly installed, 0 to remove and 84 not upgraded.
Need to get 29.8 MB of archives.
After this operation, 45.1 MB of additional disk space will be used.
Do you want to continue? [Y/n] Y
Get:1 http://us.archive.ubuntu.com/ubuntu xenial-updates/main amd64 libexpat1-de
v amd64 2.1.0-7ubuntu0.16.04.3 [115 kB]
Get:2 http://us.archive.ubuntu.com/ubuntu xenial-updates/main amd64 libpython2.7
-dev amd64 2.7.12-1ubuntu0~16.04.1 [27.8 MB]
```

图 4-18　安装 pip（一）

2）然后在终端上输入：

```
$ sudo pip install --upgrade pip
```

按下〈Enter〉键，如图 4-19 所示。

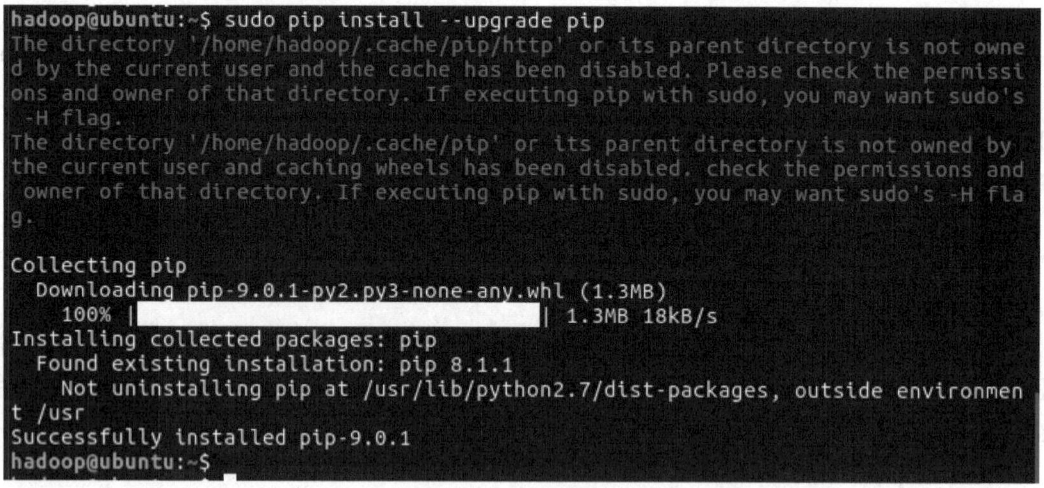

```
hadoop@ubuntu:~$ sudo pip install --upgrade pip
The directory '/home/hadoop/.cache/pip/http' or its parent directory is not owne
d by the current user and the cache has been disabled. Please check the permissi
ons and owner of that directory. If executing pip with sudo, you may want sudo's
 -H flag.
The directory '/home/hadoop/.cache/pip' or its parent directory is not owned by
the current user and caching wheels has been disabled. check the permissions and
 owner of that directory. If executing pip with sudo, you may want sudo's -H fla
g.

Collecting pip
  Downloading pip-9.0.1-py2.py3-none-any.whl (1.3MB)
    100% |████████████████████████████████| 1.3MB 18kB/s
Installing collected packages: pip
  Found existing installation: pip 8.1.1
    Not uninstalling pip at /usr/lib/python2.7/dist-packages, outside environmen
t /usr
Successfully installed pip-9.0.1
hadoop@ubuntu:~$
```

图 4-19　安装 pip（二）

3）然后再输入：

```
$ sudo pip install --upgrade virtualenv
```

按下〈Enter〉键，如图 4-20 所示。

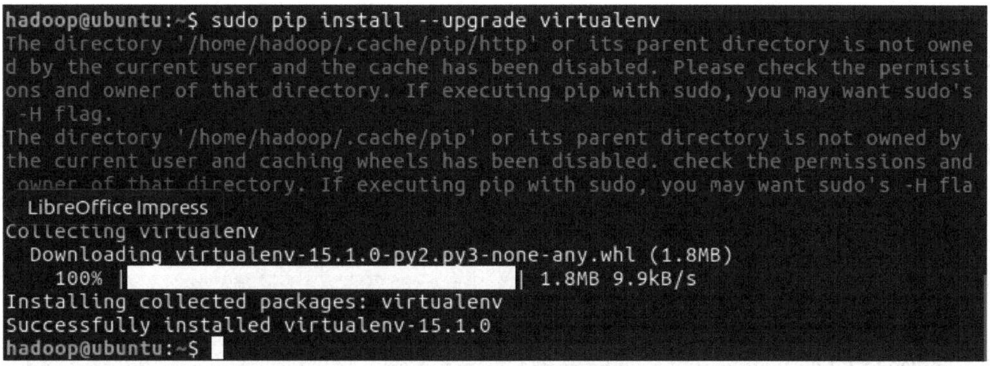

```
hadoop@ubuntu:~$ sudo pip install --upgrade virtualenv
The directory '/home/hadoop/.cache/pip/http' or its parent directory is not owne
d by the current user and the cache has been disabled. Please check the permissi
ons and owner of that directory. If executing pip with sudo, you may want sudo's
 -H flag.
The directory '/home/hadoop/.cache/pip' or its parent directory is not owned by
the current user and caching wheels has been disabled. check the permissions and
 owner of that directory. If executing pip with sudo, you may want sudo's -H fla
  LibreOffice Impress
Collecting virtualenv
  Downloading virtualenv-15.1.0-py2.py3-none-any.whl (1.8MB)
    100% |████████████████████████████████| 1.8MB 9.9kB/s
Installing collected packages: virtualenv
Successfully installed virtualenv-15.1.0
hadoop@ubuntu:~$
```

图 4-20　安装 virtualenv

3．pip 包的管理

1）安装包：

```
$pip install django
Collecting django
Using cached Django-1.9.5-py2.py3-none-any.whl
Installing collected packages:django
Successfully installed django-1.9.5
```

通过使用==，>=，<=，>，<来指定安装的软件版本号。

```
$pip install markdown==2.0
```

2）升级包。升级包到当前最新的版本，可以使用-U 或者—upgrade。

```
$pip install -U django
```

3）搜索包：

```
$pip search "django"
```

列出已安装的包：

```
$pip freeze
Django==1.9.5
Markdown==2.0
```

4）卸载包:

```
$pip uninstall djang
```

4．requirements format

pip freeze 和 pip list 两者都可以列出已经安装的软件包，有什么区别呢？使用 help 命令给出的解释如下：

```
freeze Output installed packages in requirements format.
list    List installed packages.
```

当使用 virtualenv 的时候，可以指定一个 requirements.txt 文件来解决依赖关系，用法如下：

```
$pip install -r requirements.txt
```

requirements.txt 有一个固定的格式：软件包名==版本号，每行代表一个软件包。这样 pip 才能理解，举例如下：

```
feedparser==5.1.3
wsgiref==0.1.2
django==1.4.2
```

这就是所谓的“requirements format”；可以用 pip freeze > requirements.txt 导出到文件里，然后在另一个地方 pip install -r requirements.txt 再导入。

两者的区别可以理解为：pip list 列出了所有的包，pip freeze 只列出由 pip 安装的软件包，并输出成 requirements format 格式。

4.3.2 自带工具

在 Ubuntu 上成功安装 pip 后，就可以使用 pip 命令了。在命令行输入 pip 就可以查看 pip 全部命令，如图 4-21 所示。

```
hadoop@ubuntu:~$ pip

Usage:
  pip <command> [options]

Commands:
  install                     Install packages.
  download                    Download packages.
  uninstall                   Uninstall packages.
  freeze                      Output installed packages in requirements format.
  list                        List installed packages.
  show                        Show information about installed packages.
  check                       Verify installed packages have compatible dependen
cies.
  search                      Search PyPI for packages.
  wheel                       Build wheels from your requirements.
  hash                        Compute hashes of package archives.
  completion                  A helper command used for command completion.
  help                        Show help for commands.

General Options:
  -h, --help                  Show help.
  --isolated                  Run pip in an isolated mode, ignoring
                              environment variables and user configuration.
  -v, --verbose               Give more output. Option is additive, and can be
                              used up to 3 times.
  -V, --version               Show version and exit.
  -q, --quiet                 Give less output. Option is additive, and can be
                              used up to 3 times (corresponding to WARNING,
                              ERROR, and CRITICAL logging levels).
```

图 4-21　pip 命令

4.3.3 导入大数据计算库

1. SqlBulkCopy

客户端构建的表与数据库中接收数据的表的结构一样，相当于是把客户端的表数据复制到数据库表中，免去了多次写入的麻烦，速度较快。

```
SqlBulkCopy
using System.Data.SqlClient;
class Program
{
    static void Main()
    {
            string connectionString = GetConnectionString();
            using (SqlConnection sourceConnection = new SqlConnection(connectionString))
            {
            //建立数据库连接
             sourceConnection.Open();
            //打开连接
               Perform an initial count on the destination table.
               SqlCommand commandRowCount = new SqlCommand(
                 "SELECT COUNT(*) FROM " + "dbo.BulkCopyDemoMatchingColumns;",
               sourceConnection);
               //执行 sql 语句并返回结果
               long countStart = System.Convert.ToInt32(commandRowCount.ExecuteScalar());
               Console.WriteLine("Starting row count = {0}", countStart);
               SqlCommand commandSourceData = new SqlCommand("SELECT ProductID,Name,
" +"ProductNumber " + "FROM Production.Product;", sourceConnection);
               SqlDataReader reader = commandSourceData.ExecuteReader();
               using (SqlBulkCopy bulkCopy = new SqlBulkCopy(connectionString)) {
               //建立数据库连接
               bulkCopy.DestinationTableName = "dbo.BulkCopyDemoMatchingColumns";
               try
               {
                  bulkCopy.WriteToServer(reader);
               }
               catch (Exception ex)
               {
                    Console.WriteLine(ex.Message);
               }
               Finally
               {
                    reader.Close();
                    //关闭
               }
            }
        long countEnd = System.Convert.ToInt32(commandRowCount.ExecuteScalar());
```

```
            Console.WriteLine("Ending row count = {0}", countEnd);
            Console.WriteLine("{0} rows were added.", countEnd - countStart);
            Console.WriteLine("Press Enter to finish.");
            Console.ReadLine( );
            }
    }
    private static string GetConnectionString( ) //获得连接起来的字符串
    {
       return "Data Source=(local); " +" Integrated Security=true;" + "Initial Catalog=AdventureWorks;";
    }
```

2. 表值参数方式

把表结构当成存储过程变量的一个参数，用一次性提交到数据库的处理方法，比多次写入数据库的速度快很多。

#region 使用表值参数：

客户端需要动态连接数据库对象和批量导入数据代码，代码如下：

```
    public static bool ExecuteTableTypeInsert(DataTable dt, int batchSize)
    {
        int count = dt.Rows.Count;                                  //定义
        bool flag = false;
        SqlConnection cn = null;
        SqlCommand cmd = null;
        DataTable tempTable = Tools.MakeDataTable( );
        DataRow row = null;
        Try
        {
            cn = new SqlConnection(connectionString);               //创建对象并连接
            cmd = new SqlCommand( );
            cmd.Connection = cn;
            cmd.CommandType = CommandType.StoredProcedure;
            cmd.CommandText = "InsertData";
            cn.Open( );
            for (int i = 0; i < count; i += batchSize)                //组和 sql
            {
                for (int j = i; j < i + batchSize && j < count; j++)
                {
                    row = tempTable.NewRow( );
                    row["Id"] = dt.Rows[j]["Id"];
                    row["Name"] = dt.Rows[j]["Name"];
                    tempTable.Rows.Add(row);
                }
            SqlParameter param = cmd.Parameters.AddWithValue("@rows", tempTable);
            param.SqlDbType = SqlDbType.Structured;
            param.TypeName = "TestType";
```

```
                cmd.ExecuteNonQuery();
                tempTable.Clear();
                cmd.Parameters.Clear();
            }
                flag = true;
        }
        catch (Exception ex)                                         //捕捉异常
        {
                LogHelper.Error(ex.Message);
                return false;
        }
        Finally                                                      //关闭
        {
                if (cn != null)
                {
                if (cn.State == ConnectionState.Open)
                {
                        cn.Close();
                    }
                    cn.Dispose();
                }
                if (cmd != null)
                    cmd.Dispose();
        }
    return flag;
}
#endregion
```

数据库端表示通过数据库 SQL 动态插入语句，代码如下：

```
create table TestTable (                                              //创建表
    Id int ,
    Name nvarchar(20) )
CREATE TYPE TestType AS TABLE (                                       //动态组和一个 sql
    Id int NOT NULL ,
    Name nvarchar(20) NOT NULL )
CREATE PROC InsertData  @rows TestType READONLY as begin              //插入数据
    set nocount on
    insert into TestTable(Id, Name)   select Id, Name from @rows end
```

4.4 应用案例：Hadoop 集群修改配置文件

通过本章的学习，已对 Linux 系统的编辑器有了一个深刻的认识。在基于 Linux 的 Ubuntu 系统的环境下，做一些环境搭建，就需要对一些文件进行修改，即修改配置文件。

在修改这些文件时，可以通过编辑器来打开这些需要修改的配置文件。下面将通过 Hadoop 集群搭建过程中修改配置文件让大家具体地了解编辑器的使用和用途。

在搭建 Hadoop 集群时，首先要选一台虚拟机作为主机（Master），另一个或多个虚拟机作为从机（Slave），每台虚拟机上必须配置 Hadoop 用户，安装 SSH Server 和 Hadoop，并配置 Hadoop 的环境。

这些都准备好了之后开始搭建 Hadoop 集群。

首先网络配置，其次设置 SSH 免密码登录，然后配置 Path 文件，最后配置集群环境。在这里主要了解 Hadoop 集群修改配置文件。所以 Hadoop 集群配置的网络配置和 SSH 免密码登录不做过多的介绍，主要通过 vim 或 gedit 编辑器来实现修改 Hadoop 的配置环境，进而更加清楚地学会和了解 vim 和 gedit 编辑器的使用。

先默认之前的操作全部完成，接下来详细地实现 Hadoop 集群配置中的 Path 文件配置和集群环境配置。首先在 Ubuntu 系统桌面上右键打开命令窗口，首先执行：

```
vim ~/.bashrc
```

进入 vim 编辑器中进行配置文件的修改，在后面加一句：

```
export PATH=$PATH:/usr/local/hadoop/bin:/usr/local/hadoop/sbin
```

如图 4-22、图 4-23 所示。

```
hadoop@Master:~$ vim ~/.bashrc
```

图 4-22　用 vim 打开文件

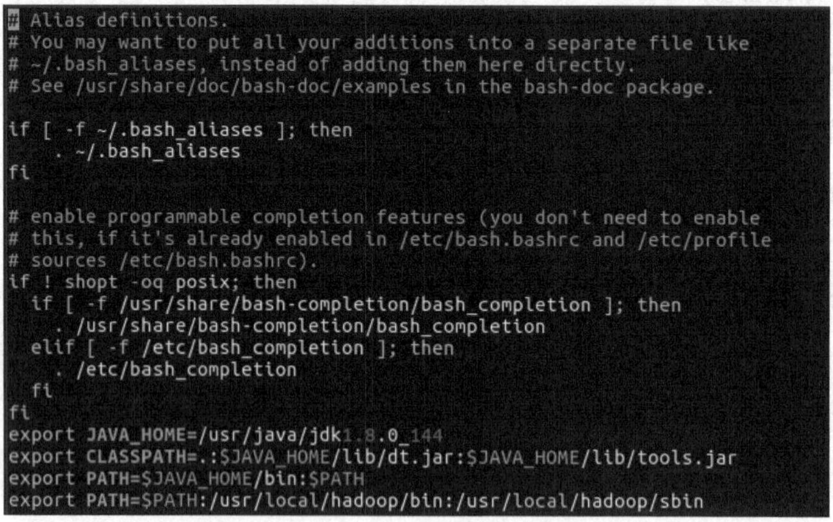

```
# Alias definitions.
# You may want to put all your additions into a separate file like
# ~/.bash_aliases, instead of adding them here directly.
# See /usr/share/doc/bash-doc/examples in the bash-doc package.

if [ -f ~/.bash_aliases ]; then
    . ~/.bash_aliases
fi

# enable programmable completion features (you don't need to enable
# this, if it's already enabled in /etc/bash.bashrc and /etc/profile
# sources /etc/bash.bashrc).
if ! shopt -oq posix; then
  if [ -f /usr/share/bash-completion/bash_completion ]; then
    . /usr/share/bash-completion/bash_completion
  elif [ -f /etc/bash_completion ]; then
    . /etc/bash_completion
  fi
fi
export JAVA_HOME=/usr/java/jdk1.8.0_144
export CLASSPATH=.:$JAVA_HOME/lib/dt.jar:$JAVA_HOME/lib/tools.jar
export PATH=$JAVA_HOME/bin:$PATH
export PATH=$PATH:/usr/local/hadoop/bin:/usr/local/hadoop/sbin
```

图 4-23　Java 环境的配置

修改之后按〈Esc〉键输入命令保存并退出。

```
：wq
```

如图 4-24 所示。

```
hadoop@Master:~$ vim ~/.bashrc
hadoop@Master:~$ 
```

图 4-24　保存并退出

保存后执行以下命令使配置生效，如图 4-25 所示。

```
source ~/.bashrc
```

```
hadoop@Master:~$ vim ~/.bashrc
hadoop@Master:~$ source ~/.bashrc
```

图 4-25　使文件生效

集群环境的配置需要修改 /usr/local/hadoop/etc/hadoop 中的 5 个配置文件，slaves、core-site.xml、hdfs-site.xml、mapred-site.xml、yarn-site.xml 。

1）输入命令：

```
vim slaves
```

把文件 slaves 修改为主机名和从机名，如图 4-26 所示。

```
master
Slave2
hadoop3
~
```

图 4-26　修改 slaves 文件

2）先输入命令：

```
cd /usr/local/hadoop/etc/hadoop
```

然后输入：

```
ls
```

就可以显示当前目录下的所有文件，如图 4-27 所示。

```
hadoop@Master:~$ vim ~/.bashrc
hadoop@Master:~$ cd /usr/local/hadoop/etc/hadoop
hadoop@Master:/usr/local/hadoop/etc/hadoop$ ls
capacity-scheduler.xml       httpfs-env.sh               mapred-env.sh
configuration.xsl            httpfs-log4j.properties     mapred-queues.xml.template
container-executor.cfg       httpfs-signature.secret     mapred-site.xml
core-site.xml                httpfs-site.xml             slaves
hadoop-env.cmd               kms-acls.xml                ssl-client.xml.example
hadoop-env.sh                kms-env.sh                  ssl-server.xml.example
hadoop-metrics2.properties   kms-log4j.properties        yarn-env.cmd
hadoop-metrics.properties    kms-site.xml                yarn-env.sh
hadoop-policy.xml            log4j.properties            yarn-site.xml
hdfs-site.xml                mapred-env.cmd
```

图 4-27　显示当前目录下的所有文件

3）输入以下命令打开 core-site.xml，然后如图 4-28 所示修改文件。

```
vim core-site.xml
```

```
<configuration>
        <property>
             <name>hadoop.tmp.dir</name>
             <value>file:/usr/local/hadoop/tmp</value>
             <description>Abase for other temporary directories.</description>
        </property>
        <property>
             <name>fs.defaultFS</name>
             <value>hdfs://localhost:9000</value>
        </property>
        <!-- 指定 hadoop 运行时产生文件的存储目录 -->
        <property>
             <name>hadoop.tmp.dir</name>
             <value>/home/lyh/hadoop_tmp</value>
        </property>
</configuration>
```

图 4-28　修改 core-site.xml 文件

4）输入以下命令打开 hdfs-site.xml，如图 4-29 所示。

```
vim hdfs-site.xml
```

```
<configuration>
        <property>
                <name>dfs.namenode.secondary.http-address</name>
                <value>Master:50090</value>
        </property>
        <property>
             <name>dfs.replication</name>
             <value>1</value>
        </property>
        <property>
             <name>dfs.namenode.name.dir</name>
             <value>file:/usr/local/hadoop/tmp/dfs/name</value>
        </property>
        <property>
             <name>dfs.datanode.data.dir</name>
             <value>file:/usr/local/hadoop/tmp/dfs/data</value>
        </property>
</configuration>
                                                          36,1          底端
```

图 4-29　修改 hdfs-site.xml 文件

5）输入以下命令打开 mapred-site.xml，如图 4-30 所示。

```
vim mapred-site.xml
```

```
<configuration>
        <property>
                <name>mapreduce.framework.name</name>
                <value>yarn</value>
        </property>
        <property>
                <name>mapreduce.jobhistory.address</name>
                <value>Master:10020</value>
        </property>
        <property>
                <name>mapreduce.jobhistory.webapp.address</name>
                <value>Master:19888</value>
        </property>
</configuration>
                                                                  34,0-1        底端
```

图 4-30　修改 mapred-site.xml 文件

6）输入以下命令打开 yarn-site.xml，如图 4-31 所示。

```
vim yarn-site.xmls
```

```
        <property>
                <name>yarn.resourcemanager.hostname</name>
                <value>Master</value>
        </property>
        <property>
                <name>yarn.nodemanager.aux-services</name>
                <value>mapreduce_shuffle</value>
        </property>
</configuration>
                                                                  45,1          底端
```

图 4-31　修改 yarn-site.xml 文件

这样 Hadoop 集群的配置文件就配置好了。

4.5　本章小结

本章主要介绍了 Linux 中两种主要编辑器 gedit 和 vim 的功能和在 Ubuntu 下安装和配置的方法，shell 切换，分割窗口，pip，大数据导入库，Apache HTTP Server，表值参数方式，gedit 如何建立文件，保存文件，vim 编辑器的使用。另外讲解了 Python 包的管理工具 pip 的功能及其包含的工具。通过本章学习，可以初步了解 Linux 中的这些软件，为以后深入学习大数据应用打下基础。

实践与练习

一. 选择题

1．在 vi 编辑器中的命令模式下，输入（　　）可在光标当前所在行下添加一新行。

A．a　　　B．o　　　C．I　　　D．A

2．在 vi 编辑器中的命令模式下，删除当前光标处的字符使用（　　）命令。

A．<x>;　　　B．<d>;<w>;　　　C．<D>;　　　D．<d>;<d>;

3．mc 是 UNIX 风格操作系统的（　　）。

A．文件编辑器/程序编译器　　　B．配置网络的窗口工具

C．目录浏览器/文件管理器　　　D．Samba 服务器管理工具

4．在 vi 编辑器中的命令模式下，重复上一次对编辑的文本进行的操作，可使用（　　）命令。

A．上箭头　　　B．下箭头　　　C．<.>;　　　D．<*>;

5．用命令 ls -al 显示出文件 ff 的描述如下所示，由此可知文件 ff 的类型为（　　）。

-rwxr-xr-- 1 root root 599 Cec 10 17:12 ff

A．普通文件　　　B．硬链接　　　C．目录　　　D．符号链接

6．删除文件命令为（　　）。

A．mkdir　　　B．rmdir　　　C．mv　　　D．rm

7．在下列命令中，不能显示文本文件内容的命令是（　　）。

A．more　　　B．less　　　C．tail　　　D．join

8．（　　）目录存放着 Linux 的源代码。

A．/etc　　　B．/usr/src　　　C．/usr　　　D．/home

9．退出交互模式的 shell，应输入（　　）。

A．<Esc>;　　　B．^q　　　C．exit　　　D．quit

10．设超级用户 root 当前所在目录为：/usr/local，输入 cd 命令后，用户当前所在目录为（　　）。

A．/home　　　B．/root　　　C．/home/root　　　D．/usr/local

11．系统中有用户 user1 和 user2，同属于 users 组。在 user1 用户目录下有一文件 file1，它拥有 644 的权限，如果 user2 用户想修改 user1 用户目录下的 file1 文件，应拥有（　　）权限。

A．744　　　B．664　　　C．646　　　D．746

12．有关归档和压缩命令，下面描述正确的是（　　）。

A．用 uncompress 命令解压缩由 compress 命令生成的后缀为.zip 的压缩文件

B．unzip 命令和 gzip 命令可以解压缩相同类型的文件

C．tar 归档且压缩的文件可以由 gzip 命令解压缩

D．tar 命令归档后的文件也是一种压缩文件

13．文件 exer1 的访问权限为 rw-r--r--，现要增加所有用户的执行权限和同组用户的写权限，下列命令正确的是（　　）。

A．chmod a+x g+w exer1　　　B．chmod 765 exer1

C．chmod o+x exer1　　　D．chmod g+w exer1

14．字符设备文件类型的标志是（　　）。

A．p　　　B．c　　　C．s　　　D．l

15．（　　）命令是在 vi 编辑器中执行存盘退出。

A．:q　　　B．ZZ　　　C．:q!　　　D．:WQ

二．填空题

1．文件权限读、写、执行的 3 种标志符号依次是______________________________。

2．Linux 文件名的长度不得超过__________个字符。

3．已知某用户 stud1，其用户目录为/home/stud1。如果当前目录为/home，进入目录/home/stud1/test 的命令是____。

4．建立一个新文件可以使用的命令为____。

5．进程有 3 种状态：____。

6．i 节点是一个________________长的表，表中包含了文件的相关信息。

7．在给定文件中查找与设定条件相符字符串的命令为__________________。

8．从后台启动进程，应在命令的结尾加上符号____________________________。

9．已知某用户 stud1，其用户目录为/home/stud1。分页显示当前目录下的所有文件的文件或目录名、用户组、用户、文件大小、文件或目录权限、文件创建时间等信息的命令是____。

10．当用命令 ls －al 查看文件和目录时，欲观看卷过屏幕的内容，应使用组合键____。

11．pip 是一个现代的，通用的____包管理工具。

12．在 vi 编辑器中的命令模式下，输入__________可在光标当前所在行下添加一新行。

13．某文件的组外成员的权限为只读；所有者有全部权限；组内的权限为读与写，则该文件的权限为____。

第5章　Linux 系统网络及其服务配置

随着信息技术的发展，计算机网络已被广泛地应用于社会的各个领域，许多企事业单位、机关等都组建了内部的局域网，并且大部分与 Internet 相连。网络应用与网络服务已成为获取信息的重要方式、提高效率的有力手段和相互沟通的便捷途径。本章将网络及服务的配置的知识、方法、技能融入动手实践中。本章按照实际应用的范围、技术等划分为 5 个部分。这 5 个部分包括网络配置、Xshell 工具、FTP 服务器、Samba 服务器和 Apache WEB 服务器；使读者在具体的任务中掌握网络应用、网络服务的配置，加深对网络应用及网络服务的认识。

5.1　网络配置

IP 地址多数是指互联网中联网的 IP 地址，每台连接到互联网的计算机均会分配到一个 IP。IP 地址是由网络商提供的，根据其地址也可以知道计算机大致的位置，例如，在辽宁沈阳地区，那么分配的网线 IP 地址肯定处于沈阳区域 IP 段，类似于手机，不同地方号码不一样，但可以查询到大致地域。

5.1.1　IP 地址查看和配置

所谓 IP 地址就是指给每个连接在 Internet 上的计算机主机分配的一个 32 位地址，按照 TCP/IP 协议规定，IP 地址用二进制来表示，每个 IP 地址长 32bit，位换算成字节，就是 4 个字节。例如一个采用二进制形式的 IP 地址是“00001010000000000000000000000001”，这么长的地址，人们处理起来也太费劲了。为了方便人们的使用，IP 地址经常被写成十进制的形式，中间使用符号“.”分开不同的字节。于是，上面的 IP 地址可以表示为“10.0.0.1”。IP 地址的这种表示法叫作“点分十进制表示法”，这显然比 1 和 0 容易记忆得多，但计算机内部数据处理器仅支持二进制，也就是说仅能识别 0 和 1，因此 IP 地址都是由计算机转换成十进制后所看到的结果。

1．IP 地址的查询

查看计算机 IP 可以理解成查看计算机在局域网里的 IP 设置，也可以理解成计算机在当前互联网中的 IP 地址。这两种 IP 大家一定要理解，本地 IP 地址需要存在于局域网中，如常见的路由器组建的多人共享上网就属于局域网，路由器会为每个用户分配一个路由器局域 IP 地址，局域网内所有用户共用一个互联网 IP 地址。本地 IP 也叫内网 IP。互联网中的 IP 叫作外网 IP，外网 IP 在网上就可以查询，这里就不再解释了，下面介绍如何查询本地 IP 地址。

1）进入 Ubuntu 系统的桌面，在桌面右上角有一个上下箭头的按钮，单击这个，如

图 5-1 所示。

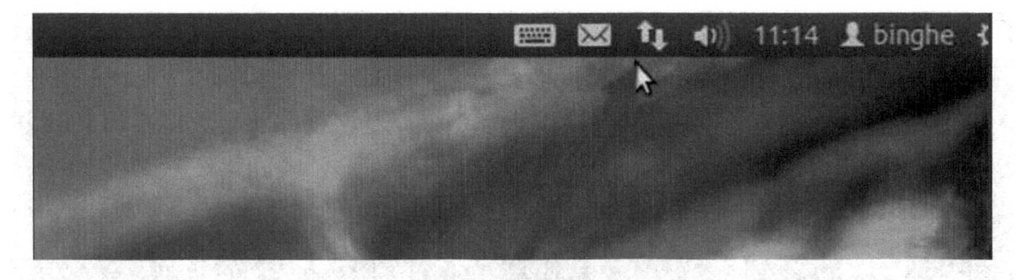

图 5-1　找寻图标

2）然后会弹出一个菜单，在菜单中选择“连接信息”选项，如图 5-2 所示。

图 5-2　选择选项

3）然后就能看到网络连接方面的信息了，包括 IP 地址，如图 5-3 所示。

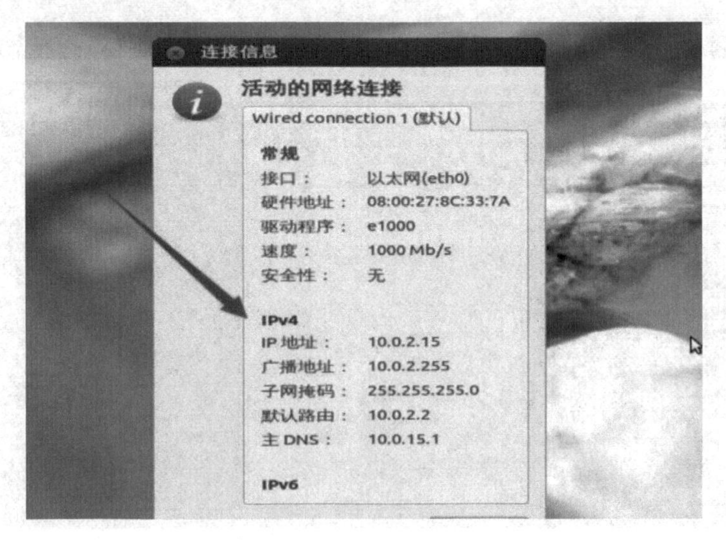

图 5-3　查看 IP 地址

除此之外，还可以打开搜索功能，输入 terminal（终端），类似于 Windows 下的 cmd 窗口，这里可以输入命令来对系统进行操作，如图 5-4 所示。

图 5-4　搜索查询

1）打开输入框，在输入框中输入命令：ifconfig -a，该命令类似于 Windows 下的 ipconfig 命令，如图 5-5 所示。

```
wangliang@wangliang-HP-Compaq-6530b-VF860PA-AB2: ~
wangliang@wangliang-HP-Compaq-6530b-VF860PA-AB2:~$
```

图 5-5　输入命令前

2）结果如图 5-6 所示。

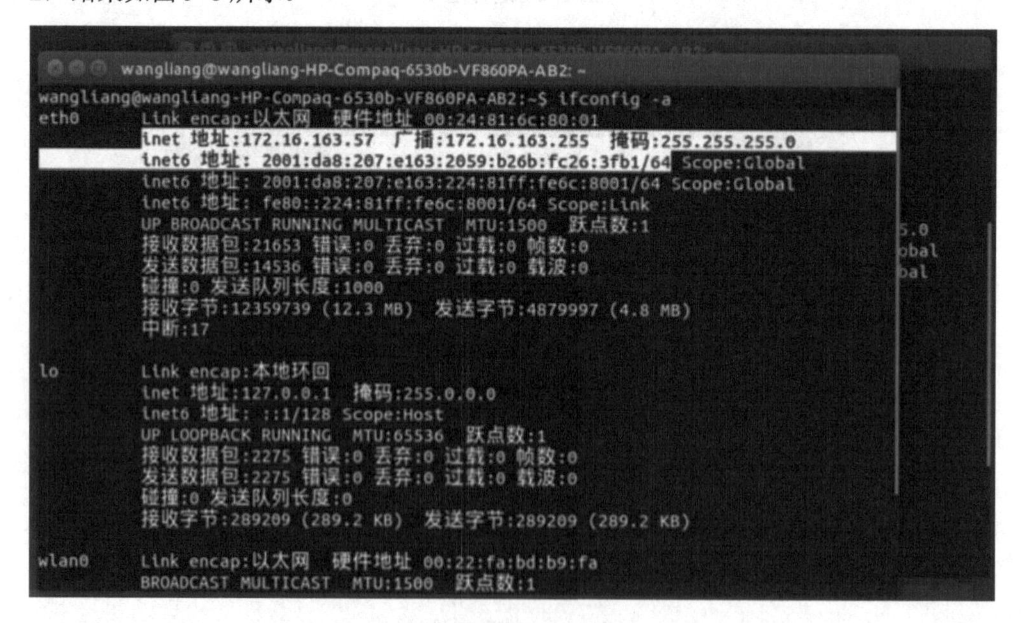

图 5-6　查询 IP

3）图 5-6 中高亮部分即是 IP 信息，例如，机器的 IP 地址是：inet 地址：172.16.163.57 广播：172.16.163.255 掩码：255.255.255.0inet6 地址：2001:da8:207:e163:2059:b26b:fc26:3fb1/64。

4）不要误认为如图 5-7 所示的信息为 IP 地址，这里的 127.0.0.1 只是本机自己认可的 IP 地址，对于其他机器不适用。

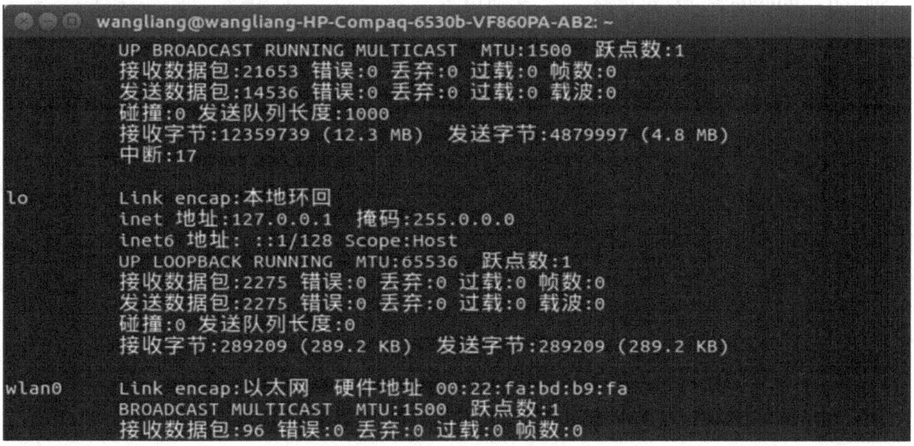

```
wangliang@wangliang-HP-Compaq-6530b-VF860PA-AB2: ~
          UP BROADCAST RUNNING MULTICAST  MTU:1500  跃点数:1
          接收数据包:21653 错误:0 丢弃:0 过载:0 帧数:0
          发送数据包:14536 错误:0 丢弃:0 过载:0 载波:0
          碰撞:0 发送队列长度:1000
          接收字节:12359739 (12.3 MB)  发送字节:4879997 (4.8 MB)
          中断:17

lo        Link encap:本地环回
          inet 地址:127.0.0.1  掩码:255.0.0.0
          inet6 地址: ::1/128 Scope:Host
          UP LOOPBACK RUNNING  MTU:65536  跃点数:1
          接收数据包:2275 错误:0 丢弃:0 过载:0 帧数:0
          发送数据包:2275 错误:0 丢弃:0 过载:0 载波:0
          碰撞:0 发送队列长度:0
          接收字节:289209 (289.2 KB)  发送字节:289209 (289.2 KB)

wlan0     Link encap:以太网  硬件地址 00:22:fa:bd:b9:fa
          BROADCAST MULTICAST  MTU:1500  跃点数:1
          接收数据包:96 错误:0 丢弃:0 过载:0 帧数:0
```

图 5-7　错误信息

2．IP 地址的配置

配置 IP 地址有以下两种。

1）通过命令直接配置。

```
sudo ifconfig eth0 IP 地址  netmask  子网掩码———————配置ＩＰ地址
sudo route add default gw  网关——————————————添加默认路由
vi /etc/resolv.conf  配置文件  添加 nameserver DNS————配置ＤＮＳ
sudo /etc/init.d/networking restart—————————————重启网卡配置
```

但是该方式只能临时修改，当服务器重启后，配置信息丢失。

2）直接修改配置文件。

Ubuntu 系统配置文件在下面的文件中。

```
/etc/network/interfaces
```

编辑配置文件：

```
sudo vi /etc/network/interfaces
```

并用下面的行来替换有关 eth0 的行：

```
# The primary network interface
auto eth0
iface eth0 inet static
address  ＩＰ地址
gateway  网关
```

```
netmask 子网掩码
#network 192.168.2.0
#broadcast 192.168.2.255
```

根据实际情况填上所有信息，如 address，netmask，network，broadcast 和 gateways 等。

```
sudo /etc/init.d/networking restart－－重启网卡
```

执行以上语句使配置生效。

配置 IP 地址后，需要配置 DNS，具体方式如下：

```
sudo vi //etc/resolv.conf
search chotim.com
nameserver  ＤＮＳ服务器地址
sudo /etc/init.d/networking restart－－重启网卡服务即可
```

5.1.2 SSH 和 Telnet

SSH 和 Telnet 两种协议服务都可以远程登录另一台机器，但 SSH 更安全，Telnet 是明文传送，SSH 是加密的且支持压缩，此外 SSH 服务一般都提供 sftp 支持，支持文件传送。Telnet 一般只能通过 zmodem 等协议传送文件。SSH 还可以借助 SSH 连接建立 TCP 通道，映射远端或本地的端口，以及转发 X 到本地 X Server 等。

1．SSH

安全外壳协议（Secure Shell Protocol）是一种在不安全网络上提供安全远程登录及其他安全网络服务的协议。Secure Shell，又可记为 SSH，最初是 UNIX 系统上的一个程序，后来又迅速扩展到其他操作平台。SSH 是一个好的应用程序，在正确使用时，它可以弥补网络中的漏洞。除此之外，SSH 之所以迅速扩展到其他操作平台，还有以下原因：SSH 客户端适用于多种平台。几乎所有的 UNIX 平台（包括 HP-UX、Linux、AIX、Solaris、Digital UNIX、lrix、SCO，以及其他平台）都可以运行 SSH。

而且，已经有一些客户端（其中有些为测试版）除可以运行于 UNIX 操作平台以外，还可以运行于 OS/2、VMS、BeOS、Java、Windows 95 / 98 和 Windows NT。这样，你就可以在几乎所有的平台上运行 SSH 客户端程序了。对非商业用途它是免费的。许多 SSH 版本可以获得源代码，并且只要不用于商业目的，都可以免费得到。而且，UNIX 版本也提供了源代码，这就意味着任何人都可以对它进行修改。但是，如果选择它用于商业目的，那么无论使用何种版本的 SSH，都必须确认已经注册并获得了相应权限。绝大多数 SSH 的客户端和守护进程都有一些注册限制。唯一的 SSH 通用公共注册（General Public License，GPL）版本是 lsh，它目前还是测试版。通过 Internet 传送密码安全可靠，这是 SSH 被认可的优点之一。如果要接入 Internet 服务供应商（Internet Service Provider，ISP）或大学，一般都是采用 Telnet 或 POP 邮件客户进程。因此，每当要进入自己的账号时，输入的密码将会以明码方式发送（即没有保护，直接可读），这就给了攻击者一个盗用账号的机会。由于 SSH 的源代码是公开的，所以在 UNIX 世界里它获得了广泛的认可。Linux，其源代码也是公开的，大众可以免费获得，并同时获得了类似的认可。这就使得所有开发者（或任何人）都可以通过补丁程序或 bug 修补来提高其性能，甚至还可以增加功能。这意味着 SSH 性能可以不断得到提高而无须得到来自原始创作者的直接技术支持。SSH 替代了不安全的远程应用程序。SSH 是设计用来替代伯克利版本的 r 命令集的，同时也继承了类似的语法。其结果是，使用者注意不到使用 SSH 和 r 命令集的区别。通过使用 SSH，在不安全的网络中发送信息时不必担心会被监听。也可以使用 POP 通道和 Telnet 方式，通过 SSH 利用 PPP 通道创建一个虚拟个人网络（Virtual Private Network, VPN）。SSH 也支持一些其他的身份认证方法，如 Kerberos 和安全 ID 卡等。

但是因为受版权和加密算法的限制，现在很多人都转而使用 OpenSSH。OpenSSH 是 SSH 的替代软件，而且是免费的，可以预计将来会有越来越多的人使用它而不是 SSH。SSH 由客户端和服务端的软件组成，有两个不兼容的版本分别是：1.x 和 2.x。用 SSH 2.x 的客户程序不能连接到 SSH 1.x 的服务程序上。OpenSSH 2.x 同时支持 SSH 1.x 和 2.x。

（1）SSH 主要由三部分组成

传输层协议（SSH-TRANS）提供了服务器认证，保密性及完整性。此外它有时还提供压缩功能。SSH-TRANS 通常运行在 TCP/IP 连接上，也可能用于其他可靠数据流上。SSH-TRANS 提供了强力的加密技术、密码主机认证及完整性保护。该协议中的认证基于主机，并且该协议不执行用户认证。更高层的用户认证协议可以设计为在此协议之上。

用户认证协议（SSH-USERAUTH）用于向服务器提供客户端用户鉴别功能。它运行在传输层协议 SSH-TRANS 上面。当 SSH-USERAUTH 开始后，它从低层协议那里接收会话标识符（从第一次密钥交换中交换哈希 H）。会话标识符唯一标识此会话并且适用于标记以证明私钥的所有权。SSH-USERAUTH 也需要知道低层协议是否提供保密性保护。连接协议（SSH-CONNECT）将多个加密隧道分成逻辑通道；运行在用户认证协议上，并提供了交互式登录话路、远程命令执行、转发 TCP/IP 连接和转发 X11 连接。一旦建立一个安全传输层连接，客户机就发送一个服务请求。当用户认证完成之后，会发送第二个服务请求。这样就允许新定义的协议可以与上述协议共存。连接协议提供了用途广泛的各种通道，有标准的方法用于建立安全交互式会话外壳和转发（“隧道技术”）专有 TCP/IP 端口和 X11 连接。

通过使用 SSH，可以把所有传输的数据进行加密，这样“中间人”这种攻击方式就不可能实现了，而且也能够防止 DNS 欺骗和 IP 欺骗。使用 SSH，还有一个额外的好处就是传输的数据是经过压缩的，所以可以加快传输的速度。SSH 有很多功能，既可以代替 Telnet，又可以为 FTP、PoP，甚至为 PPP 提供一个安全的“通道”。

（2）SSH 配置

在主机上，按以下步骤进行操作。

1）在/url/loca 目录下创建.ssh 目录，命令如下。

```
$mkdir.ssh
```

注意，每台计算机上都需执行命令。

2）在每一台机器 192.168.1.1 上生成密钥对，命令如下。

```
$ssh-keygen -t rsa
```

然后一直按〈Enter〉键，就会按照默认的选项生成密钥对，并保存在.ssh/id_rsa 目录中（注意，其他机器上就不要再执行此密钥对了）。

3）在第一台机器（192.168.1.1）上将.ssh/id_rsa 目录下的/id_rsa.pub 复制成名称为 authorized_keys，命令如下：

```
$cp   id_rsa.pub authorized_keys
```

4）利用远程复制命令将 authorized_keys 进行复制，命令如下。

```
$scp   authorized_keys   192.168.1.2: /usr/local/.ssh
```

重复执行上述命令，只需将 IP 地址转换成要复制的目的机的 IP 地址。

5）重复在每台机器上执行如下命令，改变 authorized_keys 的文件属性。

```
$chmod   644 authorized_keys
```

6）在第一台机器 192.168.1.1 上执行如下命令，检查 SSH 配置是否正确，与其他机是否能连通。在第一次登录时需要输入密码，以后就不需要了。

```
$ssh-1 cluster 192.168.1.2
```

2．远程登入（Telnet）

（1）远程登入介绍

Telnet 是（Teletype Network）的英文缩写，意指“远程登入”，是 Internet 中用来进行远程访问的重要工具之一。远程登入功能允许用户与异地计算机进行动态交互，即用本地的键盘，鼠标等输入设备操纵异地计算机，运行异地计算机上的软件，在自己的显示器上了解运行情况，看到运行结果。

在互联网上，有大量的运行分时系统的大型计算机，它们有很高的运行速度，极大的存储容量，丰富的软件和庞大的数据支援，使用远程登入功能，用户可以在异地登入这些大型计算机，利用它的强大功能来完成在个人计算机上难以完成的工作任务。

为了达到这个目的，人们开发了远程终端协议，即 Telnet 协议，精确定义了远程登入客户机与远程登入服务器之间的交互过程，通过 Telnet 协议，一台计算机可以作为远程主机的一个虚拟终端，通过网络远程利用服务器所提供的软件、硬件等资源完成自己的任务。

（2）远程登入服务的主要作用

Internet 远程登入服务的主要作用如下。

- 允许用户与远程计算机上运行的程序进行交互。
- 用户登入到远程计算机时，可以执行远程计算机的任何应用程序，并且能屏蔽不同型号计算机之间的差异。
- 用户可以利用个人计算机去完成许多只是大型计算机才能完成的任务。

（3）Telnet 协议

系统的差异性通常是指不同厂家生产的计算机在硬件或软件方面的不同。系统差异性给计算机系统的互操作性带来了很大的困难，而 Telnet 协议可以解决多种不同计算机系统之间的互操作问题。

不同计算机系统的差异性首先表现在不同系统对终端键盘输入命令的解释上。例如，有的系统的行结束标志为 Return 或 Enter。有的系统使用 ASXⅡ字符的 CR，有的系统则用 ASXⅡ字符的 LF。这些键盘定义的差异性给远程登录带来了很多的问题。为了解决系统的差异性，Telnet 协议引入了网络虚拟终端（Network Virtual Terminal，NVT）的概念，它提供了一种专门的键盘定义，用来屏蔽不同计算机系统对键盘输入的差异性。

Rlogin 协议是 SUN 公司专为 BSD UNIX 系统开发的远程登录协议，它只适合 UNIX 操作系统，因此还不能很好地解决异质系统的互操作性。

（4）Telnet 通信过程

Telnet 同样也是采用客户机/服务器模式。在远程登录过程中，用户的实终端采用用户终端的格式与本地 Telnet 客户机程序通信。远程主机采用远程系统的格式与远程 Telnet 服务器进程通信。通过 TCP 连接，Telnet 客户机与 Telnet 服务器程序之间采用网络虚拟终端 NVT 标准来进行通信。Telnet 客户机通信过程如图 5-8 所示。

1）建立与服务器的 TCP 连接。

2）从键盘上接收用户输入的字符。

2）把用户输入的字符串变成标准格式并送给远程服务器。

4）从远程服务器接收输出的信息。

5）把信息显示在用户的屏幕上。

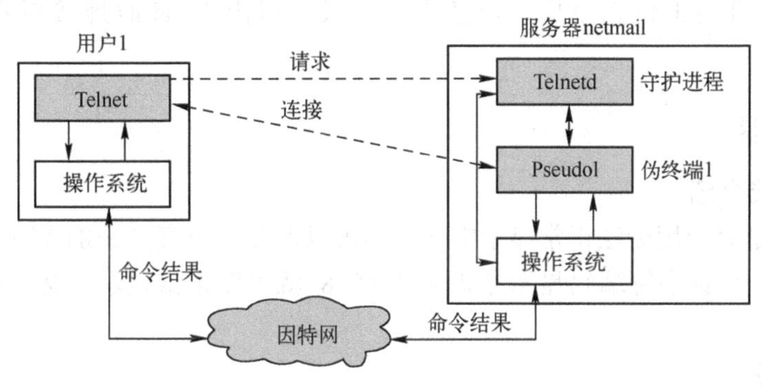

图 5-8　通信过程

（5）Telnet 的使用

运行 Telnet 程序，输入命令名及想要连接的远程机的地址。例如，要连接名字为 computer.xaut.edu.cn 的计算机，则输入以下内容。

```
telnet computer.xaut.edu.cn
```

正如在前面所介绍的，所有 Internet 主机都有一个 IP 地址，也可以使用远程主机的 IP 地址进行登录。

```
telnet 202.200.112.9
```

运行 Telnet 程序后，它将开始连接指定的远程机。当 Telnet 正在等待响应时，屏幕将显示以下信息。

```
Trying…(或类似的信息)
```

一旦连接确定（若主机距离远，可能会等候一段时间）将读到以下信息。

```
Connected to text.xaut.edu.cn
```

假如有时 Telnet 不能确定连接，将会出现主机找不到的信息，例如错误地输入以下内容：

```
telnet text.xaut.com.cn
```

将会出现以下提示。

```
text.xaut.com：unknown host
```

此时可以另指定一个主机名，或者中止执行该程序。

有许多因素都可能导致 Telnet 不能远程连接。3 个最常见的因素为计算机地址拼写错误、远程计算机暂时不能使用和所指定的计算机不在 Internet 上。

Internet 一旦确定连接，就可以同远程机对话了。此时，许多主机会显示一些信息，一般用来确认计算机。一旦被接收将会出现标准的提示符。例如，如果与一台 UNIX 远程机连接成功，将会出现“login：”，输入用户名（账号）并按〈Enter〉键，将会出现“password:”然后输入口令并按〈Enter〉键就可以进入系统。

当在远程主机的工作完成后，需按常规方式“退出”，此时连接断开，Telnet 自动停止。

5.1.3 SSH 工具

1．SSH 工具介绍

F-Secure：部分应用无法正常显示中文，不可以保存密码直接 SSH 登录。

SecureCRT：设置字符编码显示方式为 UTF-8 就可以正常显示中文，可以保存密码直接 SSH 登录。

2．常用命令

1）ls 只列出文件名（相当于 dir，dir 也可以使用）。

-A：列出所有文件，包含隐藏文件。

-l：列表形式，包含文件的绝大部分属性。

-R：递归显示。

--help：此命令的帮助。

2）cd 改变目录。

cd /：进入根目录。

cd：回到自己的目录（用户不同则目录也不同，root 为/root，xxt 为/home/xxt）。

cd ..：回到上级目录。

pwd：显示当前所在的目录。

3）less 文件名：查看文件内容。 tail -f 日志名：查看日志。

4）q：退出打开的文件。

5）上传文件：rz 选择要传送的文件。

6）下载文件：sz 指定文件名，按〈Enter〉键确认，即下载到了 secureCRT/download 目录下。

7）删除文件： rm 删除文件，rmdir 删除空目录，rm -rf 强行删除非空目录。

8）显示最近输入的 20 条命令：history 20。

9）获得帮助命令：--help 查看命令下详细参数。如：rz --help， sz --help。

10）cd 进入某个文件夹的命令。

mkdir+文件夹名：创建某个文件夹的命令。

sz+文件名：从服务器端向本机发送文件的命令。rz 从本机向服务器端传送文件的命令列出当前目录下的所有文件，包括每个文件的详细信息。dir 对当前文件夹 vi 打开当前文件。

11）在编辑某个文件时可能用到以下命令功能。

- a：切换到编辑模式。
- ctrl+c：退出编辑模式。
- dd：删除整行。
- q：退出当前文件。
- w：写入并保存当前文件。
- f：强制执行。

5.2 Xshell 工具

Xshell是一款 Windows 下非常优秀的远程连接 Linux 主机的工具，是平常使用不可缺少的工具。

5.2.1 服务器配置与连接

1）查看当前的 Ubuntu 是否安装了 ssh-server 服务。默认只安装 ssh-client 服务，如图 5-9 所示。

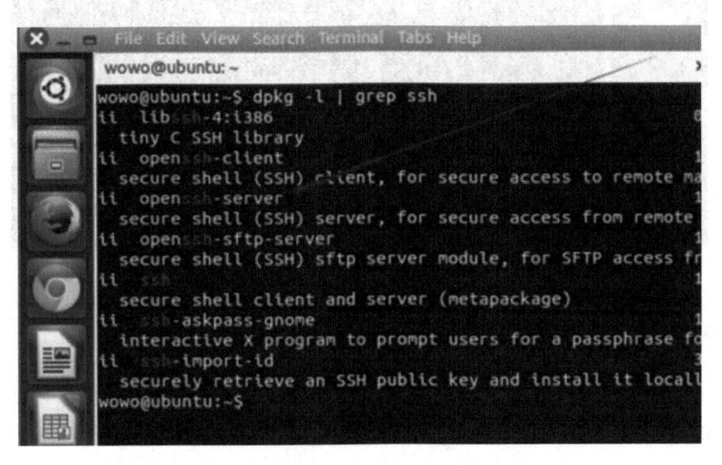

图 5-9　查看是否安装 ssh-server 服务

2）若没安装，在命令行中输入apt-get install ssh进行安装。安装完毕后，查看是否启动成功，若没有启动，可以用/etc/init.d/ssh start 启动，然后查看是否成功启动 ssh，如图 5-10 所示。

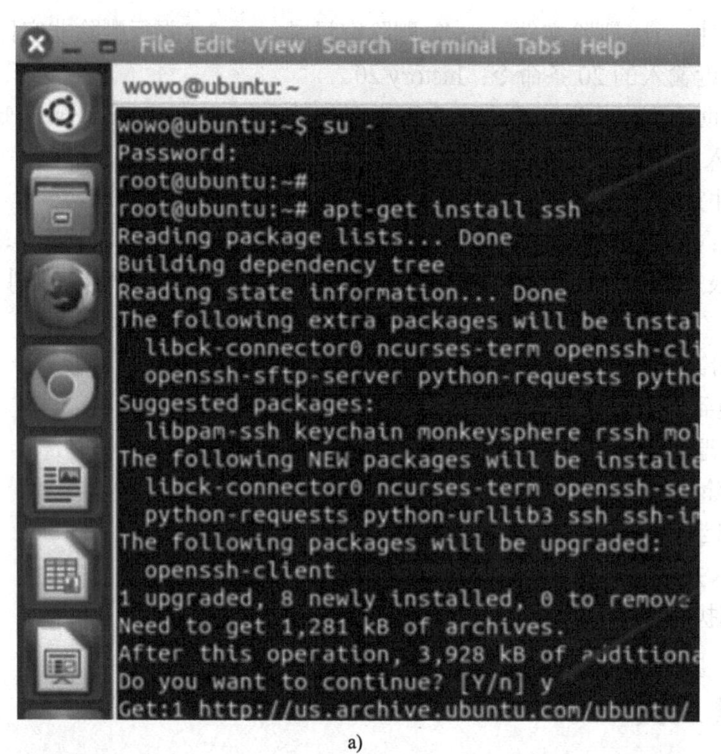

a)

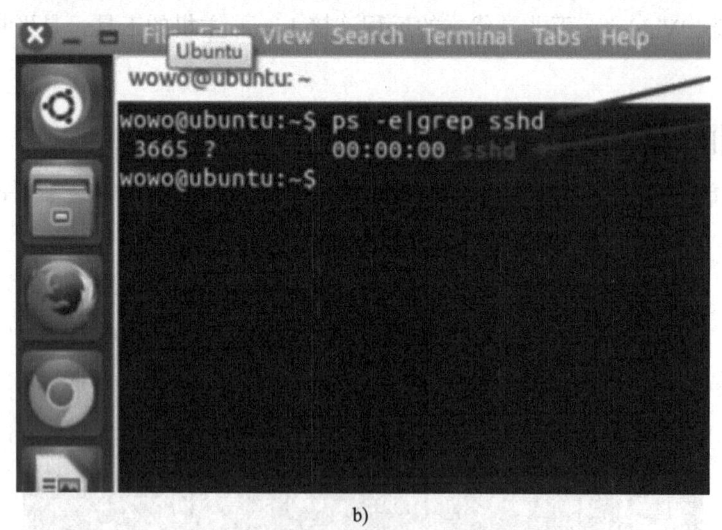

b)

图 5-10　查看启动情况

a）命令安装　b）启动 ssh

3）在 ssh_config 文件中修改配置，如图 5-11 所示。

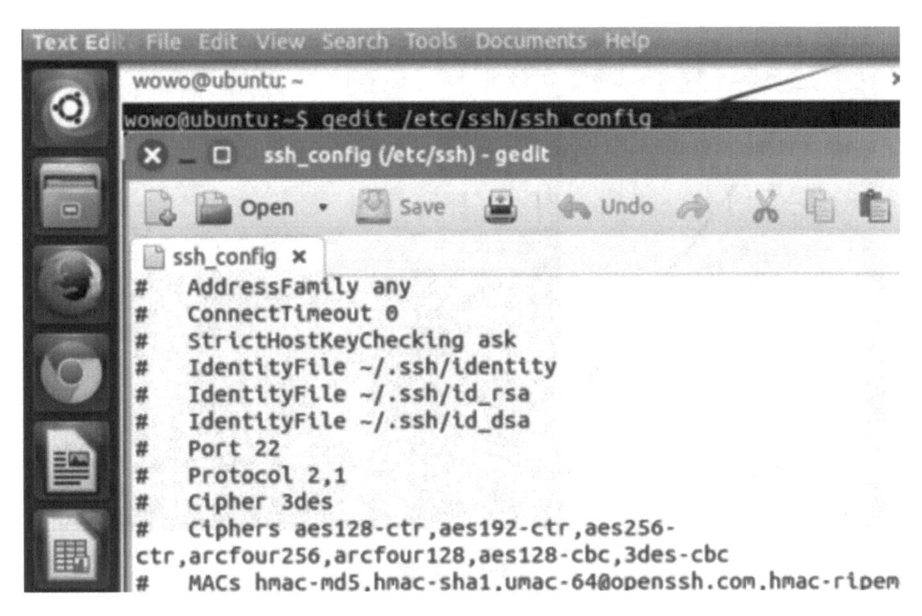

图 5-11　修改配置文件

4）ssh 服务的安装已经完成，下面进行测试。查看 Ubuntu 的 IP 地址，如图 5-12 所示。

图 5-12　ssh 测试

5）使用终端模拟软件 Xshell 或者 Securecrt 都可以。例如，使用 Xshell，单击“文件”→“新建”命令，如图 5-13 所示。

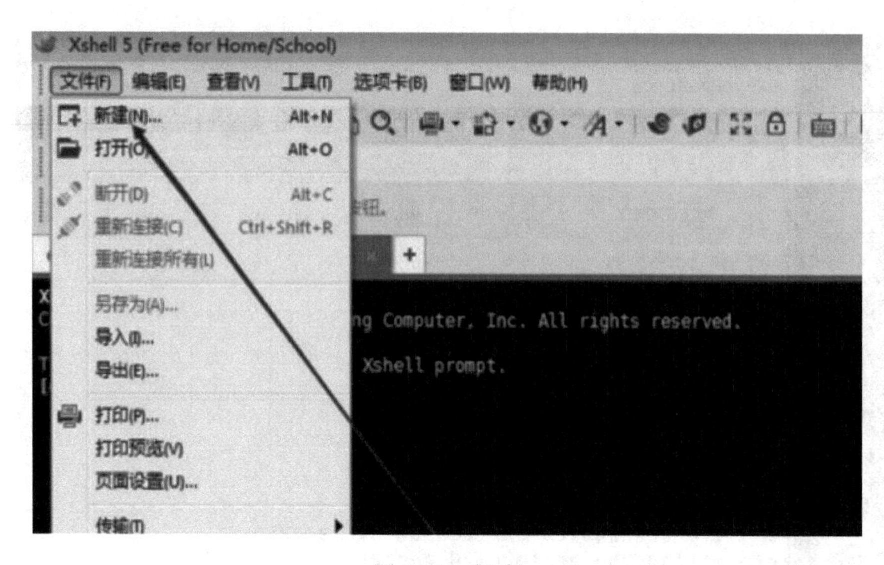

图 5-13　新建

6）按图 5-14 所示输入 IP 地址、登录名及密码。完成后连接成功就可出现命令提示符。

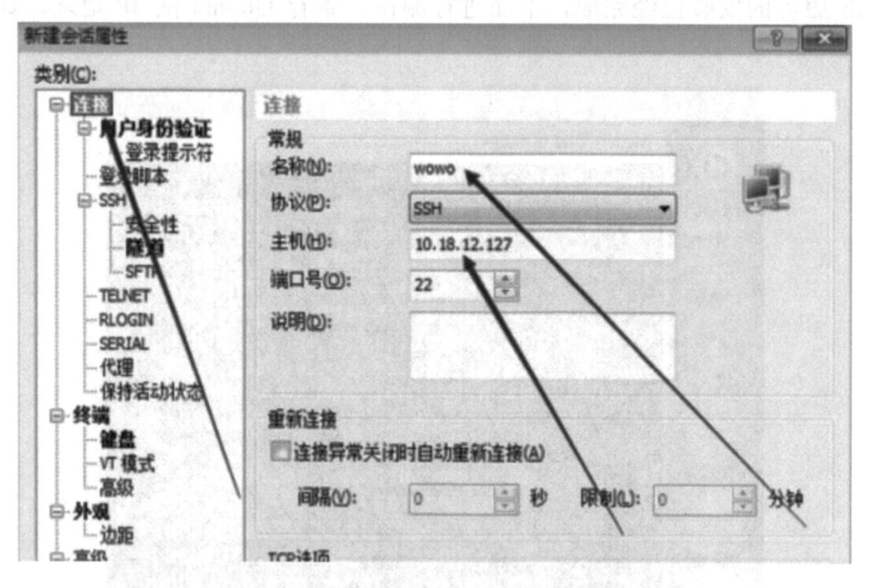

图 5-14　输入连接内信息

5.2.2　客户端与服务器通信

通过 Xshell5 利用 SFTP 在远程服务器传输文件。

安全文件传送协议（Secure File Transfer Protoco，SFTP）可以为传输文件提供一种安全的加密方法。SFTP 与 FTP 有着几乎一样的语法和功能。SFTP 作为 SSH 的一部分，是一种传输档案至 Blogger 伺服器的安全方式。其实在 SSH 软件包中，已经包含了 SFTP 的安全文件传输子系统。SFTP 本身没有单独的守护进程，它必须使用 sshd 守护进程（端口号默认是 22）来完成相应的连接操作，所以从某种意义上来说，SFTP 并不像一个服务器程序，而更像是一个客户端程序。SFTP 同样是使用加密传输认证信息和传输数据，所以，使用 SFTP 非常安全。但是，由于这种传输方式使用了加密/解密技术，所以传输效率比普通的 FTP 要低得多，如果对网络安全性要求更高时，可以使用 SFTP 代替 FTP。

1. SFTP 通信

连接方式有两种，一种直接采用 SFTP 连接远端服务器 IP，另一种则先登录远程服务器，再开启 SFTP 功能。

1）sftp [remotehost IP]。

通过 SFTP 连接[host]，端口为默认的 22，用户为 Linux 当前登录用户。

```
Xshell 5 (Build 0806)
Copyright (c) 2002-2015 NetSarang
Computer, Inc. All rights reserved.
Type `help' to learn how to use Xshell prompt.
[c:\~]$ sftp 192.168.56.101
Connecting to 192.168.56.101:22...
Connection established.
To escape to local shell, press 'Ctrl+Alt+]'.
Your current local directory is
C:\Users\FieldYang\Documents\NetSarang\Xshell\Sessions
Type `help' to browse available commnands.
sftp:/root>
```

2）sftp -oPort=[port] [remotehost IP]。

通过 SFTP 连接远程服务器，指定端口[port]，用户为 Linux 当前登录用户。

3）sftp [user]@[remotehost IP]。

通过 SFTP 连接远程服务器，端口为默认的 22，指定用户[user]。

```
Xshell 5 (Build 0806)
Copyright (c) 2002-2015 NetSarang Computer, Inc. All rights reserved.
Type `help' to learn how to use Xshell prompt.
[c:\~]$ sftp fieldyang@192.168.56.101
Connecting to 192.168.56.101:22...
Connection established.
To escape to local shell, press 'Ctrl+Alt+]'.
Your current local directory is
C:\Users\FieldYang\Documents\NetSarang\Xshell\Sessions
Type `help' to browse available commnands.
sftp:/home/fieldyang>
```

4）sftp -oPort=[port] [user]@[remotehost IP]。

通过 SFTP 连接[remotehost IP]，端口为[port]，用户为[user]。

5）通过 Xshell5 与 Linux 建立连接后，在图形用户面板上选择“窗口”→“传输新建文件”命令，打开 SFTP 的字符界面，直接关闭即可打开一个 SFTP 窗口。

2．基本用法

```
sftp:/root> help
bye        finish your SFTP session
#退出 sftp
cd         change your remote working directory
#更改远程服务器工作目录
clear    clear screen
#清屏
exit    finish your SFTP session explore explore your local directory
#导入本地目录
get        download a file from the server to your local machine
#从远程服务器上下载文件到本机
help       give help    #查找帮助
lcd        change and/or print local working directory
#切换本地当前工作目录
lls       list contents of a local directory
#列出本地当前目录的内容
lpwd      print your local working directory
#打印当前工作目录
ls         list contents of a remote directory
#列出远程服务器目录内容
mkdir    create a directory on the remote server
#在远程服务器上创建一个目录
mv          move or rename a file on the remote server
#搬移或重命名一个的远程服务器文件
put        upload a file from your local machine to the server
#本机的文件上传到远程服务器
pwd        print your remote working directory
#打印远程服务器工作路径
quit       finish your SFTP session
#退出
rename   move or rename a file on the remote server
#搬移或重命名一个的远程服务器文件
rm          delete a file
#删除一个文件
rmdir    remove a directory on the remote server
#在远程服务器上删除一个目录删除一个目录
```

5.3　FTP 服务器

FTP 服务器（File Transfer Protocol Server）是在互联网上提供文件存储和访问服务的计算机，它们依照FTP提供服务。FTP 是专门用来传输文件的协议。简单地说，支持 FTP 的服务器就是 FTP 服务器。

5.3.1　FTP 服务器简介

文件传输协议（File Transfer Protocol，FTP）利用 TCP 负责将文件从一台计算机传输到另一台计算机上，并且保证其传输的可靠性，与这两台计算器所处的位置、联系的方式以及使用的操作系统无关，因而可以在各种不同网络之间传输文件。

1．FTP 的工作原理

FTP 以客户/服务器模式进行工作。客户端提出文件传输请求，服务器端接受请求并提供服务。在利用 FTP 进行文件传输时，首先在本地计算机上启动客户程序，利用它与远程计算机系统建立连接，远程计算机系统上的服务器 FTP 程序被激活。因此，本地 FTP 程序就成为一个客户，而远程 FTP 程序成为服务器，它们之间要经过 TCP（建立连接，默认端口号 21）进行通信。每次用户请求传送文件时，服务器便负责找到用户请求的文件，利用 TCP 将文件通过 Internet 网络传给客户。而客户程序和服务器终止传送数据的 TCP 连接。

FTP 的客户机与服务器之间需要建立两个连接，一个用于控制传输（端口 21），另一个用于数据（端口 20）。数据连接主要用于数据传输，完成文件内容的传输，控制传输主要用于传输 FTP 控制命令以及服务器的回送信息。将控制和数据传输分开可以使 FTP 工作效率更高。

2．FTP 的应用

（1）FTP 的功能

当用户计算机与远端计算机建立 FTP 连接后，就可以进行文件传输了，FTP 的主要功能如下。

将本地计算机上的一个或多个文件下载。传送文件实质上是将文件进行复制，然后上载到远程计算机上，或者是下载到本地计算机上，对源文件不产生影响。

能够传输多种类型、多种结构、多种格式的文件，例如，用户可以选择文本文件、二进制可执行文件、图像文件、声音文件、数据压缩文件等。此外，还可以选择文件的格式控制以及文件传输的模式等。用户可根据通信双方所用的系统要传输的文件确定在文件传输时选择哪一种文件类型和结构。

提供对本地计算机和远程计算机的目录操作功能。可在本地计算机或远程计算机上建立或删除目录、改变当前工作目录以及打印目录和文件的列表等。

对文件进行改名、删除，显示文件内容等。

（2）FTP 客户端软件

可以完成 FTP 功能的客户端软件种类很多，有字界面的，也有图形界面的。通常用户可以使用的 FTP 客户端软件如下。

- Windows XP/2000 操作系统中的 FTP 实用程序。
- 各种 WWW 浏览器程序也可以实现 FTP 文件传输功能。
- 使用其他客户端的 FTP 软件，如 Cuteftp、FlashGet 等。
- 能用 FTP 进行文件传输时，要求通信双方必须都支持 TCP/IP 协议。当一台本地计算机要与远程 FTP 服务器建立连接时，出于安全性的考虑，远程 FTP 服务器会要求客户端的用户出示一个合法的用户注册名和口令，进行身份验证，只有合法的用户才能使用该服务器所提供的志愿，否则拒绝访问。

（3）匿名 FTP 服务

FTP 服务的获取有两种方式，一种是受限的，必须拥有允许访问某一 FTP 服务器的用户名和口令；另一种是匿名访问，不需要特别向 FTP 服务器申请用户名和口令。在 Internet 上有许多公用 FTP 服务器，也称为匿名 FTP 服务器，可以为用户提供文件传输服务。如果用户登录到匿名 FTP 服务器上，不需要用户名和口令，或者直接使用“anonymous”作为注册名，用自己的电子邮件作为用户口令，匿名 FTP 服务器便可以允许这些用户登录，并提供文件传输服务。

目前，有大量的 FTP 服务器为用户提供文件的上传和下载服务，同时还可以提供诸如资料、软件、音乐、影视等文件的共享服务。

5.3.2 FTP 服务器安装配置

1）更新软件源，保证源是最新的，这样有利于在线通过 apt-get install 命令并安装 ftp，如图 5-15 所示。

```
hadoop@master: ~
hadoop@master:~$ sudo apt-get update
[sudo] password for hadoop:
```

图 5-15 更新软件

2）使用 sudo apt-get install vsftp 命令安装 vsftp，安装软件需要 root 权限。使用 sudo 暂时获取，如图 5-16 所示。

```
hadoop@master: ~
hadoop@master:~$ sudo apt-get install vsftpd
[sudo] password for hadoop:
Reading package lists... Done
Building dependency tree
Reading state information... Done
The following NEW packages will be installed:
  vsftpd
0 upgraded, 1 newly installed, 0 to remove and 198 not upgraded.
Need to get 124 kB of archives.
After this operation, 342 kB of additional disk space will be used.
Get:1 http://mirrors.163.com/ubuntu/ precise/main vsftpd amd64 2.3.5-1ubuntu2 [1
24 kB]
Fetched 124 kB in 0s (426 kB/s)
Preconfiguring packages ...
Selecting previously unselected package vsftpd.
(Reading database ... 145988 files and directories currently installed.)
Unpacking vsftpd (from .../vsftpd_2.3.5-1ubuntu2_amd64.deb) ...
```

图 5-16 安装 vsftp

3）安装好 FTP 后默认自动创建 FTP 用户，然后设置 FTP 用户的密码，输入 sudo passwd ftp，然后输入密码，再确认密码，如图 5-17 所示。

```
hadoop@master:/home$ sudo passwd ftp
Enter new UNIX password:
Retype new UNIX password:
passwd: password updated successfully
```

图 5-17　输入密码

4）创建 FTP 用户的家目录，使用 sudo mkdir /home/ftp 命令，如图 5-18 所示。

```
hadoop@master:/home$ sudo mkdir /home/ftp
```

图 5-18　创建目录

5）设置 FTP 家目录的权限，这里为方便直接使用 sudo chmod 777 /home/ftp 命令将权限设置为 777，当然也可以根据自己需求进行设置，如图 5-19 所示。

```
hadoop@master:/home$ sudo chmod 777 /home/ftp
```

图 5-19　设置权限

6）对/etc/vsftpd.conf 配置文件进行一定的修改。使用 sudo gedit /etc/vsftpd.conf 打开配置文件，如果采用 vi 或 vim 编辑器也可以使用它们打开，如图 5-20 所示。

```
hadoop@master:/home$ sudo gedit /etc/vsftpd.conf
```

图 5-20　修改配置文件

7）将配置文件中“anonymous_enable=YES”改为“anonymous_enable=NO”（是否允许匿名 FTP，若不允许选 NO），如图 5-21a 所示。

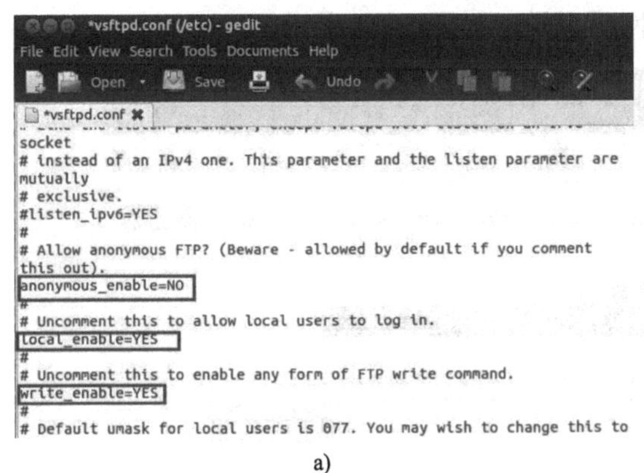

a)

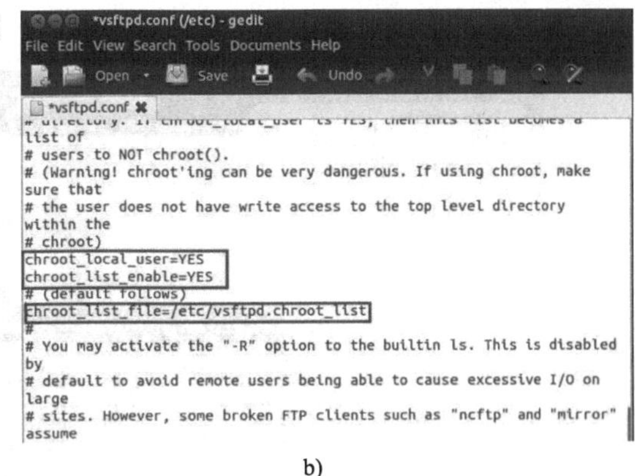

b)

图 5-21　修改配置文件

取消如下配置前的注释符号（删除#）：

```
local_enable=YES（是否允许本地用户登录）
write_enable=YES（是否允许本地用户写的权限）
chroot_local_user=YES（是否将所有用户限制在主目录）
chroot_list_enable=YES（是否启动限制用户的名单）
```

```
chroot_list_file=/etc/vsftpd.chroot_list（可在文件中设置多个账号）
```

修改完成后继续修改 chroot_local_user，如图 5-21b 所示。

8）使用命令 sudo service vsftpd restart 重启 FTP 服务，如图 5-22 所示。

```
hadoop@master:/home$ sudo service vsftpd restart
vsftpd stop/waiting
vsftpd start/running, process 5428
```

图 5-22　重启 FTP

9）测试 FTP。首先复制一些文件到/home/ftp 目录下，按以下方法进行测试。

方法一：在终端中输入 ftp localhost，然后输入用户名与密码实现登录，如图 5-23 所示。

```
hadoop@master: ~
hadoop@master:~$ ftp localhost
Connected to localhost.
220 (vsFTPd 2.3.5)
Name (localhost:hadoop): ftp
331 Please specify the password.
Password:
230 Login successful.
Remote system type is UNIX.
Using binary mode to transfer files.
ftp>
```

图 5-23　终端测试

方法二：在浏览器中输入 ftp://localhost，网页登录，如图 5-24 所示。

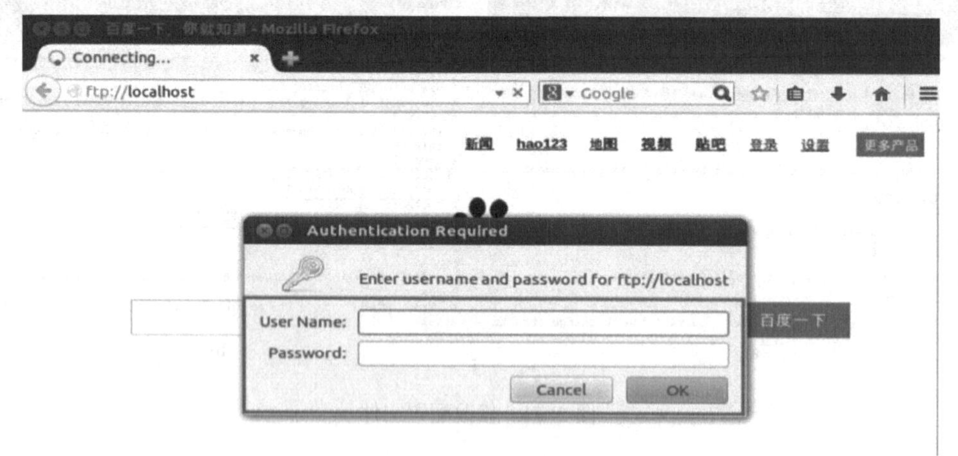

图 5-24　浏览器测试

10）如果登录 FTP 总是出现密码错误，可以将/etc/vsftpd.conf 配置文件的 pam_service_name=vsftpd 改为 pam_service_name=ftp，即可解决，如图 5-25 所示。

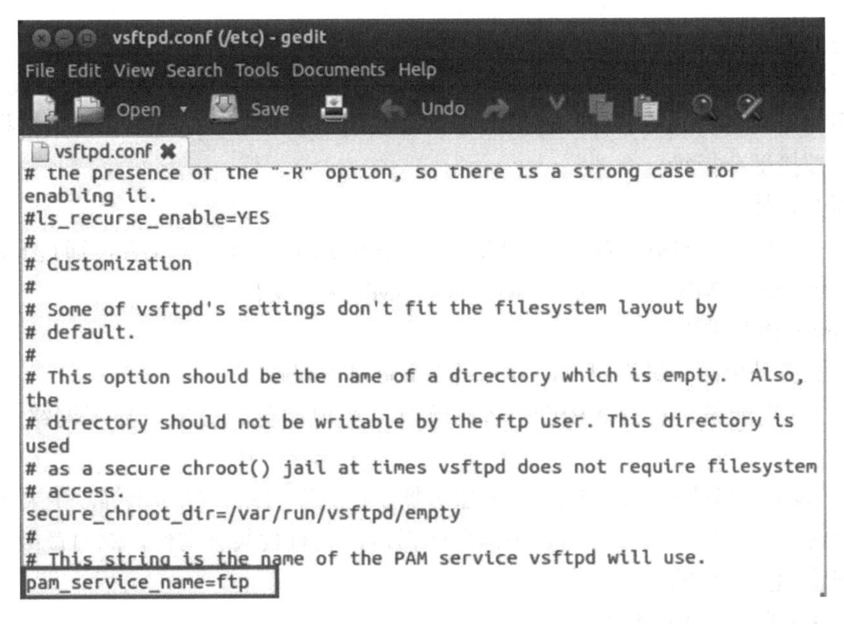

图 5-25 修改配置文件

5.4 Samba 服务器

Samba 是在 Linux 和 UNIX 系统上实现 SMB 协议的一个免费软件，由服务器及客户端程序构成。

5.4.1 Samba 简介

信息服务块（Server Messages Block，SMB）是一种在局域网上共享文件和打印机的通信协议，它为局域网内的不同计算机之间提供文件及打印机等资源的共享服务。SMB 协议是客户机/服务器型协议，客户机通过该协议可以访问服务器上的共享文件系统、打印机及其他资源。通过设置“NetBIOS over TCP/IP”使得 Samba 不但能与局域网络主机分享资源，还能与全世界的计算机分享资源。

1．Samba 的工作流程主要为 4 个阶段

（1）协议协商

客户端在访问 Samba 服务器时，首先由客户端发送一个 SMB negprot 请求数据报，并列出它所支持的所有 SMB 协议版本。服务器在接收到请求信息后开始响应请求，并列出希望使用的协议版本，选择最优的 SMB 类型。如果没有可使用的协议版本则返回 0XFFFFH 信息，结束通信。

（2）建立连接

当 SMB 协议版本确定后，客户端进程向服务器发起一个用户或共享的认证，这个过程是通过发送 SesssetupX 请求数据报实现的。客户端发送一对用户名和密码或一个简单密码到服务器，然后服务器通过发送一个 SesssetupX 请求应答数据报来允许或拒绝本次连接。

（3）访问共享资源

当客户端和服务器完成了协商和认证之后，它会发送一个 Tcon 或 SMB TconX 数据报并列出它想访问网络资源的名称，之后服务器会发送一个 SMB TconX 应答数据报以表示此次连接是否被接受或拒绝。

（4）断开连接

连接到相应资源，SMB 客户端就能够通过 open SMB 打开一个文件，通过 read SMB 读取文件，通过 write SMB 写入文件，通过 close SMB 关闭文件。

2．Samba 相关进程

Samba 服务是由两个进程组成，分别是 Nmbd 和 Smbd。

Nmbd：其功能是进行 NetBIOS 名称解析，实现浏览、服务、显示网络上的共享资源列表。

Smbd：其主要功能就是管理 Samba 服务器上的共享目录、打印机等，主要是针对网络上的共享资源进行管理的服务。当要访问服务器时，要查找共享文件，这时就要依靠 Smbd 这个进程来管理数据传输。

3．Samba 服务器的安全模式

Samba 服务器有 Share、User、Server、Domain 和 Ads 五种安全模式，以适应不同的企业服务器需求。

（1）Share 安全级别模式

客户端登录 Samba 服务器，不需要输入用户名和密码就可以浏览 Samba 服务器的资源，适用于公共的共享资源，安全性差，需要配合其他权限设置，保证 Samba 服务器的安全性。

（2）User 安全级别模式

客户端登录 Samba 服务器，需要提交合法账号和密码，经过服务器验证才可以访问共享资源，服务器默认为此级别模式。

（3）Server 安全级别模式

客户端需要将用户名和密码，提交到指定的一台 Samba 服务器上进行验证，如果验证出现错误，客户端会用 User 级别访问。

（4）Domain 安全级别模式

如果 Samba 服务器加入 Windows 域环境中，验证工作将由 Windows 域控制器负责，Domain 级别的 Samba 服务器只是成为域的成员客户端，并不具备服务器的特性，Samba 早期的版本就是使用此级别登录 Windows 域的。

（5）Ads 安全级别模式

当 Samba 服务器使用 Ads 安全级别加入到 Windows 域环境中，其就具备了 Domain 安全级别模式中所有的功能并可以具备域控制器的功能。

5.4.2 安装与配置实例

（1）更新源列表

打开“终端窗口”，输入“sudo apt-get update”，按〈Enter〉键，再输入当前登录用户的管理员密码，再按〈Enter〉键，如图 5-26 所示。

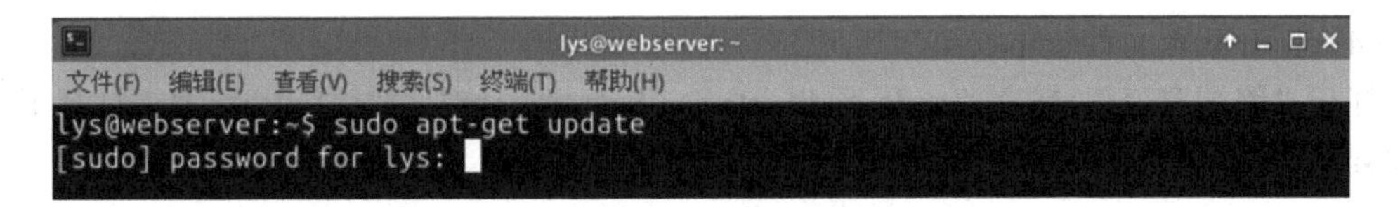

图 5-26　更新后登录

（2）安装 Samba

打开“终端窗口”，输入“sudo apt-get install samba samba-common”，按〈Enter〉键，再输入“y”，再按〈Enter〉键即安装完成，如图 5-27 所示。

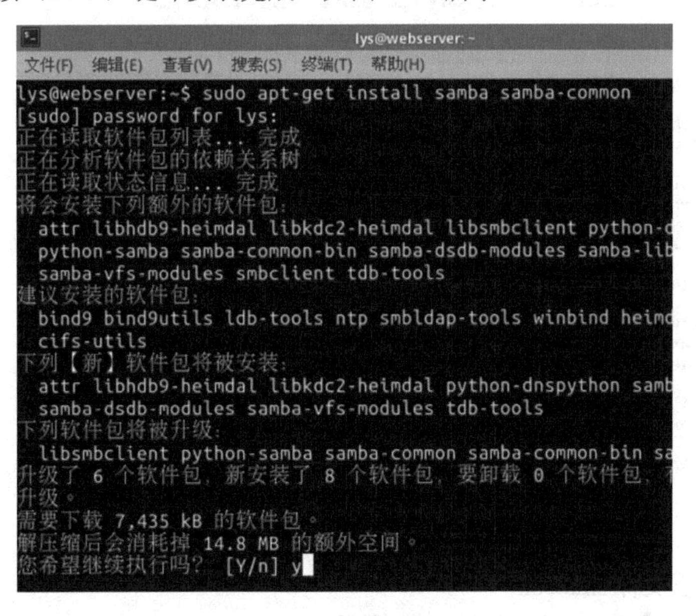

图 5-27　安装 Samba

（3）新建共享目录并设置权限

1）打开“终端窗口”，输入“sudo mkdir /home/share”，按〈Enter〉键，共享目录 share 新建成功，如图 5-28 所示。

图 5-28　新建共享目录

2）输入“sudo chmod 777 /home/share”，按〈Enter〉键，这样用户就对共享目录有了写权限，如图 5-29 所示。

图 5-29　设置权限

（4）打开配置文件 smb.conf

打开“终端窗口”，输入“sudo gedit /etc/samba/smb.conf”，按〈Enter〉键，打开了配置文件 smb.conf，如图 5-30 所示。

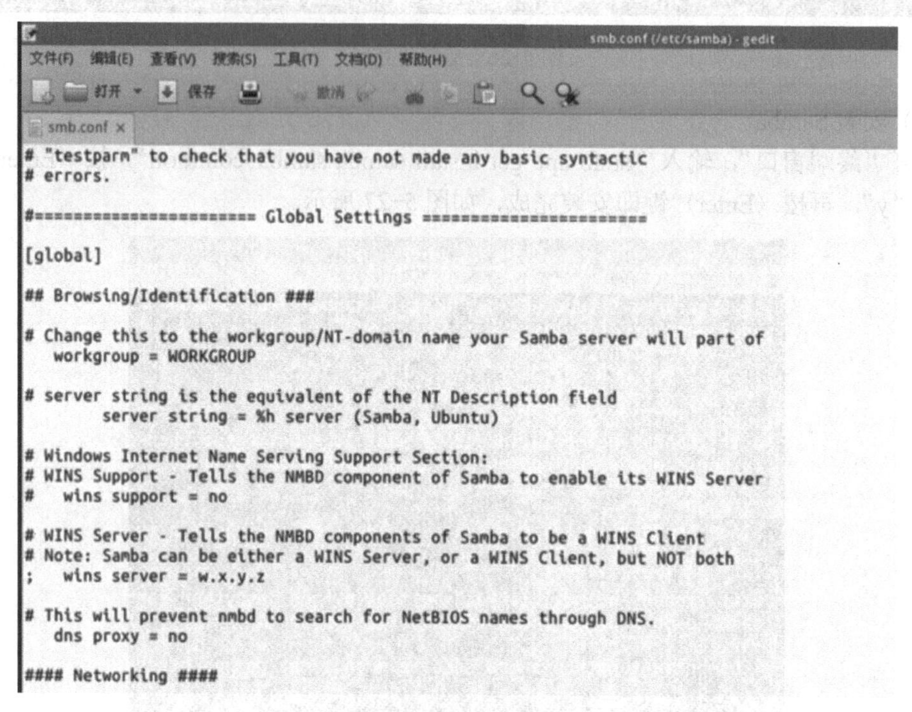

图 5-30　打开配置文件

（5）修改配置文件 smb.conf

1）输入“security = user”，如图 5-31 所示。

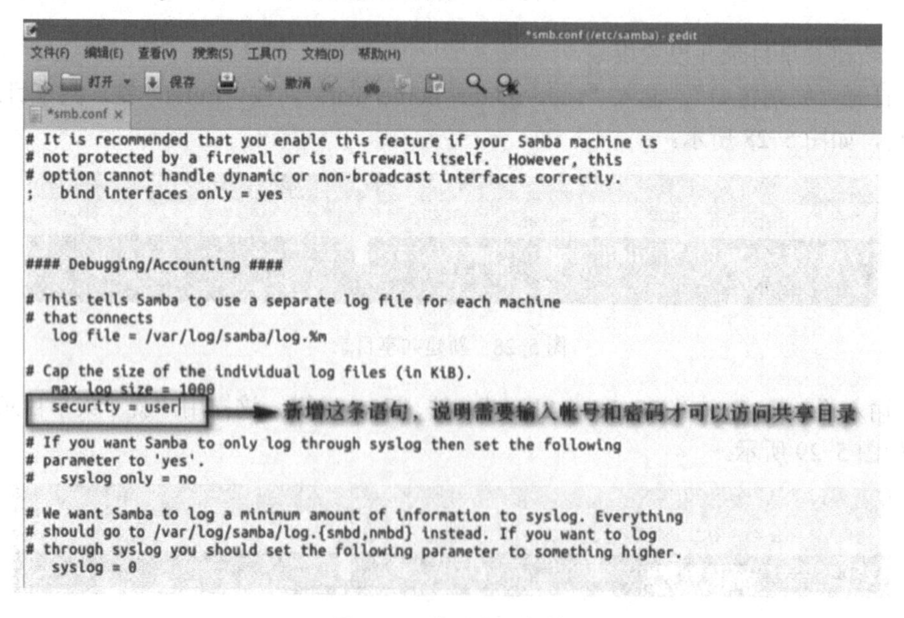

图 5-31　修改配置文件

2）输入如图 5-32 所示指定的语句并保存。

```
# Windows clients look for this share name as a source of downloadable
# printer drivers
[print$]
   comment = Printer Drivers
   path = /var/lib/samba/printers
   browseable = yes
   read only = yes
   guest ok = no
# Uncomment to allow remote administration of Windows print drivers.
# You may need to replace 'lpadmin' with the name of the group your
# admin users are members of.
# Please note that you also need to set appropriate Unix permissions
# to the drivers directory for these users to have write rights in it
;   write list = root, @lpadmin

[myshare]
   comment = my share directory
   path = /home/share
   browseable = yes
   writable = yes
```

共享名，不需要与共享目录同名
对共享的描述
共享的目录
该共享可以浏览
该共享目录可写

图 5-32　修改配置文件

（6）新建访问共享资源的用户和设置密码

1）打开“终端窗口”，输入“sudo useradd smbuser”，按〈Enter〉键，用户创建成功，如图 5-33 所示。

图 5-33　新建共享资源用户

2）输入“sudo smbpasswd -a smbuser”，按〈Enter〉键，输入两次密码后，再按〈Enter〉键，密码设置成功，这个用户属于 smb 组，如图 5-34 所示。

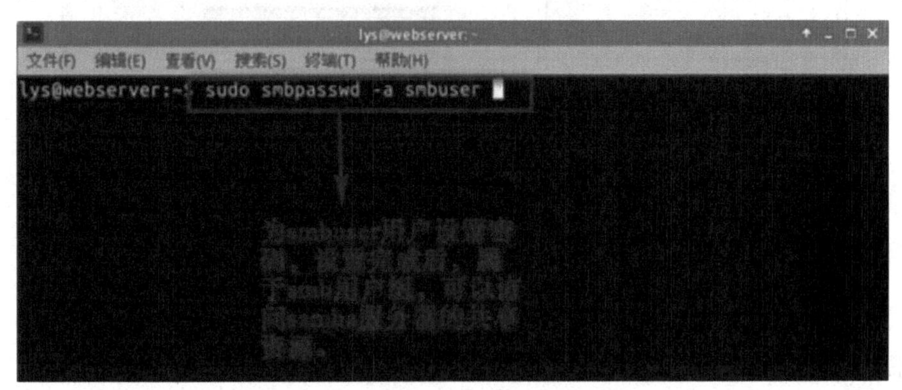

图 5-34　设置密码

3）输入“sudo service smbd restart”重启 samba 服务，按〈Enter〉键，服务重启成功，如图 5-35 所示。

图 5-35　重启 Samba 服务

（7）访问共享名为 myshare 的共享目录

1）在“运行”窗口中输入“\\192.168.1.4”后，按〈Enter〉键，双击打开 myshare，再按〈Enter〉键输入用户名和密码后，按〈Enter〉键，访问成功，如图 5-36a 所示。

2）选择要访问的文件夹如图 5-36b 所示。

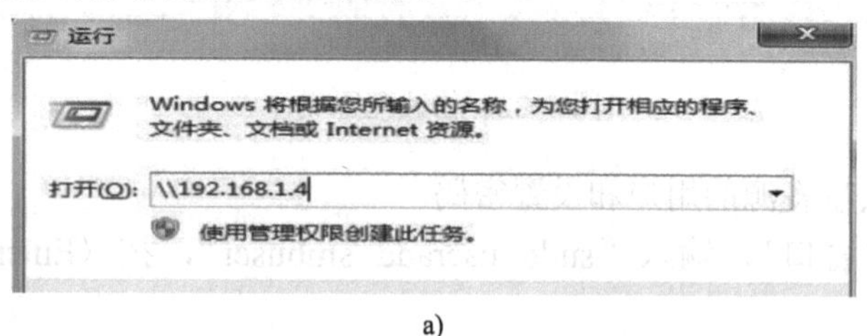

a)

b)

图 5-36　访问共享目录

a) 输入 IP 地址　b) 打开文件访问

【例题 5-1】 匿名的配置实例。

如果是虚拟机测试环境，需把网络连接设为“桥接”。

1）查看当前 Samba 服务是否启动，如没有需启动，则重启 Samba。

```
service smb status //查看状态
service smb start //启动
samba service smb restart //重启 Samba
```

2）查看当前 Linux 服务器 IP 地址。

```
ifconfig //假设看到 ip 为 172.31.1.231
```

3）在客户机 Windows 测试是否 ping 通服务器。

```
开始-附件-命令提示符，然后键入 ping 172.31.1.231 －t
```

4）备份/etc/samba/smb.conf 文件，以便失败时恢复。

```
cp /etc/samba/smb.conf smb.conf_bak //smb.conf_bak 就保存到当前目录
```

5）编辑/etc/samba/smb.conf 文件，做如下变化（//XXX 为说明，不需要输入），使用 vim 进入/etc/samba/smb.conf，按 I 移动光标到 34 行。

```
security=share                    //设置安全级别，这是不需要账号的级别，在代码最后添加
[Asianux’s share]                 //共享事件名称，注意不要重名
comment=This is Asianux’s share   //备注
path=/tmp/share                   //指定共享文件夹
valid user=nobody                 //指定使用用户和组
public=yes                        //是否能让匿名用户访问
writable=yes                      //是否可写入
完成后按 esc，输入：wq            //冒号 wq
```

6）创建共享文件夹。

```
mkdir/tmp/share
```

7）修改共享文件夹属性为 777。

```
chmod 777 /tmp/share
```

8）重启 Samba 服务器使得设置生效。

```
service smb restart
```

9）在客户机 Windows 测试是否能访问共享文件夹；在文件夹地址栏中输入\\172.31.1.231 后按〈Enter〉键。

【例题 5-2】 带用户配置实例。

在【例题 5-1】基础上进行如下配置。

1）删除刚配置过的 smb.conf 文件，从备份中恢复/etc/samba/smb.conf 文件。

2）编辑/etc/samba/smb.conf 文件，做如下变化（//XXX 为说明），使用 vim 进入/etc/samba/smb.conf，按下移动光标到 34 行。

```
[Asianux’s user share]                 //共享事件名称，注意不要重名
comment=This is Asianux’s user share   //备注
path=/tmp/ushare                       //指定共享文件夹 valid user=kitty
//指定使用用户和组
```

```
writable=yes                              //是否可写入
```

3）创建用户 kitty。

```
useradd kitty
```

4）设置 kitty 的密码。

```
Smbpasswd  - a kitty
```

5）创建共享文件夹。

```
mkdir/tmp/ushare
```

6）重启 Samba 服务器使得设置生效。

7）在客户机 Windows 测试输入账号是否能访问共享文件夹。

5.5 Apache Web 服务器

Apache HTTP Server（简称 Apache）是 Apache 软件基金会的一个开放源码的网页服务器，可以在大多数计算机操作系统中运行，由于其多平台和安全性被广泛使用，是最流行的 Web 服务器端软件之一。它快速、可靠并且可通过简单的 API 扩展，将 Perl/Python 等解释器编译到服务器中。

Apache HTTP Server 是世界使用排名第一的 Web 服务器软件。它可以运行在几乎所有使用 Apache Server 配置界面的计算机平台上。

5.5.1 Apache Web 服务器简介

Apache 源于 NCSAhttpd 服务器，并经过多次修改。Apache 取自“a patchy server”的读音，意思是充满补丁的服务器，因为它是自由软件，所以不断有人来为它开发新的功能、新的特性和修改原来的缺陷。Apache 的特点是简单、速度快、性能稳定，并可做代理服务器来使用。

本来它只用于小型或试验 Internet 网络，后来逐步扩充到各种 UNIX 系统中，尤其对 Linux 的支持相当完美。Apache 有多种产品，可以支持 SSL 技术，支持多个虚拟主机。Apache 是以进程为基础的结构，进程要比线程消耗更多的系统开支，不太适合于多处理器环境，因此，在一个 Apache Web 站点扩容时，通常是增加服务器或扩充群集节点而不是增加处理器。到目前为止 Apache 仍然是世界上用得最多的 Web 服务器，市场占有率达 60%左右。世界上很多著名的网站如 Amazon、Yahoo!、W3 Consortium、Financial Times 等都是 Apache 的产物，它的成功之处主要在于它的源代码开放、有一支开放的开发队伍、支持跨平台的应用（可以运行在几乎所有的 UNIX、Windows、Linux 系统平台上）以及它的可移植性等方面。

5.5.2 Apache Web 服务器安装与配置

（1）命令行安装 Apache

打开“终端窗口”，输入“sudo apt-get install apache2”后，按〈Enter〉键，输入“root 用户的密码”，再按〈Enter〉键，输入“y”后，按〈Enter〉键，安装完成，如图 5-37 所示。

图 5-37　安装 Apache

（2）默认的网站根目录的路径

Apache 安装完成后，默认的网站根目录是“/var/www/html”，在终端窗口中输入“ls /var/www/html”，按〈Enter〉键后，在网站根目录下有一个“index.html”文件，如图 5-38a 所示。

在浏览器中输入“127.0.0.1”后，按〈Enter〉键就可以打开该页面，如图 5-38b 所示。

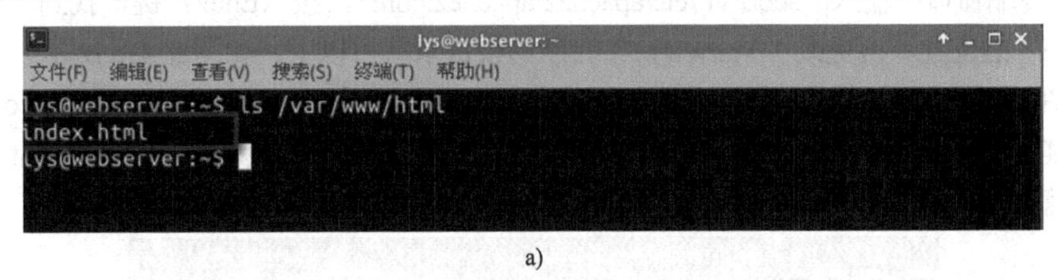

a)

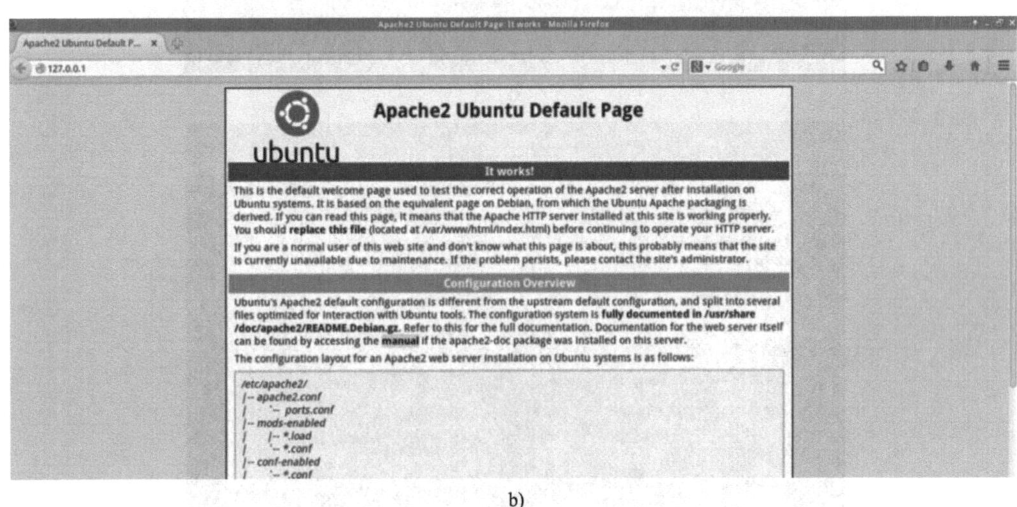

b)

图 5-38　网站根目录路径

a) 设置路径　b) 打开页面

（3）Apache 的第一个配置文件 apache2.conf 的路径

在终端窗口中输入“ls /etc/apache2”，按〈Enter〉键，有一个“apache2.conf”的配置文件，如图 5-39 所示。

图 5-39 配置文件 apache2.conf 路径

（4）Apache 的第二个配置文件 000-default.conf 的路径

在终端窗口中输入“ls /etc/apache2/sites-available”，按〈Enter〉键，有一个“000-default.conf”的配置文件，如图 5-40 所示。

图 5-40 配置文件 000-default.conf 路径

（5）修改网站的根目录

1）在终端窗口中输入“sudo vi /etc/apache2/apache2.conf”，按〈Enter〉键，找到“<Directory /var/www/>”的位置，再更改“/var/www/”为新的根目录就可以了，如图 5-41a 所示。

2）在终端窗口中输入“sudo vi /etc/apache2/sites-available/000-default.conf”，按〈Enter〉键，找到“DocumentRoot /var/www/html”的位置，再更改“/var/www/html”为新的根目录就可以了。这里把它更改为“/var/www/”，如图 5-41b 所示。

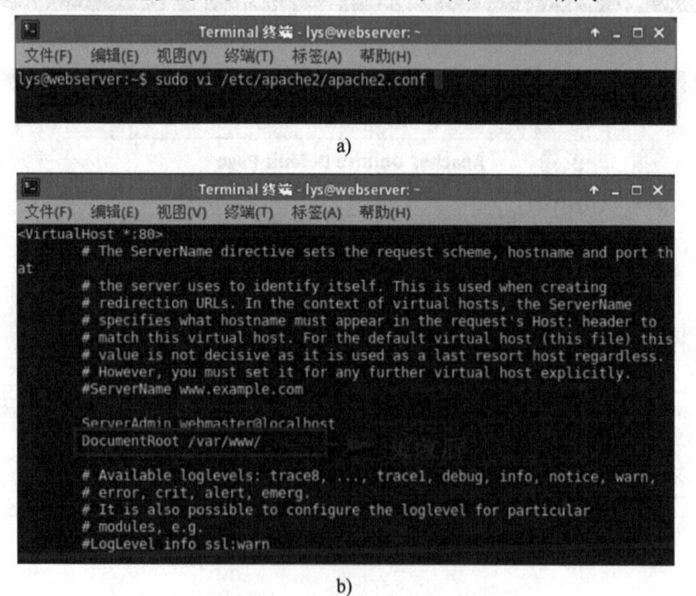

图 5-41 修改网站根目录

a) 更改根目录 b) 更改后目录

（6）重启 Apache

在终端窗口中输入“sudo/etc/init.d/apache2 restart”，按〈Enter〉键，重启成功，如图 5-42 所示。

图 5-42　重启 Apache

（7）复制“index.html”文件到“/var/www”目录下

在终端窗口中输入“cp /var/www/html/index.html/var/www/”，按〈Enter〉键，再输入“ls/var/www”后，按〈Enter〉键，有一个“index.html”文件表示复制成功，如图 5-43 所示。

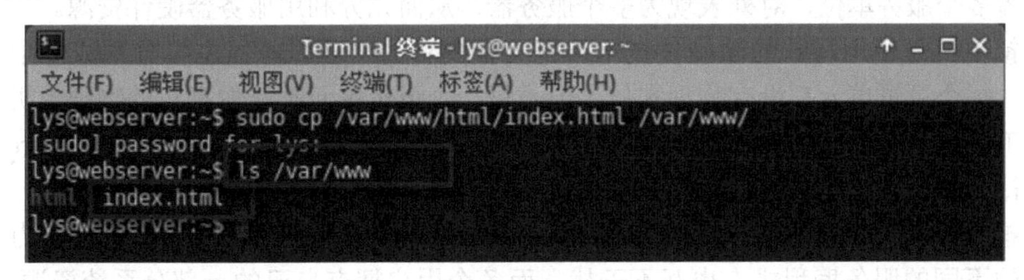

图 5-43　复制文件

（8）测试更改网站根目录是否成功

在浏览器中输入“127.0.0.1”，能访问到“index.html”文件即说明更改成功，如图 5-44 所示。

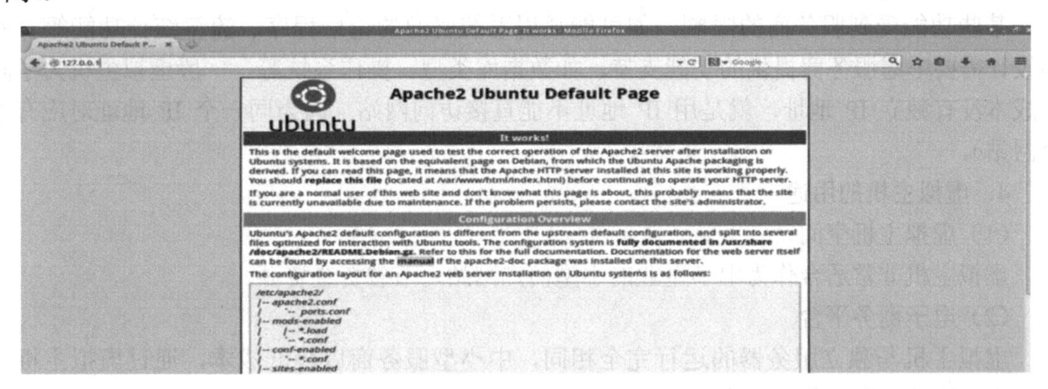

图 5-44　测试

5.5.3　虚拟主机配置

1．虚拟主机

虚拟主机（Virtual Hosting）或称共享主机（Shared Web Hosting），又称虚拟服务器，是一种在单一主机或主机群上，实现多网域服务的方法，可以运行多个网站或服务的技术。虚拟主机之间完全独立，并可由用户自行管理，虚拟并非指不存在，而是指空间是由实体的服务器延伸而来，其硬件系统可以是基于服务器群，或者单个服务器。

其技术是互联网服务器采用的节省服务器硬件成本的技术，虚拟主机技术主要应用于HTTP，FTP，EMail等多项服务，将一台服务器的某项或者全部服务内容逻辑划分为多个服务单位，对外表现为多个服务器，从而充分利用服务器硬件资源。如果划分是系统级别的，则称为虚拟服务器。

虚拟主机，也叫“网站空间”，就是把一台运行在互联网上的物理服务器划分成多个“虚拟”服务器。虚拟主机技术极大地促进了网络技术的应用和普及。同时虚拟主机的租用服务也成了网络时代的一种新型经济形式。

2．虚拟主机技术特点

虚拟主机技术是互联网服务器采用的节省服务器硬件成本的技术，主要应用于超文本传输协议（Hypertext Transfer Protocol，HTTP）服务，将一台服务器的某项或者全部服务内容划分为多个服务单位，对外表现为多个服务器，从而充分利用服务器硬件资源。

虚拟主机是使用特殊的软硬件技术，把一台真实的物理服务器主机分割成多个逻辑存储单元。每个逻辑单元都没有物理实体，但是每一个逻辑单元都能像真实的物理主机一样在网络上工作，具有单独的IP地址（或共享的IP地址）、独立的域名以及完整的Internet服务器（支持WWW、FTP、E-mail等）功能。

虚拟主机的关键技术在于，即使在同一台硬件、同一个操作系统上，运行着为多个用户打开的不同的服务器程式，也互不干扰。而各个用户拥有自己的一部分系统资源（IP地址、文档存储空间、内存、CPU等）。各个虚拟主机之间完全独立，在外界看来，每一台虚拟主机和一台单独的主机的表现完全相同。所以这种被虚拟化的逻辑主机被形象地称为“虚拟主机”。

3．虚拟主机功能限制

某些功能受到服务商的限制，如可能耗用系统资源的论坛程序、流量统计功能等。网站设计需要考虑服务商提供的功能支持，如数据库类型、操作系统等。一般虚拟主机为了降低成本没有独立IP地址，就是用IP地址不能直接访问网站（因为同一个IP地址对应有多个网站）。

4．虚拟主机的用途

（1）虚拟主机空间

虚拟主机非常适合作为中小企业的小型门户网站，节省资金资源。

（2）电子商务平台

虚拟主机与独立服务器的运行完全相同，中小型服务商以较低成本，通过虚拟主机空间建立自己的电子商务、在线交易平台。

（3）ASP、PHP应用平台

虚拟主机空间特有的应用程序模板，使用者可以快速地进行批量部署，是中小型企业运行ASP或PHP应用的首选平台。

（4）数据共享平台

中小企业、专业门户网站可以使用虚拟主机空间提供数据共享、数据下载服务。对于大型企业来说，可以作为部门级应用平台。

（5）数据库存储平台

可以为中小企业提供数据存储数据功能。由于成本比独立服务器低，安全性高，常作为小型数据库首选。

【例题 5-3】 虚拟主机配置的 3 种方式。

1．基于 IP

1）假设服务器有个 IP 地址为 192.168.1.10，使用 ifconfig 在同一个网络接口 eth0 上绑定 3 个 IP。

```
[root@localhost root]# ifconfig eth0:1 192.168.1.11
[root@localhost root]# ifconfig eth0:2 192.168.1.12
[root@localhost root]# ifconfig eth0:3 192.168.1.13
```

2）修改 hosts 文件，添加 3 个域名与之一一对应。

```
192.168.1.11   www.test1.com
192.168.1.12   www.test2.com
192.168.1.13   www.test3.com
```

3）建立虚拟主机存放网页的根目录，如在/www 目录下建立 test1、test2、test3 文件夹，其中分别存放 1.html、2.html、3.html。

```
/www/test1/1.html
/www/test2/2.html
/www/test3/3.html
```

4）在 httpd.conf 中将附加配置文件 httpd-vhosts.conf 包含进来，接着在 httpd-vhosts.conf 中写入如下配置。

```
<VirtualHost 192.168.1.11:80>
ServerName www.test1.com
DocumentRoot /www/test1/
<Directory "/www/test1">
Options Indexes FollowSymLinks
AllowOverride None
Order allow,deny
Allow From All
</Directory>
</VirtualHost>
<VirtualHost 192.168.1.12:80>
ServerName www.test1.com
    DocumentRoot /www/test2/
    <Directory "/www/test2">
        Options Indexes FollowSymLinks
        AllowOverride None
        Order allow,deny
        Allow From All
  </Directory>
```

```
</VirtualHost>
<VirtualHost 192.168.1.13:80>
ServerName www.test1.com
    DocumentRoot /www/test3/
    <Directory "/www/test3">
        Options Indexes FollowSymLinks
        AllowOverride None
        Order allow,deny
        Allow From All
    </Directory>
</VirtualHost>
```

5）测试每个虚拟主机，分别访问 www.test1.com、www.test2.com、www.test3.com。

2．基于主机名

1）设置域名映射同一个 IP，修改 hosts。

```
192.168.1.10  www.test1.com
192.168.1.10  www.test2.com
192.168.1.10  www.test3.com
```

2）建立虚拟主机存放网页的根目录。

```
/www/test1/1.html
/www/test2/2.html
/www/test3/3.html
```

3）在 httpd.conf 中将附加配置文件 httpd-vhosts.conf 包含进来，接着在 httpd-vhosts.conf 中写入如下配置。

为了使用基于域名的虚拟主机，必须指定服务器 IP 地址（和可能的端口）来使主机接受请求。可以用 NameVirtualHost 指令来进行配置。如果服务器上所有的 IP 地址都会用到，可以用*作为 NameVirtualHost 的参数。在 NameVirtualHost 指令中指明 IP 地址并不会使服务器自动侦听那个 IP 地址。这里设定的 IP 地址必须对应服务器上的一个网络接口。

下一步就是为建立的每个虚拟主机设定<VirtualHost>配置块，<VirtualHost>的参数与 NameVirtualHost 指令的参数是一样的。每个<VirtualHost>定义块中，至少都会有一个 ServerName 指令来指定伺服哪个主机，一个 DocumentRoot 指令来说明这个主机的内容存在于文件系统的什么地方。

如果在现有的 Web 服务器上增加虚拟主机，必须也为现存的主机建造<VirtualHost>定义块。其中 ServerName 和 DocumentRoot 所包含的内容应该与全局的保持一致，且要放在配置文件的最前面，扮演默认主机的角色。

```
NameVirtualHost *:80
<VirtualHost *:80>
    ServerName *
    DocumentRoot /www/
</VirtualHost>
```

```
<VirtualHost *:80>
    ServerName www.test1.com
    DocumentRoot /www/test1/
    <Directory "/www/test1">
        Options Indexes FollowSymLinks
        AllowOverride None
        Order allow,deny
        Allow from all
    </Directory>
</VirtualHost>
<VirtualHost *:80>
    ServerName www.test2.com
    DocumentRoot /www/test2/
    <Directory "/www/test2">
        Options Indexes FollowSymLinks
        AllowOverride None
        Order allow,deny
        Allow from all
    </Directory>
</VirtualHost>
<VirtualHost *:80>
    ServerName www.test3.com
    DocumentRoot /www/test3/
    <Directory "/www/test3">
        Options Indexes FollowSymLinks
        AllowOverride None
        Order allow,deny
        Allow from all
    </Directory>
</VirtualHost>
```

4）测试每个虚拟主机，分别访问 www.test1.com、www.test2.com、www.test3.com。

3．基于端口

1）修改配置文件。

将原来的语句修改，即

```
Listen 80
```

修改为：

```
Listen 80
Listen 8080
```

2）更改虚拟主机设置，修改如下。

```
<VirtualHost 192.168.1.10:80>
DocumentRoot /var/www/test1/
```

```
    ServerName www.test1.com
</VirtualHost>
<VirtualHost 192.168.1.10:8080>
DocumentRoot /var/www/test2
    ServerName www.test2.com
</VirtualHost>
```

3）测试每个虚拟主机。

5.6 应用案例：Hadoop 平台的网络和服务器配置

1．网络配置

1）配置 IP 地址。

详细配置信息如下所示。

```
sudo vi /etc/sysconfig/network-scripts/ifcfg-eth0
```

2）重启网络服务使网络设置生效。

```
sudo service network restart
```

3）测试 IP 网络配置。

通过 ifconfig 命令查看网络的 IP 地址，如下信息显示 eth0 无线网卡的 IP 地址为 192.168.100.147，与上述配置的 IP 地址吻合，表明 IP 地址配置成功，如图 5-45 所示。

```
ifconfig
```

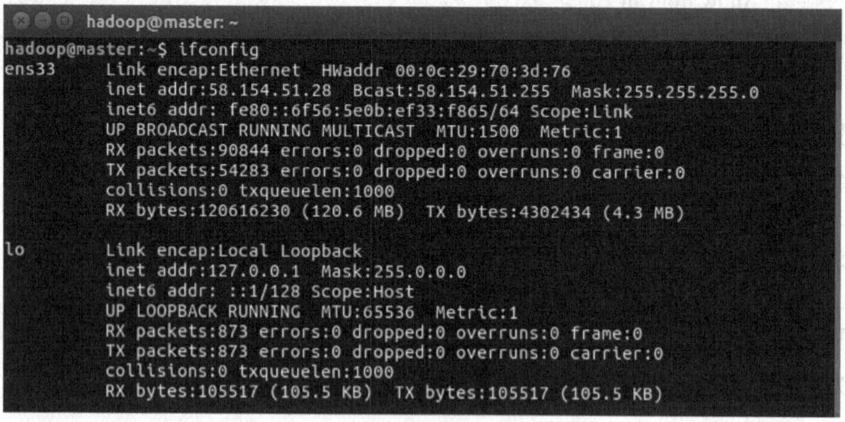

```
hadoop@master: ~
hadoop@master:~$ ifconfig
ens33     Link encap:Ethernet  HWaddr 00:0c:29:70:3d:76
          inet addr:58.154.51.28  Bcast:58.154.51.255  Mask:255.255.255.0
          inet6 addr: fe80::6f56:5e0b:ef33:f865/64 Scope:Link
          UP BROADCAST RUNNING MULTICAST  MTU:1500  Metric:1
          RX packets:90844 errors:0 dropped:0 overruns:0 frame:0
          TX packets:54283 errors:0 dropped:0 overruns:0 carrier:0
          collisions:0 txqueuelen:1000
          RX bytes:120616230 (120.6 MB)  TX bytes:4302434 (4.3 MB)

lo        Link encap:Local Loopback
          inet addr:127.0.0.1  Mask:255.0.0.0
          inet6 addr: ::1/128 Scope:Host
          UP LOOPBACK RUNNING  MTU:65536  Metric:1
          RX packets:873 errors:0 dropped:0 overruns:0 frame:0
          TX packets:873 errors:0 dropped:0 overruns:0 carrier:0
          collisions:0 txqueuelen:1000
          RX bytes:105517 (105.5 KB)  TX bytes:105517 (105.5 KB)
```

图 5-45　ip 配置信息

4）修改 Host 主机名。

```
sudo vi /etc/sysconfig/network
sudo vi /etc/hosts
```

5）重启主机使得主机名生效。

```
sudo reboot
```

2．关闭防火墙

在启动前关闭集群中所有机器的防火墙，不然会使 datanode 开启后又自动关闭。

1）查看防火墙状态。

```
sudo service iptables status
```

2）关闭防火墙。

```
sudo service iptables stop
```

3）永久关闭防火墙。

```
sudo chkconfig iptables off
```

4）关闭 SELinux。

```
sudo vi /etc/selinux/config
```

5.7 本章小结

通过本章的学习，大家已经对网络和服务器有了一个初步的了解。

服务器实质上是计算机的一种，它是在网络操作系统的控制下为网络环境里的客户机提供共享资源的高性能计算机。它的高性能主要体现在高速度的 CPU 运算能力、长时间的可靠运行、强大的 I/O 外部数据吞吐能力等方面。服务器分类的标准有很多，如按照处理器架构可以分为 CISC 服务器、RISC 架构服务器和 EPIC 服务器；按照处理器个数可以分为单路、双路和多路服务器；按照服务器的外形结构可以分为塔式服务器、机架式服务器和刀片服务器；按照应用级别可以分为入门级、工作组级、部门级和企业级服务器；按照应用功能可以分为文件服务器、数据库服务器、邮件服务器、Web 服务器等。

在本章主要学习的服务器有 Xshell 工具，FTP 服务器，Samba 服务器，Apache Web 服务器，并学会安装、配置服务器。希望同学们在今后的学习中能够很好地使用服务器。

实践与练习

一、填空题

1．用户主要使用______协议访问互联网中的 Web 网站资源。

2．专用的 FTP 服务器要求用户在访问它们时必须提供用户账户和________。

3．FTP 服务所使用的默认 TCP 端口为_______

4．利用__________协议，用户可以将远程计算机上的文件下载到自己计算机的磁盘中，也可以将自己的文件上传到远程计算机上。

5．在配置 FTP 站点时，为了使用户可以通过完全合格域名访问站点，应该在网络中配置______服务器。

二、选择题

1．用户将文件从 FTP 服务器复制到自己计算机的过程，称为（　　）。

A．上传　　B．下载　　C．共享　　D．打印

2．（　　）的 FTP 服务器不要求用户在访问它们时提供用户账户和密码。

A．匿名　　B．独立　　C．共享　　D．专用

3．如果希望在用户访问网站且没有指定具体的网页文档名称时，也能为其提供一个网页，那么需要为这个网站设置一个默认网页，这个网页往往被称为（　　）。

A．链接　　B．首页　　C．映射　　D．文档

4．在 FTP 服务器上建立（　　），向用户提供可以下载的资源。

A．DHCP 中继代理　　B．作用域

C．FTP 站点　　D．主要区域

5．用户将自己计算机的文件资源复制到 FTP 服务器上的过程，称为（　　）。

A．上传　　B．下载　　C．共享　　D．打印

6．用户在 FTP 客户机上可以使用（　　）下载 FTP 站点上的内容。

A．UNC 路径　　B．浏览器　　C．网上邻居　　D．网络驱动器

7．FTP 服务实际上就是将各种类型的文件资源存放在（　　）服务器中，用户计算机上需要安装一个 FTP 客户端的程序，通过这个程序实现对文件资源的访问。

A．HTTP　　B．POP3　　C．SMTP　　D．FTP

8．用户在 FTP 客户机上可以使用（　　）下载 FTP 站点上的内容。

A．专门的 FTP 客户端软件　　B．UNC 路径

C．网上邻居　　D．网络驱动器

9．搭建 FTP 服务器的主要方法有（　　）和 Serv-U。

A．DNS　　B．Real Media　　C．IIS　　D．SMTP

三、判断题

1．FTP 服务只能使用 TCP 端口 21。（　　）

2．管理员可以设置让 FTP 站点允许或拒绝某台特定计算机或某一组计算机来访问该 FTP 站点中的文件。（　　）

3．一个 FTP 服务器上只能建立一个 FTP 站点。（　　）

4．代理服务器可以通过提供较大的高速缓存，从而减少出口流量。（　　）

5．匿名的 FTP 服务器不允许用户上传文件。（　　）

四、简答题

1．什么是 FTP 服务？FTP 服务器有什么用处？

2．简述虚拟主机的定义。

3．Samba 服务器的工作流程主要有哪 4 个阶段？

第 6 章　大数据挖掘的 shell 基础

shell 是一个用 C 语言编写的程序，它是使用 Linux 的桥梁。shell 既是一种命令语言，又是一种程序设计语言。shell 是一个命令行界面的解析器，它的作用就是遵循一定的语法将输入的命令加以解释然后传给系统，为用户提供了一个向 Linux 发送请求以便运行程序的接口系统，用户可以用 shell 来启动、挂起、停止甚至是编写一些程序。

6.1　大数据开发的 shell 基础

shell 是一种脚本语言，是用户与 Linux 之间沟通的桥梁。在进行大数据开发中将会与 Linux 进行多次的交流，所以 shell 命令的编程就显得尤为的重要。shell 是一种比较简单而且易学的脚本语言，并且它本身是一个用 C 语言编写的程序，是用户使用 Linux 的桥梁。shell 既是一种命令语言，又是一种程序设计语言。用户的大部分工作是通过 shell 完成的。作为命令语言，它互动式地解释和执行用户输入的命令；作为程序设计语言，它定义了各种变量和参数，并提供了许多在高级语言中才具有的控制结构，包括循环和分支。

它虽然不是 Linux 系统内核的一部分，但它调用了系统内核的大部分功能来执行程序、创建文档并以并行的方式协调各个程序的运行。因此，对用户来说，shell 是最重要的实用程序，深入了解和熟练掌握 shell 的特性及其使用方法，是用好 Linux 系统的关键。可以说，shell 使用的熟练度反映了用户对 Linux 使用的熟练程度。

当用户使用 Linux 时是通过命令来完成所需工作的。一个命令就是用户和 shell 之间对话的一个基本单位，它是由多个字符组成并以换行结束的字串。shell 解释用户输入的命令，就像 DOS 里的 command.com 一样；不同的是，在 DOS 中，command.com 只有一个。而在 Linux 中比较流行的 shell 有多个，每个 shell 都各有特点。一般的 Linux 系统都将 bash 作为默认的 shell。

shell 还是一种命令行解释器。可以利用 shell 命令把一些内容进行输出，shell 一般有几种对应的命令去实现不同的用途，就像 C，java 一样，可以在编辑器中使用不同的代码来实现自己的需求。shell 与它们的用途是一样的，只是与它们的编译运行环境不一样，需将 shell 放到 Ubuntu 中去实现。shell 命令的使用举例如图 6-1 所示。

```
hadoop@hadoop3:~$ echo "HelloWorld"
HelloWorld
hadoop@hadoop3:~$ 
```

图 6-1　通过 shell 命令输出 HelloWorld

6.2　shell 的模式和类型

shell 本身是一个用 C 语言编写的程序，它是用户使用 UNIX/Linux 的桥梁，用户的大部分工作都是通过 shell 完成的。

6.2.1 shell 的运行模式

1．交互式

解释执行用户的命令，用户输入一条命令，shell 就解释执行一条，交互式 shell 就是在终端上运行的，shell 等待输入，然后执行所提交的命令，这种模式称为交互模式，是因为 shell 与用户进行交互。正常的使用方式如登录、执行一些命令，退出后命令的执行也会停止，还有一种方式是非交互式，即批处理。

2．批处理

用户事先写一个 shell 脚本，其中有很多条命令，让 shell 一次把这些命令执行完，而不必一条一条地输入指令。

shell 脚本和编程语言很相似，也有变量和流程控制语句，但 shell 脚本是解释执行的，不需要编译，shell 程序从脚本中一行一行读取并执行这些命令，相当于一个用户把脚本中的命令一行一行输入到 shell 提示符下执行。

shell 初学者应注意，在平常应用中，建议不要用 root 账号运行 shell。作为普通用户，无论有意无意，都无法破坏系统；但是 root 用户只要敲几个字母，就可能导致严重后果。

shell 的 3 种运行方式如下。

首先建立一个文本文件，在文本中写入，如图 6-2 所示。

```
#!/bin/sh
cd/tmp
echo "hello,world!"
```

```
#!/bin/sh
cd /tmp
echo "hello,world!"
```

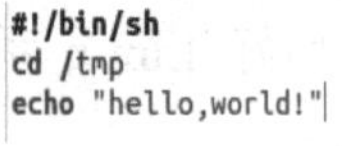

图 6-2　使用 shell 语言写入脚本

第一种运行方式：因为 shell 命令写完是没有执行权的，所以使用 chmod 命令赋予其执行权限，如图 6-3 所示。

```
$ chmod +x .sh
$ ./.sh
$ pwd
```

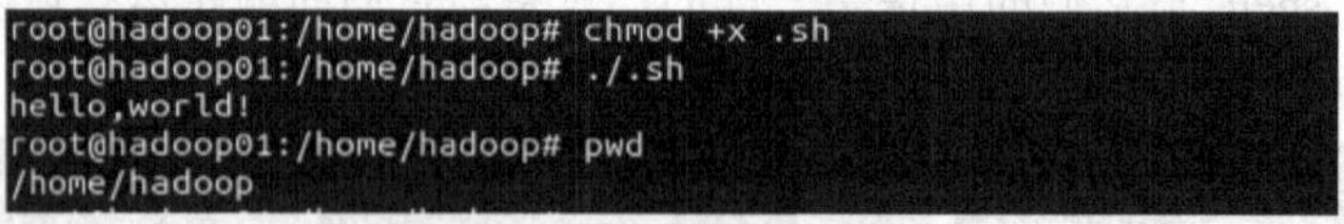

```
root@hadoop01:/home/hadoop# chmod +x .sh
root@hadoop01:/home/hadoop# ./.sh
hello,world!
root@hadoop01:/home/hadoop# pwd
/home/hadoop
```

图 6-3　第一种运行方式

第二种运行方式：调用解释器使脚本运行，如图 6-4 所示。

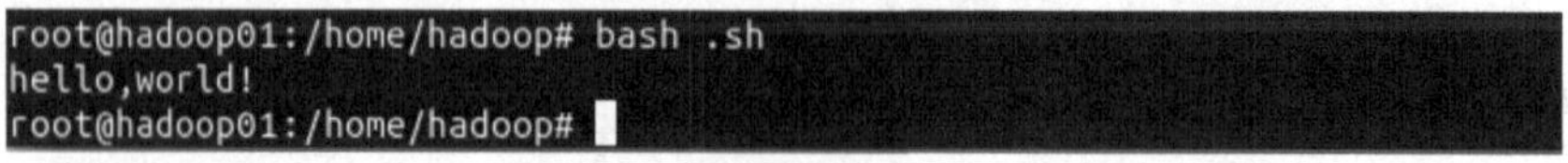

```
root@hadoop01:/home/hadoop# bash .sh
hello,world!
root@hadoop01:/home/hadoop#
```

图 6-4　解释器运行脚本

第三种运行方式：使用 source 命令运行，如图 6-5 所示。

```
root@hadoop01:/home/hadoop# source .sh
hello,world!
root@hadoop01:/tmp# pwd
/tmp
root@hadoop01:/tmp# 
```

图 6-5　source 进行运行的结果

在脚本的第一行有 cd 命令，这是一个改变工作目录的命令，可是使用第一种和第二种放大执行脚本，而且当前的工作目录并没有改变（脚本所在的目录是 shell 文件夹，脚本执行后，使用 pwd 命令显示出当前的工作目录还是 shell），使用第三种方法执行后当前的工作目录就改变了，进入了 tmp 中。出现这种情况是系统本身执行脚本的方式不同所造成的。

前两种方法执行脚本时系统会创建一个子进程或者说是子 shell 来执行脚本，原来的进程就是父进程或者说是父 shell，整个过程中父进程会等待子进程执行完毕，然后子进程退出，父进程也退出。cd 命令确实被执行了，但是仅仅是在子进程中改变了工作目录，所以脚本执行完后使用 pwd 显示工作目录并没有改变。而第三种方法执行的 shell 脚本并不创建子进程，就是在原来的进程中执行，所以最后的工作目录改变了。

6.2.2　shell 的类型

Linux 上常见的 shell 解析器有 bash、sh、csh、ksh 等，习惯上把它们称作一种 shell。人们常说有多少种 shell，其实说的是脚本解析器。shell 是一种用 C 语言编写的程序（命令解析器），是用户连接 UNIX/Linux 内核的桥梁。shell 通过调用系统核心的大部分功能的形式向用户隐藏了系统的底层细节，再通过建立文件的形式并行地运行多个程序，来帮助用户完成很多工作。shell 作为命令语言，类似于 Windows 下的 cmd.exe，可以交互式地解释和执行用户输入的命令；作为程序设计语言，shell 是不需要进行编译的，是从脚本程序中一行一行地读取并执行命令。

可以通过 etc/shells/目录来查看 shell 的全部类型，如图 6-6 所示。

```
hadoop@hadoop01:~$ cat /etc/shells
# /etc/shells: valid login shells
/bin/sh
/bin/dash
/bin/bash
/bin/rbash
hadoop@hadoop01:~$ 
```

图 6-6　查看 shell 的全部类型

sh（也称 Bourne shell）：最初的 shell 在 UNIX 系统和 UNIX 相关系统中使用。它是基本的 shell，是一个特性不多的小程序。虽然不是一个标准的 shell，但是为了 UNIX 程序的兼容性在每一个 Linux 系统上仍然存在。

bash（也称 Bourne Again shell）：标准的 GNU shell，直观而且灵活；内部命令一共有 40 个；或许是初学者的最明智的选择，同时对高级和专业用户来说也是一个强有力的工具。在 Linux 上，bash 是普通用户的标准 shell。这个 shell 因此被称为 Bourne shell 的超集，一套附件和插件。这意味着 bash 和 sh 是兼容的：在 sh 中可以工作的命令，在 bash 中也能工作，反之则不然。

可以使用类似 DOS 下面的 doskey 的功能，用方向键查阅和快速输入并修改命令。

1）自动通过查找匹配的方式给出以某字符串开头的命令。

2）包含了自身的帮助功能，你只要在提示符下面输入 help 就可以得到相关帮助。

csh（也称 C shell）：语法类似于 C 语言，是 Linux 比较大的内核，它是以 William Joy 为代表的共计 47 位作者编成，共有 52 个内部命令。该 shell 其实是指向/bin/tcsh 这样的一个 shell，也就是说 csh 其实就是 tcsh。

tcsh（也称 Turbo C shell）：普通 C shell 的超集，加强了用户友好度和速度。

ash：是由 Kenneth Almquist 编写的，是 Linux 中占用系统资源最少的一个小 shell，它只包含 24 个内部命令，因而使用起来很不方便。

ksh（也称 Korn shell）：由 Eric Gisin 编写，共有 42 条内部命令。该 shell 最大的优点是几乎和商业发行版的 ksh 完全兼容，这样就可以在不用花钱购买商业版本的情况下尝试商业版本的性能。ksh 是 Bourne shell 的一个超集，这对初学者来说是一场噩梦的标准配置。

📖 注意：bash 是 Bourne Again shell 的缩写，是 Linux 标准的默认 shell，它基于 Bourne shell，吸收了 C shell 和 Korn shell 的一些特性。bash 完全兼容 sh，也就是说，用 sh 写的脚本可以不加修改地在 bash 中执行。

6.3 shell 编程

shell 是操作系统的最外层。shell 合并编程语言以控制进程和文件，以及启动和控制其他程序。shell 通过提示，向操作系统解释该输入，然后处理来自操作系统的任何结果输出来管理用户与操作系统之间的交互。

6.3.1 bash 简介

bash 不仅仅是一个命令解析程序。它本身拥有一种程序设计语言，使用这种语言，可以编写 shell 脚本来完成各种各样的工作，而这些工作是使用现成的命令所无法完成的。bash 脚本可以使用 if-then-elif-else-fi 语句、for 语句、while 语句、until 语句、break 和 continue 命令，以及 case 语句，结合 bash 中各种各样的条件测试语句，从而动态决定脚本实际运行的分支及动作，达到灵活及强大的处理功能。

bash 是一个为 GNU 项目编写的 UNIX shell。由 Stephen Bourne 在 1978 年前后编写，并同 Version 7 UNIX 一起发布。bash 则在 1987 年由 Brian Fox 创造。在 1990 年，Chet Ramey 成为了主要的维护者。

bash 是大多数 Linux 系统以及 Mac OS X v10.4 默认的 shell，能运行于大多数 UNIX 风格的操作系统之上，甚至被移植到了 Microsoft Windows 上的 Cygwin 和 MSYS 系统中，以实现 Windows 的 POSIX 虚拟接口。此外 bash 也被 DJGPP 项目移植到了 MS-DOS 上。

1. 语法与特性

bash 的命令语法是 Bourne shell 命令语法的超集。数量庞大的 Bourne shell，不经修改即可以在 bash 中执行，只有那些引用了 Bourne 特殊变量或使用了 Bourne 的内置命令脚本才需要修改。bash 的命令语法很多来自 Korn shell（ksh）和 C shell（csh），例如命令行编辑、命令历史、目录栈、$RANDOM 和$PPID 变量，以及 POSIX 的命令置换语法$（…）。作为一个交互式的 shell，按〈Tab〉键即可自动补全一部分输入的程序名、文件名、变量名等。bash 的语法针对 Bourne shell 的不足做了很多扩展。

2．使用整数

与 Bourne shell 不同的是 bash 不用另外生成进程即能进行整数运算。bash 使用((…)) 命令和$[…]变量语法来达到这个目的。

```
VAR=55                          # 将整数 55 赋值给变量 VAR
( (VAR = VAR + 1) )             # 变量 VAR 加 1。注意这里没有 '$'
( (++VAR) )                     # 另一种方法给 VAR 加 1。使用 C 语言风格的前缀自增
( (VAR++) )                     # 另一种方法给 VAR 加 1。使用 C 语言风格的后缀自增
echo $ [ VAR * 22 ]             # VAR 乘以 22 并将结果送入命令
echo $ ( (VAR * 22) )           # 同上
```

((…)) 命令可以用于条件语句，因为它的退出状态是由 0 或者非 0（大多数情况下是 1）决定，可以用于是与非的条件判断。

```
if ( (VAR == y * 3 + x * 2 ) )
then
   echo yes
fi
( (z > 20) ) && echo yes
```

((…)) 命令支持下列比较操作符：'==', '!= ', '>', '<', '>=', 和'<=', bash 不能在自身进程内进行浮点数运算。当前有这个能力的 UNIX shell 只有 Korn shell 和 Z shell。

3．输入输出重定向

bash 拥有传统 Bourne shell 缺乏的 I/O 重定向语法，可以同时重定向标准输出和标准错误，这需要使用下面的语法，如表 6-1 所示。

```
command &> file
```

表 6-1　输入输出重定向的命令

command > file	将输出重定向到 file
command < file	将输入重定向到 file
command >> file	将输出以追加的方式重定向到 file
n > file	将文件描述符为 n 的文件重定向到 file
n >> file	将文件描述符为 n 的文件以追加的方式重定向到 file
n >& m	将输出文件 m 和 n 合并
n <& m	将输入文件 m 和 n 合并
<< tag	将开始标记 tag 和结束标记 tag 之间的内容作为输入

【例题 6-1】 执行下面的 who 命令，它将命令的完整输出重定向在用户文件 users 中，如图 6-7 所示。

```
hadoop@hadoop01:~$ who > users
hadoop@hadoop01:~$ cat users
hadoop   :0          2017-12-21 01:14 (:0)
hadoop   pts/7       2017-12-21 01:14 (:0)
hadoop@hadoop01:~$
```

图 6-7 输出重定向

这比等价的 Bourne shell 语法“command > file 2>&1”简单。2.05b 版本以后，bash 可以用下列语法重定向标准输出至字符串文件、写数据、关闭文件和重置标准输入至字符串（称为 here string）。

```
Command <<< " string to be read as standard input "
```

6.3.2 shell 命令行

shell 是系统的用户界面，提供了用户与内核进行交互操作的一种接口。它接收用户输入的命令并把它送入内核去执行。

实际上 shell 是一个命令解释器，它解释由用户输入的命令并且把它们送到内核。不仅如此，shell 有自己的编程语言用于对命令的编辑，它允许用户编写由 shell 命令组成的程序。shell 编程语言具有普通编程语言的很多特点，如它也有循环结构和分支控制结构等，用这种编程语言编写的 shell 程序与其他应用程序具有同样的效果。

shell 脚本的语句一般是要在文本编辑器中实现，打开文本编辑器，新建一个文件，扩展名为 sh(sh 代表 shell)，扩展名并不影响脚本执行。

shell 也能当解译性的程序语言。shell 程序，通常叫作命令文件，它由列在档案内的命令所构成。此程序在编辑器中编辑（虽然也可以直接在命令列下写作程序，由 UNIX 命令和基本的程序结构，例如变量的指定、测试条件和循环所构成。不需要编译 shell 命令。shell 本身会解译命令中的每一行，就如同由键盘输入一样。shell 负责解译命令，而使用者则必须了解这些命令能做什么。

shell 命令行中常见的符号及使用方法如下。

1）$：shell 提示符，如果最后一个字符是“#”，表示当前终端会话有超级用户权限。使用 root 用户登录或者使用能提供超级用户权限的终端能获得该权限，如图 6-8 所示。

```
root@hadoop01:~#
```

图 6-8 获得超级权限

2）自动补全：自动补全可以应用于路径名、变量（以$开头的单词）、用户名（以～开头）、命令（补全单词时，补全命令行第一个单词）、主机名，如表 6-2 所示。

表 6-2 自动补全的使用

命令	作用
Alt-$	显示所有可能项。等价于按两次〈Tab〉键
Alt-*	插入所有可能匹配项

3）命令行历史：history 命令直接输出历史记录，默认 500 个，使用的命令如表 6-3 所示。

表 6-3 命令行历史

命令	作用
Ctrl+P	移动到前一条历史记录，等于上箭头
Ctrl+N	移动到后一条历史记录，等于下箭头
Alt+<	移动到历史记录开始处
Alt+>	移动到历史记录末尾处，即当前命令行
Alt+P	非递增搜索。输入搜索串后按〈Enter〉键才开始搜索
Alt+N	向前非递增搜索
Ctrl+O	执行历史记录项，执行完后跳到下一项。用于执行一系列历史记录
Ctrl+R	逆向递增搜索历史记录；搜索时查找下一个匹配项
Ctrl+J	把搜索内容复制到当前命令行（按左右方向键也能复制，若按〈Enter〉键会立即执行命令）
Ctrl+G 或 C	退出搜索
!!	重复最后一个命令，等价于上箭头+〈Enter〉键
!number	执行历史记录第 number 行的命令
! string	执行最近的以 string 开头的历史记录
!?string	执行最近的包含 string 的历史记录

4）复制粘贴：Linux 中的复制粘贴与 Windows 不同，那么在 Linux 中就不能使用〈Ctrl+v〉和〈Ctrl+c〉，如表 6-4 所示。

表 6-4 复制粘贴

复制	粘贴
鼠标左键选择文本（或双击选择单词）	鼠标中键
Ctrl+Shift+c	Ctrl+Shift+v
Ctrl+Insert	Shift+Insert

5）通配符：称为 wildcards 或 globbing，用于匹配一组文件名。可与任意一个使用文件名作参数的命令一起使用。注意：谨慎使用字符范围表示法[A-Z][a-z]，如表 6-5 所示。

表 6-5 通配符的类别

通配符	匹配项
*	匹配任意多个字符（包含 0 个）
?	匹配任意一个字符（不包含 0 个）
[characters]	匹配任意一个字符集内字符
[!characters]	匹配任意一个不属于字符集内字符
[[:class:]]	匹配任意一个字符类内字符

6）重定向的使用命令如表 6-6 所示。

表 6-6　重定向的使用命令

command > file	将输出重定向到 file
command < file	将输入重定向到 file
command >> file	将输出以追加的方式重定向到 file
n > file	将文件描述符为 n 的文件重定向到 file
n >> file	将文件描述符为 n 的文件以追加的方式重定向到 file
n >& m	将输出文件 m 和 n 合并
n <& m	将输入文件 m 和 n 合并
<< tag	将开始标记 tag 和结束标记 tag 之间的内容作为输入

7）命令行扩展：每次 shell 命令执行前都会进行扩展（expansion）。通过 echo 可以简单验证扩展后的结果。这些扩展包括以下几种。

- 路径名扩展（使用通配符）。
- 波浪线扩展（～或～user，扩展为用户的主目录）。
- 算术扩展，$((expression))，注意都是整数运算，支持四则和取余“%”，取幂“**”，忽略空格。
- 花括号扩展。

```
$ echo {1..5}                输出   1 2 3 4 5
$ echo {G..A}                输出     G F E D C B A
$ echo {A{1, 2}, B{3, 4}}    输出     A1 A2 B3 B4
```

- 参数扩展，如$PATH 等参数。
- 命令替换，如$(ls)或`ls`。

8）引用：引用可以避免 shell 扩展。引用包含双引号的弱引用和单引号的强引用。弱引用：部分特殊字符失去特殊含义，保留美元符号“$”，反斜线“\”，反引号“`”。因此，单词分隔、路径名扩展、波浪线扩展和花括号扩展失效；参数扩展、算术扩展、命令替换依然有效。强引用：抑制所有扩展。

转义字符“\”：在弱引用中输出“$”“\”“`”或输出转义字符“\n”等。在命令行中消除 shell 特殊字符的含义，如“$”“!”“&”和空格。

【例题 6-2】 输入以下代码，如图 6-9、图 6-10 所示。

```
#!/bin/bash
echo"Hello World!"
```

```
#!/bin/bash
echo"Hello World!"
```

图 6-9　使用文本编辑器

```
hadoop@hadoop01:~$ cat .sh
#!/bin/bash
echo"Hello World!"
hadoop@hadoop01:~$
```

图 6-10　使用 echo 命令进行输出

“#!”是一个约定的标记，它告诉系统这个脚本需要什么解释器来执行，哪一种 shell 命令用于向窗口输出文本。

运用 shell 脚本有如下两种方法。

1．作为可执行程序

将上面的代码保存为 text.sh，并使用 cd 命令切换到相应的目录。

```
chmod+x./test.sh        #使脚本具有执行权限
./test.sh               #执行脚本
```

📖 注意，一定要写成./test.sh，而不是 text.sh。运用二进制的其他程序也一样，直接写 text.sh，Linux 系统会去 PATH 里寻找有没有叫 test.sh 的文件，而只有/bin，/sbin，/user/sbin，/user/bin 等在 PATH 里。当前目录通常不在 PATH 里，所以写成 text.sh 找不到命令，必须用./test.sh 告诉系统就在当前目录找。

通过这种方式运行 bash 脚本，第一行一定要写对，好让系统查找到正确的解释器，这里的“系统”，其实就是 shell 这个应用程序（如 Windows Explorer），但写成系统方便理解，既然这个系统就是指 shell，那么使用一个/bin/sh 作为解释器脚本是不是可以省去第一行呢？是的。

2．作为解释其参数

这种运行方式是直接运行解释器，其参数就是 shell 脚本的文件名。

```
/bin/sh test.sh
/bin/php test.php
```

这种方式运行的脚本，不需要在第一行制定解释器信息。

【例题 6-3】 如何解释其参数？

```
#!/bin/bash
#Author : cancan
#Copyright(c)hppt://see.xidian.edu.cn/cpp/linux/
#Script follows here:
echo"What is your name?"
echo "Hello,$Hadoop"
```

运行脚本如下：

```
$./test.sh
What is your name?
Cancan
Hello,canan
```

上面脚本使用 read 命令从 stdin 获取输入并赋值给 PERSON 变量，最后在 stdout 上输出。

6.3.3 shell 脚本语句和命令

shell 是一个用 C 语言编写的程序，它是用户使用 Linux 的桥梁。shell 脚本（shell

script）是一种为 shell 编写的脚本程序。shell 脚本语句包括很多种语句，例如，进行参数传递的语句、读取数组的语句、流程控制语句和函数调用语句等。

1．shell 脚本语言

shell 是指一种应用程序，这个应用程序提供了一个界面，用户通过这个界面访问操作系统内核的服务。

（1）参数传递语句

可以在执行 shell 脚本时，向脚本传递参数，脚本内获取参数的格式为：$n，n 代表一个数字，1 为执行脚本的第一个参数，2 为执行脚本的第二个参数，以此类推。可通过在文本编辑器中写入内容，然后在终端进行操作和参数的传递。

【例题 6-4】 向脚本进行参数的传递。

```
#!/bin/bash
# author:hadoop
echo "Shell 传递参数实例！";
echo "执行的文件名：$0";
echo "第一个参数为：$1";
echo "第二个参数为：$2";
echo "第三个参数为：$3";
```

在 gedit 编辑器中应该先创建一个空的文本，然后写入参数传递语句，如图 6-11 所示。

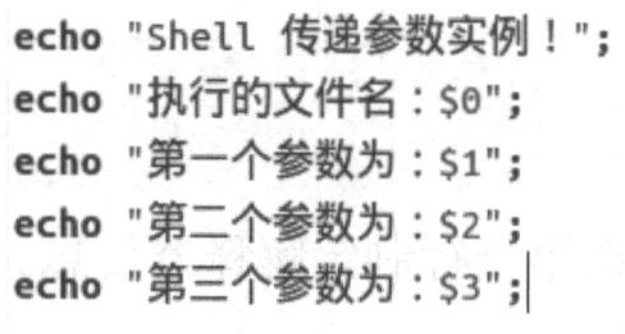

```
echo "Shell 传递参数实例！";
echo "执行的文件名：$0";
echo "第一个参数为：$1";
echo "第二个参数为：$2";
echo "第三个参数为：$3";
```

图 6-11　参数传递语句的写入

然后通过终端输出文本文档中的参数语句，输出结果如图 6-12 所示。

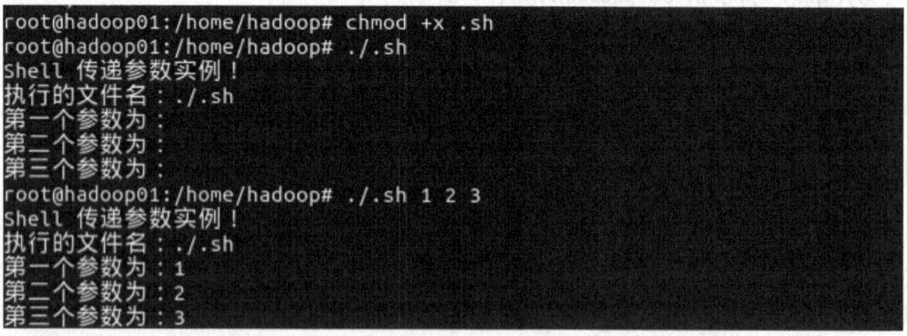

```
root@hadoop01:/home/hadoop# chmod +x .sh
root@hadoop01:/home/hadoop# ./.sh
Shell 传递参数实例！
执行的文件名：./.sh
第一个参数为：
第二个参数为：
第三个参数为：
root@hadoop01:/home/hadoop# ./.sh 1 2 3
Shell 传递参数实例！
执行的文件名：./.sh
第一个参数为：1
第二个参数为：2
第三个参数为：3
```

图 6-12　终端参数输出

在输出参数的同时，还需要通过特殊的字符来对输入的参数进行处理，如果直接将参数进行传递，那么，当在传递时将有可能返回错误的值，如表 6-7 所示。

表 6-7　处理参数的字符

参数处理	说明
$#	传递到脚本的参数个数
$*	以一个单字符串显示所有向脚本传递的参数。 如"$*"用「"」括起来的情况、以"$1 $2 … $n"的形式输出所有参数
$$	脚本运行的当前进程 ID 号
$!	后台运行的最后一个进程的 ID 号
$@	与$*相同，但是使用时加引号，并在引号中返回每个参数 如"$@"用「"」括起来的情况、以"$1" "$2" … "$n" 的形式输出所有参数
$-	显示 shell 使用的当前选项，与 set 命令功能相同
$?	显示最后命令的退出状态。0 表示没有错误，其他任何值表明有错误

如果在例题 6-4 中加入处理符号，那么应该如图 6-13、图 6-14 所示。

```
echo “Shell 传递参数实例!”；
echo “第一个参数为：s1”；
echo “参数个数为 ：$#”；
echo “传递的参数作为一个字符串显示：$*”；
```

图 6-13　有处理符号参与的参数传递

```
root@hadoop01:/home/hadoop# chmod +x .sh
root@hadoop01:/home/hadoop# ./.sh 1 2 3
Shell 传递参数实例！
第一个参数为：1
参数个数为：3
传递的参数作为一个字符串显示：1 2 3
root@hadoop01:/home/hadoop#
```

图 6-14　终端输出传递的参数

【例题 6-5】 有处理符号参与的参数传递。

由例题 6-5 可以看出$* 与 $@ 之间的区别：

相同点：都是用来引用所有的参数。

不同点：只有在双引号中体现出来。假设在脚本运行时写了 3 个参数 1、2、3，则" * " 等价于 "1 2 3"（传递了一个参数），而 "@" 等价于 "1" "2" "3"（传递了 3 个参数）。

【例题 6-6】 在脚本中写入三个参数 1、2、3，观察输出情况。

```
#!/bin/bash
# author:hadoop
echo "-- \$* 演示 ---"
for i in "$*"; do
  echo $i
done
echo "-- \$@ 演示 ---"
for i in "$@"; do
echo $i
done
```

运行结果如图 6-15 所示。

```
root@hadoop01:/home/hadoop# ./test.sh 1 2 3
-- $* 演示 ---
1 2 3
-- $@ 演示 ---
1
2
3
```

图 6-15　参数传递

（2）数组语句

在 Linux 平台上工作，经常需要使用 shell 来编写一些有用、有意义的脚本程序。有时，会经常使用 shell 数组。那么，shell 中的数组是怎么表现，又是怎么定义的呢？接下来逐一地进行讲解 shell 中的数组。

何为数组？学过计算机编程语言的同学都知道，数组的特性就是一组数据类型相同的集合（不包括有一些编程语言提出来的关联数组的概念）。那么 shell 中数组是怎么定义的呢，下面来看两种数据类型：一种是数值类型，另一种是字符串类型；虽然 shell 本身是弱类型的，但也可以这么区分，数组中可以存放多个值。Bash shell 只支持一维数组（不支持多维数组），初始化时不需要定义数组大小（与 PHP 类似），与大部分编程语言类似，数组元素的下标由 0 开始。

shell 数组用括号来表示，元素用“空格”符号分割开，语法格式如下：

```
array_name=(value1 ... valuen)
```

在使用数组时，首先需要给数组先进行赋值，赋值语法如下：

```
arr=(a b c)
arr[index]=a
```

在文本编辑器中第一种定义方式，如图 6-16 所示。

```
my_array=(A B  "C"  D)Z
```

图 6-16　数组的定义

第二种定义方式，如图 6-17 所示。

```
array_name[0]=value0
array_name[1]=value1
array_name[2]=value2
```

图 6-17　数组的定义方式

将需要的内容写入数组后，读取数组中所写内容的语法如下。

```
$ {array_name[index]}
```

【例题 6-7】 数组的简单使用。

```
#!/bin/bash
# author:hadoop
my_array=(A B "C" D)
echo "第一个元素为: ${my_array[0]}"
echo "第二个元素为: ${my_array[1]}"
echo "第三个元素为: ${my_array[2]}"
echo "第四个元素为: ${my_array[3]}"
```

运行结果如图 6-18 所示。

```
root@hadoop01:/home/hadoop# chmod +x test.sh
root@hadoop01:/home/hadoop# ./test.sh
第一个元素为: A
第二个元素为: B
第三个元素为: C
第四个元素为: D
```

图 6-18 数组的使用

在使用数组时，有时候会需要使用数组中的全部元素，在终端会有全部元素的输出，使用@ 或 * 可以获取数组中的所有元素。

【例题 6-8】 获取数组中的全部元素。

```
#!/bin/bash
my_array[0]=A
my_array[1]=B
my_array[2]=C
my_array[3]=D
echo "数组的元素为: ${my_array[*]}"
echo "数组的元素为: ${my_array[@]}"
```

运行结果如图 6-19 所示。

```
root@hadoop01:/home/hadoop# chmod +x test.sh
root@hadoop01:/home/hadoop# ./test.sh
数组的元素为: A B C D
数组的元素为: A B C D
```

图 6-19 获取全部元素

shell 数组跟 Java 中的数组相似，都是需要获取数组的长度，把数组的长度用在迭代中，作为限制条件。

【例题 6-9】 获取数组的长度。

```
#!/bin/bash
my_array[0]=A                                    // 在数组中进行赋值
my_array[1]=B
my_array[2]=C
```

```
my_array[3]=D
echo "数组元素个数为: ${#my_array[*]}"            // 通过索引进行输出数组中的值
echo "数组元素个数为: ${#my_array[@]}"
```

运行结果如图 6-20 所示。

```
root@hadoop01:/home/hadoop# chmod +x test.sh
root@hadoop01:/home/hadoop# ./test.sh
数组元素个数为: 4
数组元素个数为: 4
```

图 6-20　获取数组的长度

（3）shell 中常用的运算符

shell 和其他编程语言一样，支持多种运算符，包括算术运算符、关系运算符、布尔运算符、字符串运算符、文件测试运算符。原生 bash 不支持简单的数学运算，但是可以通过其他命令来实现，例如 awk 和 expr。其中，expr 最常用，是一款表达式计算工具，使用它能完成表达式的求值操作。

例如，当两个数相加时，如下：

```
#!/bin/bash
val=`expr 2 + 2`
echo "两数之和为 : $val"
```

shell 也和其他的编程语言一样，需要算术运算符，如表 6-8 所示。

表 6-8　算术运算符

运算符	说明	举例
+	加法	`expr $a + $b` 结果为 30
-	减法	`expr $a - $b` 结果为 -10
*	乘法	`expr $a \* $b` 结果为 200
/	除法	`expr $b / $a` 结果为 2
%	取余	`expr $b % $a` 结果为 0
=	赋值	a=$b 将把变量 b 的值赋给 a
==	相等，用于比较两个数字，相同则返回 true	[$a == $b] 返回 false
!=	不相等，用于比较两个数字，不相同则返回 true	[$a != $b] 返回 true

【例题 6-10】 算术运算符的使用。

```
#!/bin/bash
a=10
b=20
val=`expr $a + $b`
echo "a + b : $val"
val=`expr $a - $b`
echo "a - b : $val"
```

```
val=`expr $a \* $b`
echo "a * b : $val"
val=`expr $b / $a`
echo "b / a : $val"
val=`expr $b % $a`
echo "b % a : $val"
if [ $a == $b ]
then
   echo "a 等于 b"
fi
if [ $a != $b ]
then
   echo "a 不等于 b"
fi
```

运行结果如图 6-21 所示。

```
root@hadoop01:/home/hadoop# chmod +x test.sh
root@hadoop01:/home/hadoop# ./test.sh
a + b : 30
a - b : -10
a * b : 200
b / a : 2
b % a : 0
a 不等于 b
```

图 6-21 算术运算符的使用

📖 注意：乘号(*)前边必须加反斜杠(\)才能实现乘法运算；if...then...fi 是条件语句，后续将会讲解，shell 的 expr 语法是：$((表达式))，此处表达式中的 "*" 不需要转义符号 "\" 。

关系运算符只支持数字，不支持字符串，除非字符串的值是数字。表 6-9 列出了常用的关系运算符，假定变量 a 为 10，变量 b 为 20，结果见“举例”一栏。

表 6-9 关系运算符

运算符	说明	举例
-eq	检测两个数是否相等，相等返回 true	[$a -eq $b] 返回 false
-ne	检测两个数是否相等，不相等返回 true	[$a -ne $b] 返回 true
-gt	检测左边的数是否大于右边的，如果是，则返回 true	[$a -gt $b] 返回 false
-lt	检测左边的数是否小于右边的，如果是，则返回 true	[$a -lt $b] 返回 true
-ge	检测左边的数是否大于等于右边的，如果是，则返回 true	[$a -ge $b] 返回 false
-le	检测左边的数是否小于等于右边的，如果是，则返回 true	[$a -le $b] 返回 true

【例题 6-11】 关系运算符的使用。

```
#!/bin/bash
a=10
b=20
```

```
if [ $a -eq $b ]                        // 用 if 判断语句进行判断返回真假值
then
echo "$a -eq $b : a 等于 b"
else
 echo "$a -eq $b: a 不等于 b"
fi
if [ $a -ne $b ]
then
echo "$a -ne $b: a 不等于 b"            //echo 输出语句进行输出
else
echo "$a -ne $b : a 等于 b"
fi
if [ $a -gt $b ]
then
 echo "$a -gt $b: a 大于 b"
else
echo "$a -gt $b: a 不大于 b"            //输出判断后的结果
fi
if [ $a -lt $b ]
then
echo "$a -lt $b: a 小于 b"
else
echo "$a -lt $b: a 不小于 b"
fi
```

运行结果如图 6-22 所示。

```
root@hadoop01:/home/hadoop# chmod +x test.sh
root@hadoop01:/home/hadoop# ./test.sh
10 -eq 20: a 不等于 b
10 -ne 20: a 不等于 b
10 -gt 20: a 不大于 b
10 -lt 20: a 小于 b
10 -ge 20: a 小于 b
10 -le 20: a 小于或等于 b
```

图 6-22　关系运算符的使用

在 shell 的编程中还会使用逻辑运算符来比较两个变量之间的关系，假定变量 a 为 10，变量 b 为 20，如表 6-10 所示。

表 6-10　逻辑运算符

运算符	说明	举例
&&	逻辑的 AND	[[$a -lt 100 && $b -gt 100]] 返回 false
||	逻辑的 OR	[[$a -lt 100 || $b -gt 100]] 返回 true

【例题 6-12】逻辑运算符的使用。

```
#!/bin/bash
a=10
b=20
if [[ $a -lt 100 && $b -gt 100 ]]                    // 用 if 语句判断
then
    echo "返回 true"
else
    echo "返回 false"
fi
if [[ $a -lt 100 || $b -gt 100 ]]
then
    echo "返回 true"                                  // 用 echo 输出判断结果
else
    echo "返回 false"
fi
```

运行结果如图 6-23 所示。

```
root@hadoop01:/home/hadoop# chmod +x .sh
root@hadoop01:/home/hadoop# ./test.sh
返回 false
返回 true
```

图 6-23 逻辑运算符的使用

（4）shell 控制语句

很多语言都是有流程控制语句的。流程控制语句就是将想要循环的内容进行循环，通过语句来进行次数的控制，实现想要的内容。但是，与 Java、PHP 等语言不一样，sh 的流程控制不可为空，举例如下（以下为 PHP 流程控制写法）。

```
<?php
if (isset($_GET["q"])) {
    search(q);
}
else {
    // 不做任何事情
}
```

if 语句的使用格式如下。

```
if condition
then
    command1
    command2
    ...
    commandN
fi
```

if else 语句的使用格式如下。

```
if condition
then
  command1
  command2
  ...
  commandN
else
   command
fi
```

if else if else 语句的使用格式如下。

```
if condition1
then
    command1
elif condition2
then
    command2
else
    commandN
fi
```

【例题 6-13】 if 语句的使用。

```
a=10
b=20
if [ $a == $b ]                    // 用 if 语句进行判断
then
   echo "a 等于 b"                  // 用 echo 输出语句
elif [ $a -gt $b ]
then
   echo "a 大于 b"
elif [ $a -lt $b ]
then
   echo "a 小于 b"
else
   echo "没有符合的条件"
fi
```

运行结果如图 6-24 所示。

```
root@hadoop01:/home/hadoop# chmod +x .sh
root@hadoop01:/home/hadoop# ./test.sh
a 小于 b
```

图 6-24 if 语句的使用

for 循环的一般格式如下。

```
for var in item1 item2 ... itemN
do
    command1
    command2
    ...
    commandN
done
```

当变量值在列表里，for 循环即执行一次所有命令，使用变量名获取列表中的当前取值，命令可为任何有效的 shell 命令和语句。in 列表可以包含替换、字符串和文件名；in 列表是可选的，如果不用它，for 循环使用命令行的位置参数。

【例题 6-14】 for 循环的使用。

```
for loop in 1 2 3 4 5
do
echo "The value is: $loop"
done
```

运行结果如图 6-25 所示。

```
root@hadoop01:/home/hadoop# chmod +x .sh
root@hadoop01:/home/hadoop# ./test.sh
The value is: 1
The value is: 2
The value is: 3
The value is: 4
The value is: 5
```

图 6-25　for 循环的使用

while 循环用于不断执行一系列命令，也用于从输入文件中读取数据；命令通常为测试条件，其格式如下。

```
while condition
do
command
done
```

下面是一个基本的 while 循环，测试条件是：如果 int 小于等于 5，那么条件返回真。int 从 0 开始，每次循环处理时，int 加 1。运行上述脚本，返回数字 1～5，然后终止。

【例题 6-15】 while 循环的使用。

```
#!/bin/sh
int=1
while (( $int <= 5 ))                    //用 while 语句进行判断
do
    echo $int
    let "int++"
done
```

运行结果如图 6-26 所示。

```
root@hadoop01:/home/hadoop# chmod +x .sh
root@hadoop01:/home/hadoop# bash test.sh
1
2
3
4
5
```

图 6-26 while 循环的使用

例题 6-15 中使用了 Bash let 命令。Bash let 用于执行一个或多个表达式，变量计算中不需要加上 $ 来表示变量。

until 循环执行一系列命令直至条件为真时停止。until 循环与 while 循环在处理方式上刚好相反，一般 while 循环优于 until 循环，但在某些时候也只是极少数情况下，until 循环更加有用。

until 的格式如下：

```
until condition
  do
    command
  done
```

shell case 语句为多选择语句。可以用 case 语句匹配一个值与一个模式，如果匹配成功，执行相匹配的命令。case 语句格式如下：

```
case 值 in
模式 1)
    command1
    command2
      ...
    commandN
        ;;
模式 2）
     command1
     command2
       ...
       commandN
       ;;
esac
```

case 语句中，取值后面必须为单词 in，每一模式必须以右括号结束。取值可以为变量或常数。匹配发现取值符合某一模式后，其间所有命令开始执行直至 ;;。

取值将检测匹配的每一个模式。一旦模式匹配，则执行完匹配模式相应命令后不再继续其他模式。如果无一匹配模式，使用星号 * 捕获该值，再执行后面的命令。

【例题 6-16】 case 的使用。

```
echo '输入 1 到 4 之间的数字:'
echo '你输入的数字为:'                  //用 echo 输出
read aNum
case $aNum in
    1)  echo '你选择了 1'
    ;;
    2)  echo '你选择了 2'
    ;;
    3)  echo '你选择了 3'              //echo 输出
    ;;
    4)  echo '你选择了 4'
    ;;
    *)  echo '你没有输入 1 到 4 之间的数字'
    ;;
Esac
```

运行结果如图 6-27 所示。

```
root@hadoop01:/home/hadoop# chmod +x .sh
root@hadoop01:/home/hadoop# bash test.sh
输入 1 到 4 之间的数字:
你输入的数字为:
3
你选择了 3
```

图 6-27　case 的使用

在进行一系列循环时，当遇到异常情况需要在循环中退出，那么就需要使用跳出循环的语句 break 和 continue。

break 命令允许跳出所有循环（终止执行后面的所有循环）。

【例题 6-17】 break 命令的使用。

```
#!/bin/bash
while :
do
    echo -n "输入 1 到 5 之间的数字:"          // 用 echo 输出
    read aNum
    case $aNum in
        1|2|3|4|5) echo "你输入的数字为 $aNum!"
        ;;
        *) echo "你输入的数字不是 1 到 5 之间的! 游戏结束"
            break
        ;;
    esac
done
```

运行结果如图 6-28 所示。

```
root@hadoop01:/home/hadoop# chmod +x .sh
root@hadoop01:/home/hadoop# bash test.sh
输入 1 到 5 之间的数字:2
你输入的数字为 2!
输入 1 到 5 之间的数字:
你输入的数字不是 1 到 5 之间的! 游戏结束
```

图 6-28　break 命令的使用

continue 命令与 break 命令类似，只有一点差别，即 continue 不会跳出所有循环，仅仅跳出当前循环。

【例题 6-18】 continue 命令的使用。

```
#!/bin/bash
while :
do
    echo -n "输入 1 到 5 之间的数字: "      // 用 echo 输出
    read aNum
    case $aNum in
        1|2|3|4|5) echo "你输入的数字为 $aNum!"
        ;;
        *) echo "你输入的数字不是 1 到 5 之间的!"
            continue
            echo "游戏结束"
        ;;
    esac
done
```

运行结果如图 6-29 所示。

```
root@hadoop01:/home/hadoop# chmod +x .sh
root@hadoop01:/home/hadoop# bash test.sh
输入 1 到 5 之间的数字: 5
你输入的数字为 5!
输入 1 到 5 之间的数字: 9
你输入的数字不是 1 到 5 之间的!
输入 1 到 5 之间的数字: 5
你输入的数字为 5!
输入 1 到 5 之间的数字: 6
你输入的数字不是 1 到 5 之间的!
```

图 6-29　continue 命令的使用

（5）shell 输入输出重定向

一般情况下，每个 UNIX/Linux 命令运行时都会打开以下 3 个文件。

标准输入文件(stdin)：stdin 的文件描述符为 0，UNIX 程序默认从 stdin 读取数据。

标准输出文件(stdout)：stdout 的文件描述符为 1，UNIX 程序默认向 stdout 输出数据。

标准错误文件(stderr)：stderr 的文件描述符为 2，UNIX 程序会向 stderr 流中写入错误信息。

默认情况下，command > file 将 stdout 重定向到 file，command < file 将 stdin 重定向到 file。

如果希望 stderr 重定向到 file，可以这样写：

```
$ command 2 > file
```

如果希望 stderr 追加到 file 文件末尾，可以这样写：

```
$ command 2 >> file
```

Here Document 是 shell 中的一种特殊的重定向方式，用来将输入重定向到一个交互式 shell 脚本或程序。

Here Document 的格式如下：

```
command << delimiter
  document
delimiter
```

以上语句的作用是将两个 delimiter 之间的内容(document)作为输入传递给 command。

【例题 6-19】 Here Document 的使用。

```
#!/bin/bash
cat << EOF
欢迎来到
study,shell
EOF
```

运行结果如图 6-30 所示。

```
root@hadoop01:/home/hadoop# chmod +x .sh
root@hadoop01:/home/hadoop# bash test.sh
欢迎来到
study,shell
```

图 6-30　Here Document 的使用

2．shell 命令

shell 命令主要用来实现将脚本语句与操作系统进行结合，使用 shell 的命令将文本中的脚本语句在终端实现，使 shell 中命令与脚本内容交互得到实现，使用命令在终端使用，输出脚本语句。

主要有三种命令：echo 命令、printf 命令、test 命令。

（1）echo 命令

shell 的 echo 指令与 PHP 的 echo 指令类似，都是用于字符串的输出。命令格式如下。

```
echo string
```

1）显示普通字符串。

```
echo "It is a test"
```

这里的双引号完全可以省略，以下命令与上面实例效果一致。

```
echo It is a test
```

2）显示转义字符。

```
echo "\"It is a test\""
```

3）显示变量。

read 命令从标准输入中读取一行，并把输入行的每个字段的值指定给 shell 变量。

```
#!/bin/sh
read name
echo "$name It is a test"
```

4）显示换行。

```
echo -e "OK! \n" # -e 开启转义
echo "It it a test"
```

5）显示不换行。

【例题 6-20】 显示不换行。

```
#!/bin/sh
echo -e "OK! \c" # -e 开启转义 \c 不换行
echo "It is a test"
```

运行结果如图 6-31 所示。

```
root@hadoop01:/home/hadoop# chmod +x .sh
root@hadoop01:/home/hadoop# bash test.sh
OK! It is a test
```

图 6-31　显示不换行

6）显示结果定向至文件。

```
echo "It is a test" > myfile
```

7）原样输出字符串，不进行转义或取变量（用单引号）。

```
echo '$name\"'
```

8）显示命令执行结果。

输入下面指令，运行结果如图 6-32 所示。

```
echo `date`
```

```
root@hadoop01:/home/hadoop# echo `date`
2017年 12月 25日 星期一 12:01:51 PST
```

图 6-32　显示 date

（2）printf 命令

printf 命令模仿 C 程序库（library）里的 printf( )程序标准所定义，因此使用 printf 的脚本比使用 echo 移植性好，printf 引用文本或空格分隔的参数，外面可以在 printf 中使用格式化字符串，还可以制定字符串的宽度、左右对齐方式等。默认 printf 不会像 echo 自动添加换行符，可以手动添加\n。

printf 命令的语法如下。

```
printf   format-string   [arguments...]
$ echo "Hello, Shell"
Hello, Shell
$ printf "Hello, Shell\n"
Hello, Shell
$
```

printf 命令的使用语法如下。

```
#!/bin/bash
printf "%-10s %-8s %-4s\n" 姓名 性别 体重 kg
printf "%-10s %-8s %-4.2f\n" 郭靖 男 66.1234
printf "%-10s %-8s %-4.2f\n" 杨过 男 48.6543
printf "%-10s %-8s %-4.2f\n" 郭芙 女 47.9876
```

运行结果如图 6-33 所示。

```
root@hadoop01:/home/hadoop# chmod +x .sh
root@hadoop01:/home/hadoop# bash test.sh
姓名       性别     体重kg
郭靖       男        66.12
杨过       男        48.65
郭芙       女        47.99
```

图 6-33　printf 命令的使用

%s %c %d %f 都是格式替代符，%-10s 指一个宽度为 10 个字符（-表示左对齐，没有则表示右对齐），任何字符都会被显示在 10 个字符宽的字符内，如果不足则自动以空格填充，超过也会将内容全部显示出来。%-4.2f 指格式化为小数，其中.2 指保留 2 位小数。

【例题 6-21】 printf 命令的使用。

```
#!/bin/bash
# format-string 为双引号
printf "%d %s\n" 1 "abc"         # 单引号与双引号效果一样
printf '%d %s\n' 1 "abc"         # 没有引号也可以输出
printf %s abcdef                 # 格式只指定了一个参数，但多出的参数仍然会按照该格式输出，
format-string 被重用
printf %s abc def
printf "%s\n" abc def
printf "%s %s %s\n" a b c d e f g h i j
# 如果没有 arguments，那么 %s 用 NULL 代替，%d 用 0 代替
printf "%s and %d \n"
```

运行结果如图 6-34 所示。

```
root@hadoop01:/home/hadoop# chmod +x .sh
root@hadoop01:/home/hadoop# bash test.sh
1 abc
1 abc
abcdefabcdefabc
def
a b c
d e f
g h i
j
 and 0
```

图 6-34　printf 命令的使用

printf 命令的转义序表见表 6-11。

表 6-11　printf 的转义序表

序列	说明
\a	警告字符，通常为 ASCII 的 BEL 字符
\b	后退
\c	抑制（不显示）输出结果中任何结尾的换行字符（只在%b 格式指示符控制下的参数字符串中有效），而且，任何留在参数里的字符、任何接下来的参数以及任何留在格式字符串中的字符，都被忽略
\f	换页（formfeed）
\n	换行
\r	回车（Carriage return）
\t	水平制表符
\v	垂直制表符
\\	一个字面上的反斜杠字符
\ddd	表示 1～3 位数八进制值的字符，仅在格式字符串中有效
\0ddd	表示 1～3 位的八进制值字符

（3）test 命令

shell 中的 test 命令用于检查某个条件是否成立，它可以进行数值、字符串和文件 3 个方面的测试（见表 6-12、表 6-13）。

表 6-12　数值测试

参数	说明
-eq	等于则为真
-ne	不等于则为真
-gt	大于则为真
-ge	大于等于则为真
-lt	小于则为真
-le	小于等于则为真

【例题 6-22】 数值测试。

```
num1=100
num2=100
if test $[num1] -eq $[num2]
then
```

```
        echo '两个数相等！'
    else
        echo '两个数不相等！'
    fi
```

表 6-13　字符串测试

参数	说明
=	等于则为真
!=	不相等则为真
-z 字符串	字符串的长度为零则为真
-n 字符串	字符串的长度不为零则为真

运行结果如图 6-35 所示。

```
root@hadoop01:/home/hadoop# chmod +x .sh
root@hadoop01:/home/hadoop# bash test.sh
两个数相等！
```

图 6-35　数值测试

【例题 6-23】 字符串测试。

```
    num1="ru1noob"
    num2="runoob"
    if test $num1 = $num2
    then
        echo '两个字符串相等!'
    else
        echo '两个字符串不相等!'
    fi
```

运行结果如图 6-36 所示。

```
root@hadoop01:/home/hadoop# chmod +x .sh
root@hadoop01:/home/hadoop# bash test.sh
两个字符串不相等!
```

图 6-36　字符串测试

6.4　应用案例：shell 编程的数据挖掘

shell 是一个命令行界面的解析器，它的作用就是遵循一定的语法将输入的命令加以解释然后传给系统，为用户提供了一个向 Linux 发送请求以便运行程序的接口系统，用户可以用 shell 来启动、挂起、停止甚至是编写一些程序。

shell 是一个用 C 语言编写的程序，它是使用 Linux 的桥梁。

shell 虽然不是 Linux 系统内核的一部分，但它调用了系统内核的大部分功能来执行程序、创建文档并以并行的方式协调各个程序的运行。因此，对用户来说，shell 是最重要的实用程序，深入了解和熟练掌握 shell 的特性及其使用方法，是用好 Linux 系统的关键。可以说，shell 使用的熟练度反映了用户对 Linux 使用的熟练程度。

以下是与本章的 shell 脚本语言和命令相关的 3 个常规案例。

【例题 6-24】 判断 a，b 两个数之间的关系。

```
#!/bin/bash
#将第一个命令行参数传递给变量 a，第二个命令行参数传递给变量 b
a=$1
b=$2                    #判断 a 或者 b 变量是否为空，只要有一个为空就打印提示语句并退出
if [ -z $a ] || [ -z $b ]
then
    echo "please enter 2 no"
    exit 1                  #判断 a 和 b 的大小，并根据判断结果打印语句
fi
if [ $a -eq $b ]
then
    echo "number a = number b"
else if [ $a -gt $b ]
    then
        echo "number a>number b"
    elif [ $a -lt $b ]
        then
            echo "number a<number b"
    fi
fi
```

运行结果如图 6-37 所示。

```
root@hadoop01:/home/hadoop# chmod +x .sh
root@hadoop01:/home/hadoop# bash test.sh
please enter 2 no
```

图 6-37　比较大小关系

【例题 6-25】 统计文件夹中的文件数目。

```
#!/bin/bash
#变量 counter 用于统计文件的数目
counter=0
#变量 files 遍历一遍当前文件夹
for files in *
do                      #判断的 files 是否是文件，如果是就将 counter 变量的值加一再赋
#给自己
  if [ -f "$files" ]
  then
```

```
            counter=`expr $counter + 1`
        fi
    done
    #输出结果
    echo "There are $counter files in `pwd`"
```

运行结果如图 6-38 所示。

```
root@hadoop01:/home/hadoop# chmod +x ./s.sh
root@hadoop01:/home/hadoop# bash s.sh
There are 9 files in /home/hadoop
```

图 6-38　查看文件中的文件数

【例题 6-26】 把数字进行逆序排列。

```
#!/bin/bash
#提示用户输入
echo -n "Pleasw enter number : "
read n                              #读入输入的值放到变量 n 中
sd=0
rev=""
on=$n                               #将变量 n 的值保存到变量 on 中，方便以后用到
echo "You put number is $n"
while [ $n -gt 0 ]
do
        sd=$(( $n % 10 ))           #求余
        n=$(( $n / 10 ))            #去掉当前的最后一位数后剩下的数
        rev="$rev$sd"               #将当前的最后一位数放到字符串之后
done
echo    "$on in a reverse order $rev"
```

运行结果如图 6-39 所示。

```
root@hadoop01:/home/hadoop# chmod +x ./..sh
root@hadoop01:/home/hadoop# bash ..sh
Pleasw enter number : 123456
You put number is 123456
123456 in a reverse order 654321
```

图 6-39　逆序排序

6.5　本章小结

本章主要介绍 shell 脚本的语句和 shell 的命令，通过使用 Ubuntu 的 gedit/vim 编辑器，将脚本语句写入，然后通过 Ubuntu 的终端，将结果显示出来，实现 shell 的分析。

shell 的两种运行模式分别是：交互式和批处理模式。shell 除了运行模式还有 3 种执行

方式：第一种执行方式：因为 shell 命令写完是没有执行权的，所以使用 chmod 命令赋予其执行权限。第二种执行方式：调用解释器使脚本运行。第三种执行方式：使用 source 命令进行运行。

本章介绍了 shell 命令行的操作。$：shell 提示符，如果最后一个字符是“#”，表示当前终端会话有超级用户权限。shell echo 命令：显示字符，将输入的字符全部显示出来。shell printf 命令：printf 命令模仿 C 程序库里的 printf()程序标准所定义，因此使用 printf 的脚本比使用 echo 移植性好；printf 使用引用文本或空格分隔的参数，外面可以在 printf 中使用格式化字符串，还可以制定字符串的宽度、左右对齐方式等。默认 printf 不会像 echo 自动添加换行符，可以手动添加\n。

实践与练习

一、选择题

1．在 bash 中普通用户用（　　）作为默认的提示符。

A．$　　B．#　　C．@　　D．？

2．关于 shell 的说法错误的是（　　）。

A．一个命令语言解释器　　B．编译性的程序设计语言

C．能执行内部命令　　D．能执行外部命令

3．输入一个命令后，shell 首先检查（　　）。

A．它是不是外部命令　　B．它是不是在搜索路径上

C．它是不是一个命令　　D．它是不是一个内部命令

4．表示追加输出重定向的符号是（　　）。

A．>　　B．>>　　C．<　　D．<<

5．表示管道的符号是（　　）。

A．||　　B．|　　C．>>　　D．//

6．下面（　　）不是 shell 的循环控制结构。

A．for　　B．switch　　C．while　　D．until

二、填空题

1．变量$*表示 shell 程序的________。

2．bash 启动时会运行______脚本。

3．shell 运行模式______、_______。

4．shell 脚本的特性：__________、__________、___________。

三、简答题

1．vi 编程模式和指令模式有什么不同？

2．因为 shell 脚本的命令限制和效率问题，什么情况一般不使用 shell？

3．编写一个 shell 脚本，把第二个位置参数及其以后的各个参数指定的文件复制到第一个位置参数指定的目录中。

4．编写一个 shell 脚本，利用 for 循环将当前目录下的 c 文件移动到指定的目录，并按文件大小显示出移动后指定的目录的内容。

第 7 章　Linux 系统下的 Python 基础

Python 是一种面向对象的解释型计算机程序设计语言，函数、模块、数字、字符串都是对象，并且完全支持继承、重载、派生、多继承，有益于增强源代码的复用性，并支持重载运算符和动态类型。

7.1　Linux 中的 Python

在 Ubuntu 系统中，已经默认安装了 Python，不需要在需要运行 Python 脚本时自行安装，为学习、应用带来很大的便利。

1．Python 的优点

- 简单、易学：Python 程序看上去简单易懂。Python 虽然是用 C 语言写的，但是摈弃了 C 语言中非常复杂的指针，简化了 Python 的语法。
- 自由、开源：Python 是开放源码软件之一。用户可以自由地发布这个软件的拷贝、阅读它的源代码、对它做改动、把它的一部分用于新的自由软件中。Python 具有超高的灵活性、应用性。
- 可移植性：由于它的开源本质，Python 已经被移植在许多平台上，经过改动使它能够在不同平台上工作。如果不使用 Python 对系统依赖的特性，那么所有 Python 程序无需修改就可以在下述任何平台上面运行。这些平台包括 Linux、Windows、FreeBSD、Macintosh、Solaris、OS/2、Amiga、AROS、AS/400、BeOS、OS/390、z/OS、Palm OS、QNX、VMS、Psion、Acom RISC OS、VxWorks、PlayStation、Sharp Zaurus、Windows CE、PocketPC、Symbian 以及 Google 基于 Linux 开发的 Android 平台。
- 面向对象：Python 既支持面向过程的函数编程也支持面向对象的抽象编程。在面向过程的语言中，程序是由过程或仅仅是可重用代码的函数构建起来的。在面向对象的语言中，程序是由数据和功能组合而成的对象构建起来的。与其他主要的语言如 C++和 Java 相比，Python 以一种非常强大又简单的方式实现面向对象的编程。
- 可扩展性和可嵌入性：如果想要一段关键代码运行得更快或者希望某些算法不公开，可以把部分程序用 C 或 C++编写，然后在 Python 程序中使用它们。还可以把 Python 嵌入 C/C++程序，从而向程序用户提供脚本功能。
- 丰富的库：Python 标准库十分庞大。Python 有可定义的第三方库可以使用。它可以处理各种工作，包括正则表达式、文档生成、单元测试、线程、数据库、网页浏览器、CGI、FTP、电子邮件、XML、XML-RPC、HTML、WAV 文件、密码系统、GUI（图形用户界面）、Tk 和其他与系统有关的操作。记住，只要安装了 Python，所有这些功能都是可用的。这被称作 Python 的“功能齐全”理念。除了标准库以外，还有许多其他高质量的库，如 wxPython、Twisted 和 Python 图像库等。

2．Python 的缺点

- 运行速度慢：Java 和 C 都是编译型语言，Python 是解释型语言。编译型语言在程序执行之前，有一个单独的编译过程，将程序翻译成机器语言，以后执行这个程序的时候，就不用再进行翻译了。解释型语言，是在运行的时候将程序翻译成机器语言，所以运行速度相对于编译型语言要慢。
- 不能加密：因为 Python 是开源性的编程语言，所以在源代码的保密方面有很大的问题。

3．第一个 Python 小程序

打开 Ubuntu 终端，输入 Python(该 Ubuntu 版本为 16.04，Python 版本为 2.7.12)。

输入：

```
print(‘hello Python’)
```

输出结果为：hello Python，如图 7-1 所示。

```
hadoop@hadoop-virtual-machine:~$ python
Python 2.7.12 (default, Nov 19 2016, 06:48:10)
[GCC 5.4.0 20160609] on linux2
Type "help", "copyright", "credits" or "license" for more information.
>>> print('hello Python')
hello Python
```

图 7-1　hello Python 输出结果

【例题 7-1】 定义两个整型变量并做乘法运算，如图 7-2 所示。

```
hadoop@ubuntu:~$ python
Python 2.7.12 (default, Nov 19 2016, 06:48:10)
[GCC 5.4.0 20160609] on linux2
Type "help", "copyright", "credits" or "license" for more information.
>>> a=2
>>> b=3
>>> c=a*b
>>> c
6
```

图 7-2　乘法运算

> 在编译过程中，Python 会记住用户定义、赋值的所有变量，按〈Ctrl+D〉键退出后，Python 会释放所有变量和命令。

4．IPython 工具

IPython 是一个 Python 语言的交互式 shell，比默认的 Python shell 好用得多，支持变量自动补全，自动缩进，支持 bash shell 命令，内置了许多很有用的功能和函数。在 Python 3.0 版本中 Ubuntu 系统自带 IPython，而 Python 2.7 版本中 IPython 需要自行安装，下面介绍在 Python 2.7 版本中如何安装 IPython。

1）打开终端，输入命令行：

```
sudo apt install python-pip
```

2）再输入命令行：

```
sudo apt install ipython
```

3）最后输入 ipython，进入应用界面。

按〈Ctrl+D〉键可以退出 IPython。

7.2 Python 基础

Python 语言是一种与众不同的语言，优雅、高效、简易。Python 十分符合人类的逻辑思维，所以只要记住了 Python 语言相应的语法，就能轻松地应用 Python。

7.2.1 基本数据类型

计算机可以处理数值以及视频、音频、图片、文字等各种各样的数据，在 Python 中可以直接识别的基本类型有整型、浮点型、字符串。这 3 种数据类型将在下面用实例进行讲解。

1. 基本数据类型

- 整型：Python 可以处理任意大小的整数，在程序中的表示方法和数学上的写法一模一样，通常被称为是整型或整数，是正或负整数，不带小数点。例如，1、10、100、-1、0。
- 浮点型：浮点数也就是小数，之所以称为浮点数，是因为按照科学计数法表示时，一个浮点数的小数点位置是可变的，例如，1.1、2.2 在命令中用 float 定义浮点型。
- 长整型：无限大小的整数，整数最后是一个大写或小写的 L。
- 复数：复数的虚部以字母 J 或 j 结尾，如：2+3j。
- 字符串：字符串是以单引号或双引号括起来的任意文本，如"a"，"b"等。请注意，单引号或双引号本身只是一种表示方式，不是字符串的一部分。

如果'或"为字符串的一部分，需要输出'或"，需要把'或"包含在单引号或者双引号之内，但是需要注意不能包含相同的引号。

```
print("i'm a good boy")
```

输出结果为：

```
i'm a good boy
```

如果字符串中既包含单引号又包含双引号，需要转义字符'\'，举例如下：

```
print("i\'m a good boy")
```

输出结果为：

```
i'm a good boy
```

转义字符可以转义很多字符，转义字符'\'本身也同样需要转义，'\n'表示换行，'\t'表示制表符。举例如下：

```
print("\\\n\\" "\t\\")
```

输出结果为：

```
\
\	\
```

转义字符表，如表 7-1 所示。

表 7-1　转义字符表

转义字符	含　义
\(在行尾时)	续行符
\\	反斜杠符号
\'	单引号
\"	双引号
\a	响铃
\b	退格（Backspace）
\e	转义
00	空
\n	换行
\v	纵向制表符
\t	横向制表符
\r	回车
\f	换页
\oyy	八进制数，yy 代表的字符，例如，\o12 代表换行
\xyy	十六进制数，yy 代表的字符，例如，\x0a 代表换行
\other	其他的字符以普通格式输出

📖 在 Python 中，r''表示引号内的字符不转义。

2．Python 列表

序列是 Python 中最基本的数据结构。序列中的每个元素都分配一个数字——它的位置或索引，第一个索引是 0，第二个索引是 1，依此类推。

Python 有 6 个序列的内置类型，但最常见的是列表和元组。序列都可以进行的操作包括索引、切片、加、乘和检查成员。此外，Python 已经内置了确定序列的长度以及确定最大和最小元素的方法。

列表是最常用的 Python 数据类型，它可以作为一个方括号内的逗号分隔值出现。列表的数据项不需要具有相同的类型。

创建一个列表，只要把逗号分隔的不同的数据项使用方括号括起来即可。

【例题 7-2】 创建列表。

```
list1 = ['python', 'software', 1997, 2000];
list2 = [1, 2, 3, 4, 5 ];
list3 = ["a", "b", "c", "d"];
```

📖 与字符串的索引一样，列表索引从 0 开始。列表可以进行截取、组合等。

【例题 7-3】 访问列表中的值：使用下标索引来访问列表中的值。

```
list1 = ['python', 'software', 1997, 2000];
list2 = [1, 2, 3, 4, 5, 6, 7 ];
print "list1[0]: ", list1[0]
print "list2[1:5]: ", list2[1:5]
```

输出结果如图 7-3 所示。

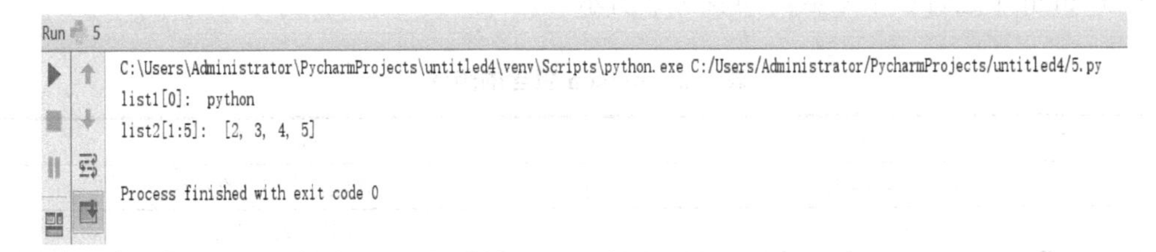

图 7-3　运用索引来访问

【例题 7-4】 更新列表。

```
list = ['physics', 'chemistry', 1997, 2000];
print "Value available at index 2 :
"print list[2];
list[2] = 2001;
print "New value available at index 2 : "
print list[2];
```

输出结果如图 7-4 所示。

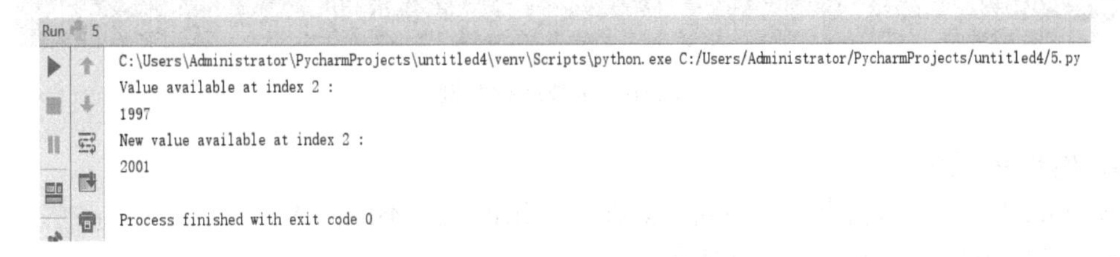

图 7-4　更新列表

【例题 7-5】 删除列表元素。可以用 del 语句删除列表元素。

```
list1 = ['physics', 'chemistry', 1997, 2000];
print list1;
del list1[2];
print "After deleting value at index 2 : "
print list1;
```

输出结果如图 7-5 所示。

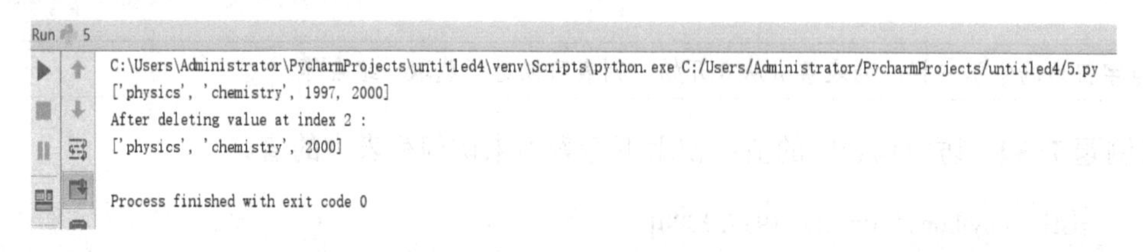

图 7-5 删除元素

例如，创建一个列表 L=[...]，L[1]读取的是列表中第二个元素；L[2]读取的是列表中第三个元素；L[-1]读取的是列表中倒数第一个元素。

在 Python 中包含以下函数，如表 7-2 所示。

表 7-2 python 包含的函数

函 数	作 用
cmp（list1，list2）	比较两个列表的元素
len(list)	统计列表元素个数
max(list)	返回列表元素最大值
min(list)	返回列表元素最小值

函数运行实例如图 7-6 所示。

```
hadoop@ubuntu:~$ python
Python 2.7.12 (default, Nov 19 2016, 06:48:10)
[GCC 5.4.0 20160609] on linux2
Type "help", "copyright", "credits" or "license" for more information.
>>> list1,list2=[1,2],['a','b']
>>> print cmp(list1,list2)
-1
>>> print len(list1)
2
>>> print max(list1)
2
>>> print min(list1)
1
```

图 7-6 函数运行实例

3. Python 元组

Python 的元组与列表类似，不同之处在于元组的元素不能修改。

元组使用小括号，列表使用方括号。

元组创建很简单，只需要在括号中添加元素，并使用逗号隔开即可。举例如下。

```
tup1 = ('physics', 'chemistry', 1997, 2000);
tup2 = (1, 2, 3, 4, 5 );
tup3 = "a", "b", "c", "d";
```

创建空元组。

```
tup1 = ();
```

元组中只包含一个元素时，需要在元素后面添加逗号。

```
tup1 = (50,);
```

元组与字符串类似，下标索引从 0 开始，可以进行截取、组合等。

（1）访问元组

【例题 7-6】 元组可以使用下标索引来访问元组中的值。

```
tup1 = ('physics', 'chemistry', 1997, 2000);
tup2 = (1, 2, 3, 4, 5, 6, 7 );
print "tup1[0]: ", tup1[0]
print "tup2[1:5]: ", tup2[1:5]
```

输出结果如图 7-7 所示。

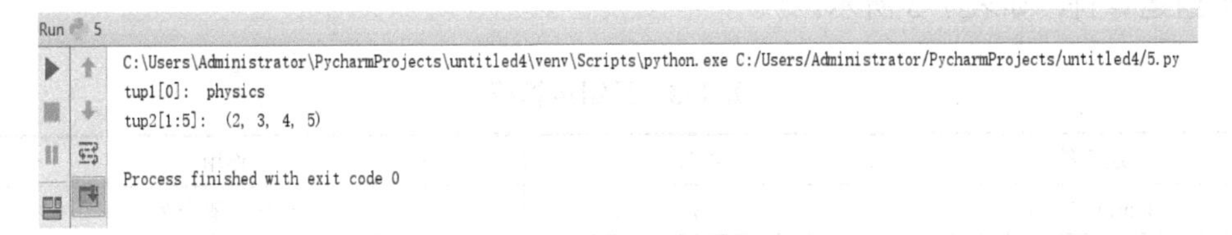

图 7-7　访问元素

（2）修改元组

【例题 7-7】 元组中的元素值是不允许修改的，但可以对元组进行连接组合。

```
tup1 = (12, 34.56);
tup2 = ('abc', 'xyz');
# 以下修改元组元素的操作是非法的
# tup1[0] = 100;
# 创建一个新的元组
tup3 = tup1 + tup2;
print tup3;
```

输出结果如图 7-8 所示。

```
Run 5
C:\Users\Administrator\PycharmProjects\untitled4\venv\Scripts\python.exe C:/Users/Administrator/PycharmProjects/untitled4/5.py
(12, 34.56, 'abc', 'xyz')

Process finished with exit code 0
```

图 7-8　元组中的连接组合

(3) 删除元组

【例题 7-8】 元组中的元素值是不允许删除的，但可以使用 del 语句来删除整个元组。

```
tup = ('physics', 'chemistry', 1997, 2000);
print tup;
del tup;
print "After deleting tup : "
print tup;
```

以上实例元组被删除后，输出变量会有异常信息，如图 7-9 所示。

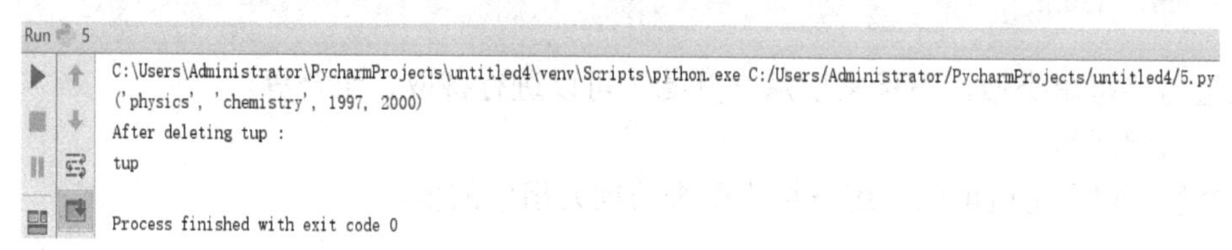

图 7-9 删除整个元组

(4) 元组运算符

与字符串一样，元组之间可以使用 + 和 * 进行运算。这就意味着它们可以组合和复制，运算后会生成一个新的元组。

元组运算符，如表 7-3 所示。

表 7-3 元组运算符

运算符	结果	作用
len((1, 2, 3))	3	计算元素个数
(1, 2, 3) + (4, 5, 6)	(1, 2, 3, 4, 5, 6)	连接
['Hi!'] * 4	['Hi!', 'Hi!', 'Hi!', 'Hi!']	复制
3 in (1, 2, 3)	True	元素是否存在
for x in (1, 2, 3): print x,	1 2 3	迭代

(5) 无关闭分隔符

【例题 7-9】 任意无符号的对象，以逗号隔开，默认为元组。

```
print 'abc', -4.24e93, 18+6.6j, 'xyz';
x, y = 1, 2;
print "Value of x , y : ", x,y;
```

输出结果如图 7-10 所示。

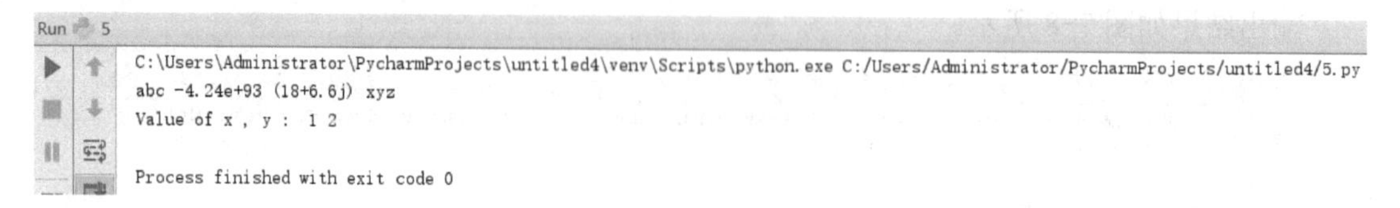

图 7-10 默认的元组

4．Python 字典

字典是另一种可变容器模型，且可存储任意类型对象。

字典的每个键值(key=>value)对用冒号(:)分割，每个对之间用逗号(,)分割，整个字典包括在花括号({})中，格式如下所示。

```
d = {key1 : value1, key2 : value2 }
```

📖 值可以取任何数据类型，但键必须是不可变的，如字符串、数字或元组。

【例题 7-10】 输出打印字典中的元素。

```
dict = {'Name': 'Zara', 'Age': 7, 'Class': 'First'};
print "dict['Name']: ", dict['Name'];
print "dict['Age']: ", dict['Age'];
```

输出结果如图 7-11 所示。

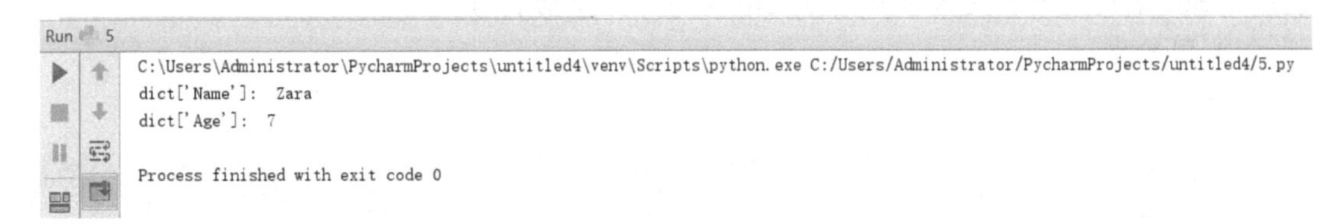

图 7-11　字典中的元素

（1）修改字典

向字典添加新内容的方法是增加新的键/值对，修改或删除已有键/值对。

【例题 7-11】 修改字典。

```
dict = {'Name': 'Zara', 'Age': 7, 'Class': 'First'};
dict['Age'] = 8; # 更新现有条目字典['School'] = "DPS School";
# 增加新的键/值对
print "dict['Age']: ", dict['Age'];
print "dict['School']: ", dict['School'];
```

输出结果如图 7-12 所示。

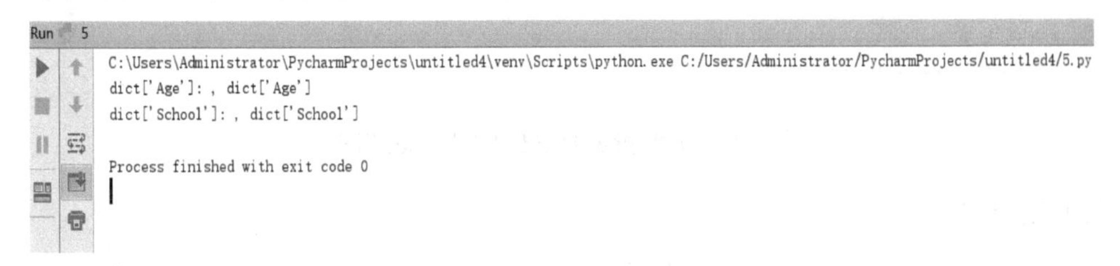

图 7-12　修改字典

📖 del dict['Name']; 删除的是'Name'条目；dict.clear(); 清空词典所有条目；del dict 删除词典。

7.2.2　流程控制语句

流程控制语句分为以下 3 类：顺序语句、分支语句、循环语句。

其中顺序语句不需要单独的关键字来控制，就是一行行地执行，不需要特殊的说明。这里主要要说的是分支语句和循环语句。

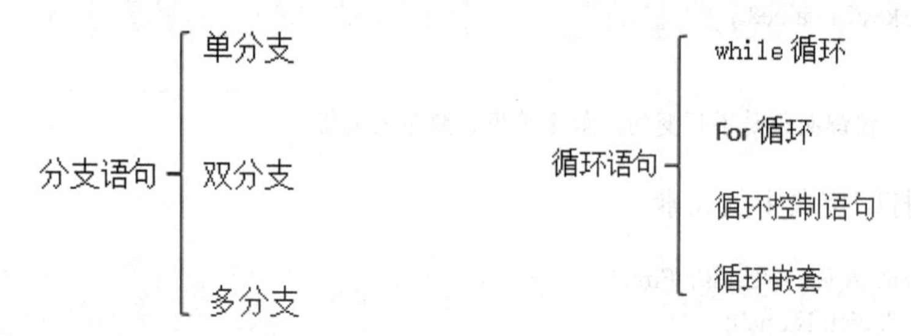

1．分支语句

在我们学习的 C 语言中分支语句有 if...else、switch...case 语句，但是在 Python 中，只提供 if...else 语句。下面为大家介绍分支语句的几种控制语句。

（1）单分支

写法一：

```
if 条件:
    执行语句
```

写法二：

```
if 条件: 执行语句
```

【例题 7-12】 判断指定的 uid 是不是 root 用户。

```
uid = 0
if uid == 0:
        print("root")
```

输出结果如图 7-13 所示。

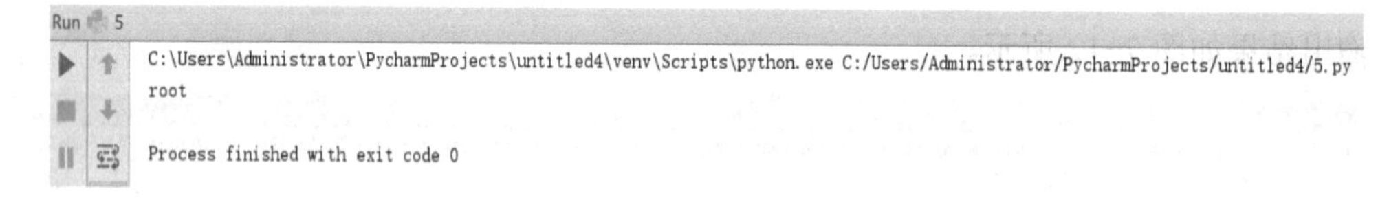

图 7-13　判断指定的 uid 是不是 root 用户

（2）双分支

```
if 条件:
    执行语句
else:
    执行语句
```

【例题 7-13】 根据用户 id 打印用户身份。

```
uid = 100
if uid == 0:
        print("root")
else:
        print("Common user"）
```

输出结果如图 7-14 所示。

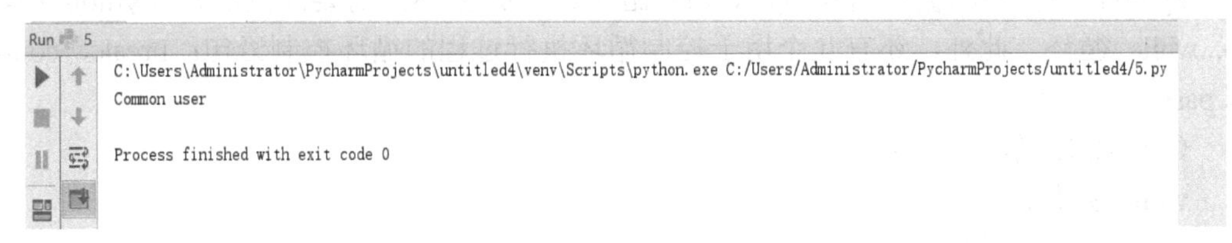

图 7-14 根据用户 id 打印用户身份

（3）多分支

```
if 条件：
        执行语句
elif 条件 1：
   执行语句
elif 条件 2：
   执行语句
..............
..............
elif 条件 n：
   执行语句
else：
   执行语句
```

【例题 7-14】 根据学生分数打印字母等级。

```
score = 88.8
level = int(score % 10)
if level >= 10:
        print('Level A+')
elif level == 9:
        print('Level A')
elif level == 8:
        print('Level B')
elif level == 7:
        print('Level C')
elif level == 6:
        print('Level D')
else:
        print('Level E')
```

输出结果如图 7-15 所示。

```
Run 5
C:\Users\Administrator\PycharmProjects\untitled4\venv\Scripts\python.exe C:/Users/Administrator/PycharmProjects/untitled4/5.py
Level B

Process finished with exit code 0
```

图 7-15　根据学生分数打印字母等级

2．循环语句

Python 中提供的循环语句有：while 循环和 for 循环。需要注意的是 Python 中没有 do...while 循环。此外，还有几个用于控制循环执行过程的循环控制语句：break、continue 和 pass。

（1）while 循环

while 条件：

　　执行语句

在判断条件为 true 时，执行循环体。

【例题 7-15】 循环输出数字 0～9。

```
count = 0
while count <= 9:
    print(count, end=' ')
    count += 1
```

输出结果如图 7-16 所示。

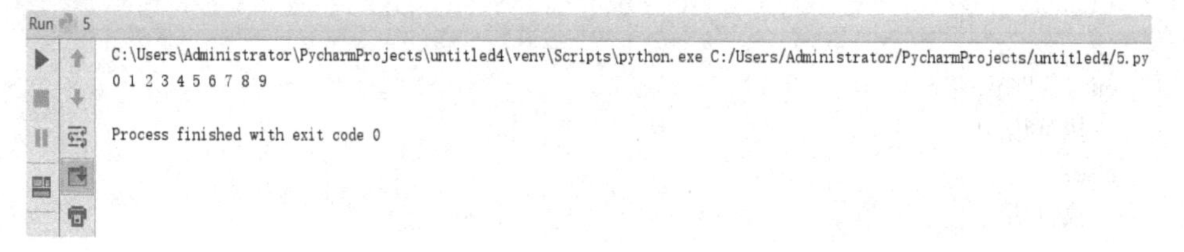

图 7-16　循环输出数字 0～9

当 while 的判断一直为 true 时，while 循环体就会无限循环下去。

代码如下：

```
while True:
    print('这是死循环')
```

输出结果：

```
这是死循环
这是死循环
这是死循环
...
```

按〈Ctrl+C〉键可以结束死循环。

条件循环语句的形式和双分支语句类似，由 while...else 组成，语句形式如下。

while 条件：
    执行语句
else：
    执行语句

📖 else 中的代码块会在 while 循环正常执行完的情况下执行，如果 while 循环被 break 中断，else 中的代码块不会被执行。

（2）for 循环

for 临时变量 in 可迭代变量

【例题 7-16】 打印 names 中的元素。

```
names = ['Tom', 'Peter', 'Jerry', 'Jack']
for name in names:
    print(name)
```

输出结果如图 7-17 所示。

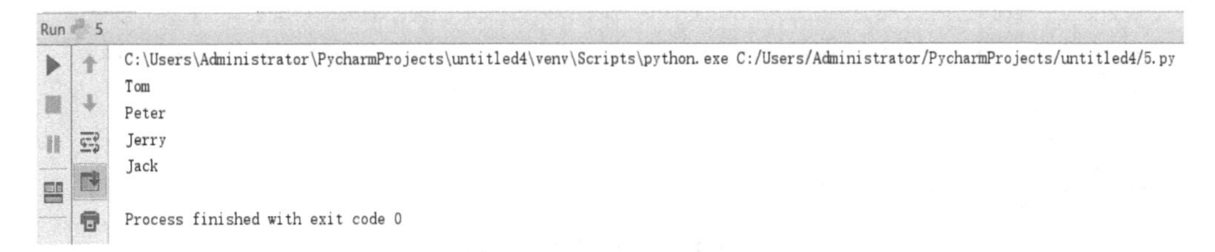

图 7-17 打印 names 中的元素

迭代是重复反馈过程的活动，其目的通常是为了逼近所需目标或结果。每一次对过程的重复称为一次“迭代”，而每一次迭代得到的结果会作为下一次迭代的初始值。

（3）循环控制语句

循环控制语句可以更改循环体中程序的执行过程，如中断循环、跳过本次循环。循环控制语句，如表 7-4 所示。

表 7-4 循环控制语句

循环控制语句	作 用
break	终止整个循环
continue	跳过本次循环，执行下一次循环
pass	pass 语句是个空语句，只是为了保持程序结构的完整性，没有什么特殊含义。pass 语句并不是只能用于循环语句中，也可以用于分支语句中

【例题 7-17】 遍历 0～9 范围内的所有数字，并通过循环控制语句打印出其中的奇数。

```
for i in range(10):
if i % 2 == 0:
    continue
print(i, end=' ')
```

输出结果如图 7-18 所示。

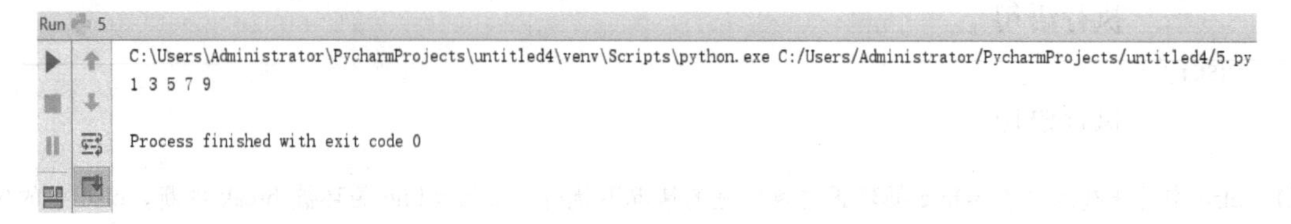

图 7-18　打印奇数

【例题 7-18】 通过循环控制语句打印一个列表中的前 3 个元素。

```
names = ['Tom', 'Peter', 'Jerry', 'Jack', 'Lilly']
for i in range(len(names)):
    if i >= 3:
        break
    print(names[i])
```

输出结果如图 7-19 所示。

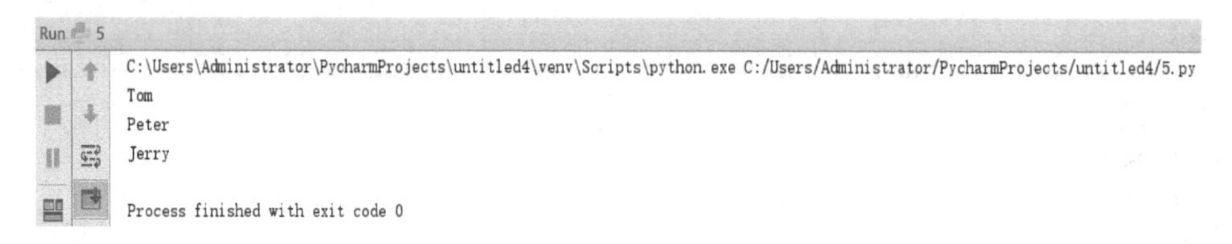

图 7-19　打印前 3 个元素

（4）循环嵌套

循环嵌套如其字面意思，在一个循环中嵌入另一个循环。

【例题 7-19】 打印输出九九乘法表。

```
a=1
while a<=9:
    i=1
    while i<=a:
        Print( ‘%d*%d=%d’  % (i,a,i*a)),
    print( ‘  ‘)
    a +=1
```

输出结果为如图 7-20 所示。

```
1*1=1
1*2=2 2*2=4
1*3=3 2*3=6 3*3=9
1*4=4 2*4=8 3*4=12 4*4=16
1*5=5 2*5=10 3*5=15 4*5=20 5*5=25
1*6=6 2*6=12 3*6=18 4*6=24 5*6=30 6*6=36
1*7=7 2*7=14 3*7=21 4*7=28 5*7=35 6*7=42 7*7=49
1*8=8 2*8=16 3*8=24 4*8=32 5*8=40 6*8=48 7*8=56 8*8=64
1*9=9 2*9=18 3*9=27 4*9=36 5*9=45 6*9=54 7*9=63 8*9=72 9*9=81
```

图 7-20　九九乘法表

7.3 Python 函数

函数是组织好的，可重复使用的，用来实现单一或相关联功能的代码段。函数能提高应用的模块性和代码的重复利用率。Python 提供了许多内建函数，如 print()。也可以自己创建函数，这叫作用户自定义函数。

1．函数的命名规则

函数名必须以下划线或字母开头，可以包含任意字母、数字或下划线的组合。不能使用任何的标点符号，函数名是区分大小写的，函数名不能是保留字。

2．函数的定义

关键字 def 用于创建用户自定义函数，函数定义就是一些可执行的语句。

```
def square(x):
    return x**2
```

函数定义的执行会绑定当前本地命名空间中的函数名（可以将命名空间当作名字到值的一种映射，并且这种映射还可以嵌套）到一个函数对象，该对象是一个对函数中可执行代码的包装器。这个函数对象包含了一个对当前全局命名空间的引用，而当前命名空间指该函数调用时所使用的全局命名空间。此外，函数定义不会执行函数体，只有在函数被调用时才会执行函数体。

3．定义一个函数

可以定义一个由自己想要功能的函数，以下是简单的规则。

- 函数代码块以 def 关键词开头，后接函数标识符名称和圆括号()。
- 任何传入参数和自变量必须放在圆括号中间。圆括号之间可以用于定义参数。
- 函数的第一行语句可以选择性地使用文档字符串来存放函数说明。
- 函数内容以冒号起始，并且缩进。
- Return[expression]结束函数，选择性地返回一个值给调用方。不带表达式的 return 相当于返回 None。

4．语法

```
def functionname( parameters ):
    "函数_文档字符串"
    function_suite
    return [expression]
```

默认情况下，参数值和参数名称是按函数声明中定义的顺序匹配起来的。

以下为一个简单的 Python 函数，它将一个字符串作为传入参数，再打印到标准显示设备上。

```
def printme( str ):
    "打印传入的字符串到标准显示设备上"
    print str
    return
```

5. 函数调用

定义一个函数只给了函数一个名称，指定了函数里包含的参数和代码块结构。这个函数的基本结构完成以后，可以通过另一个函数调用执行，也可以直接从 Python 提示符执行。

下面的程序段调用了 printme( )函数。

```
# Function definition is here
def printme( str ):
    "打印任何传入的字符串"
    print str;
    return;

# Now you can call printme function
printme("我要调用用户自定义函数!");
printme("再次调用同一函数");
```

以上程序段的输出结果如下：

```
我要调用用户自定义函数!
再次调用同一函数
```

6. 按值传递参数和按引用传递参数

所有参数（自变量）在 Python 里都是按引用传递。如果在函数里修改了参数，那么在调用这个参数的函数里，原始的参数也被改变了。举例如下：

```
def changeme( mylist ):
    "修改传入的列表"
    mylist.append([1,2,3,4]);
    print "函数内取值: ", mylist
    return
mylist = [10,20,30];
changeme( mylist );
print "函数外取值: ", mylist
```

传入函数和在末尾添加新内容的对象用的是同一个引用。故输出结果如下：

```
函数内取值:  [10, 20, 30, [1, 2, 3, 4]]
函数外取值:  [10, 20, 30, [1, 2, 3, 4]]
```

7. 参数

以下是调用函数时可使用的正式参数类型。

- 必备参数。
- 命名参数。
- 缺省参数。
- 不定长参数。
- 必备参数。

【例题 7-20】 printme()函数的调用。

必备参数须以正确的顺序传入函数。调用时的数量必须和声明时一样。

调用 printme()函数，必须传入一个参数，不然会出现语法错误。

```
def printme( str ):
    "打印任何传入的字符串"
    print str;
    return;
printme( );
```

输出结果如图 7-21 所示。

```
Run  5
C:\Users\Administrator\PycharmProjects\untitled4\venv\Scripts\python.exe C:/Users/Administrator/PycharmProjects/untitled4/5.py
Traceback (most recent call last):
  File "C:/Users/Administrator/PycharmProjects/untitled4/5.py", line 4, in <module>
    printme()
TypeError: printme() takes exactly 1 argument (0 given)

Process finished with exit code 1
```

图 7-21 printme()函数的调用

8. 关键字参数

关键字参数和函数调用关系紧密，函数调用使用关键字参数来确定传入的参数值。使用关键字参数允许函数调用时参数的顺序与声明时不一致，因为 Python 解释器能够用参数名匹配参数值。

【例题 7-21】 在函数 printme( )调用时使用参数名。

```
def printme( str ):
    "打印任何传入的字符串"
    print str;
    return;
printme( str = "My string");
```

输出结果如图 7-22 所示。

```
Run  5
C:\Users\Administrator\PycharmProjects\untitled4\venv\Scripts\python.exe C:/Users/Administrator/PycharmProjects/untitled4/5.py
My string

Process finished with exit code 0
```

图 7-22 printme( )调用时使用参数名

【例题 7-22】 在函数 printme()调用时使用参数名。

```
def printme( str ):
    "打印任何传入的字符串"
    print str;
    return;
printme( str = "My string");
```

输出结果如图 7-23 所示。

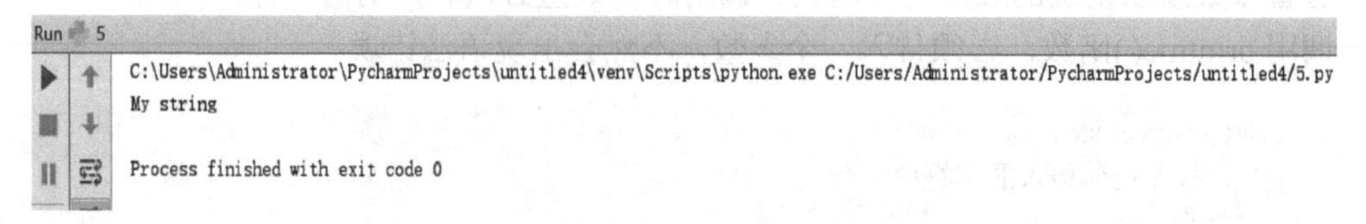
C:\Users\Administrator\PycharmProjects\untitled4\venv\Scripts\python.exe C:/Users/Administrator/PycharmProjects/untitled4/5.py
My string

Process finished with exit code 0

图 7-23 printme()调用时使用参数名

【例题 7-23】 将命名参数顺序不影响函数调用展示得更清楚。

```
def printinfo( name, age ):
    "打印任何传入的字符串"
    print "Name: ", name;
    print "Age ", age;
    return;
printinfo( age=50, name="miki" );
```

输出结果如图 7-24 所示。

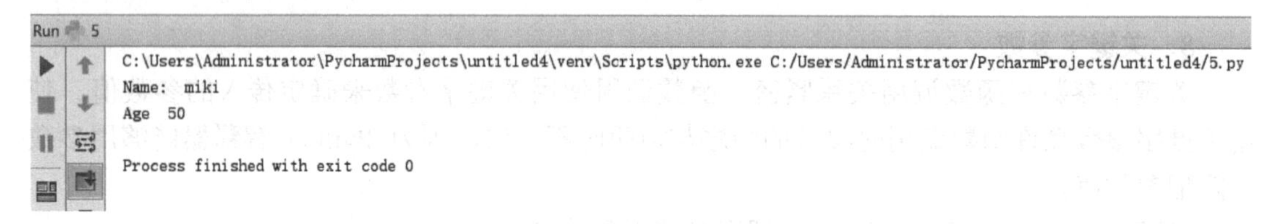
C:\Users\Administrator\PycharmProjects\untitled4\venv\Scripts\python.exe C:/Users/Administrator/PycharmProjects/untitled4/5.py
Name: miki
Age 50

Process finished with exit code 0

图 7-24 命名参数顺序不影响函数调用

9．缺省参数

调用函数时，缺省参数的值如果没有传入，则被认为是默认值。

【例题 7-24】 打印默认的 age。

```
def printinfo( name, age = 35 ):
    "打印任何传入的字符串"
    print "Name: ", name;
    print "Age ", age;
    return;
 printinfo( age=50, name="miki" );
printinfo( name="miki" );
```

输出结果如图 7-25 所示。

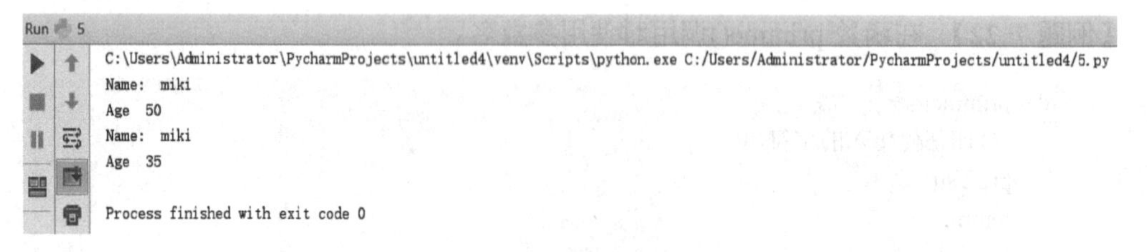
C:\Users\Administrator\PycharmProjects\untitled4\venv\Scripts\python.exe C:/Users/Administrator/PycharmProjects/untitled4/5.py
Name: miki
Age 50
Name: miki
Age 35

Process finished with exit code 0

图 7-25 打印默认的 age

10．定长参数

若需要一个函数能处理比当初声明时更多的参数，这些参数叫作不定长参数。和关键字参数和缺省参数不同，声明时不会命名，基本语法如下。

```
def functionname([formal_args,] *var_args_tuple ):
    "函数_文档字符串"
    function_suite
    return [expression]
```

【例题 7-25】 加了星号（*）的参数会以元组（Tuple）的形式导入，存放所有未命名的变量参数。选择不多传参数也可。

```
def printinfo( arg1, *vartuple ):
    "打印任何传入的参数"
    print "输出: "
    print arg1
    for var in vartuple:
        print var
    return;
printinfo( 10 );
printinfo( 70, 60, 50 );
```

输出结果如图 7-26 所示。

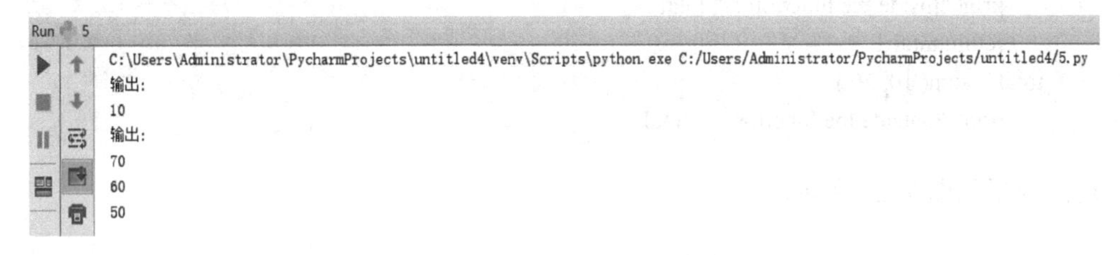

图 7-26　不传递参数的输出

11．匿名函数

Python 使用 lambda 来创建匿名函数，具体要求有以下几点。

- lambda 只是一个表达式，函数体比 def 简单很多。
- lambda 的主体是一个表达式，而不是一个代码块。仅仅能在 lambda 表达式中封装有限的逻辑进去。
- lambda 函数拥有自己的命名空间，且不能访问自有参数列表之外或全局命名空间里的参数。
- 虽然 lambda 函数看起来只能写一行，却不等同于 C 或 C++的内联函数，后者的目的是调用小函数时不占用栈内存从而增加运行效率。

12．语法

lambda 函数的语法只包含一个语句，举例如下：

```
lambda [arg1 [,arg2,.....argn]]:expression
```

【例题 7-26】 lambda 函数。

```
sum = lambda arg1, arg2: arg1 + arg2;
    print "Value of total : ", sum( 10, 20 )
    print "Value of total : ", sum( 20, 20 )
```

输出结果如图 7-27 所示。

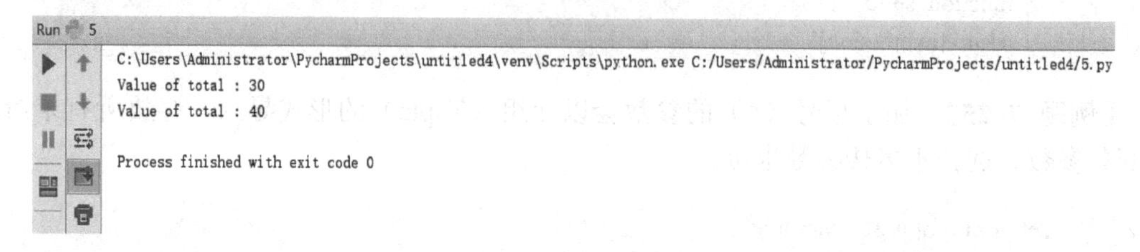

图 7-27　求和

13．return 语句

return 语句[表达式]表示选择性地向调用方返回一个表达式，同时退出该函数。不带参数值的 return 语句返回 None。之前的例子都没有示范如何返回数值。

【例题 7-27】 return 语句。

```
def sum( arg1, arg2 ):
    total = arg1 + arg2
    print "Inside the function : ", total
    return total;
total = sum( 10, 20 );
    print "Outside the function : ", total
```

输出结果如图 7-28 所示。

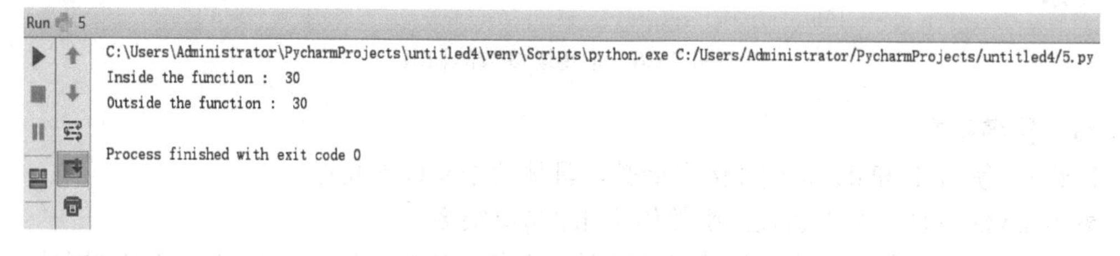

图 7-28　return 语句的应用

14．变量作用域

一个程序的所有变量并不是在哪个位置都可以访问。访问权限决定于这个变量是在哪里赋值的。变量的作用域决定了在哪一部分程序用户可以访问哪个特定的变量名称。两种最基本的变量作用域为全局变量、局部变量。

15．变量和局部变量

定义在函数内部的变量拥有一个局部作用域，定义在函数外的拥有全局作用域。局部变量只能在其被声明的函数内部访问，而全局变量可以在整个程序范围内访问。调用函数时，所有在函数内声明的变量名称都被加入到作用域中。

【例题 7-28】 变量和局部变量。

```
def sum( arg1, arg2 ):
    total = arg1 + arg2; # total 在这里是局部变量
    print "Inside the function local total : ", total
    return total;
sum( 10, 20 );
    print "Outside the function global total : ", total
```

输出结果如图 7-29 所示。

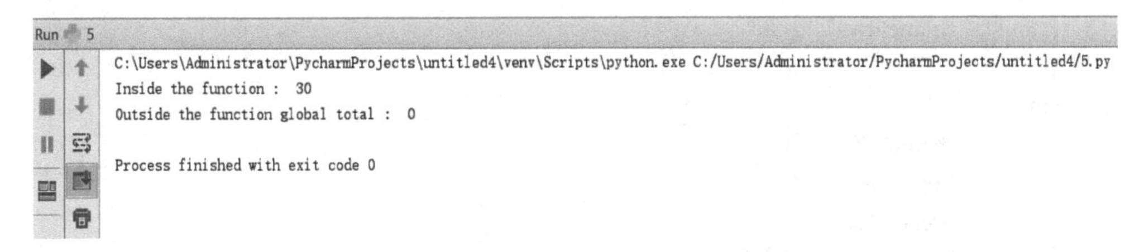

图 7-29 return 语句的使用

7.4 Python 类和对象

Python 中的类和对象也有自己的概念，在 Python 中类就是指种类的意思，例如，水中鱼类，鱼类就分为很多种。类中具体的事物又成为某一个对象，通常会把具有相同属性和方法的对象归为一类，类是对象的抽象化，那么对象又是类的实例化。类可以提高将现实关系变成虚拟的逻辑关系的效率，这是由对象的共同特性产生的。对象是不同的事物，如男人和苹果。但是男人和苹果，都有体积、重量等共同特性，所以由这些特性可以合成一个类（即抽象成一个类）；对象是面向对象编程的核心，在使用对象的过程中，为了将具有共同特征和行为的一组对象抽象定义，提出了另外一个新的概念——类，这就说明了类与对象的关系。

7.4.1 面向对象

Python 本来就是一种为面向对象而设计的语言，所以利用 Python 来创建类和对象是比较容易的，下面就先了解一下面向对象。

例如：

A 同学报到登记信息。

B 同学报到登记信息。

C 同学报到登记信息。

A 同学做自我介绍。

B 同学做自我介绍。

C 同学做自我介绍。

【例题 7-29】 面向对象设计。

```
stu_a = {
        "name":"A",
        "age":21,
        "gender":1,
        "hometown":"河北"
}
stu_b = {
        "name":"B",
        "age":22,
        "gender":0,
        "hometown":"山东"
}
stu_c = {
        "name":"C",
        "age":20,
        "gender":1,
        "hometown":"安徽"
}def stu_intro(stu):
        """自我介绍"""
        for key, value in stu.items( ):
                print("key=%s, value=%d"%(key,value))
stu_intro(stu_a)
stu_intro(stu_b)
stu_intro(stu_c)
```

面向过程：根据业务逻辑从上到下写代码，面向过程是一种以过程为中心的编程思想。面向过程也可称之为“面向记录”编程思想。面向过程不支持丰富的面向对象特性（如继承、多态），并且不允许混合持久化状态和域逻辑，就是分析出解决问题所需要的步骤，然后用函数把这些步骤一步一步实现，使用的时候一个一个依次调用就可以了。

面向对象：将数据与函数绑定到一起，进行封装，这样能够更快速地开发程序，减少了重复代码的重写过程。

例如：解决菜鸟买计算机的问题。

第一种方式：

1）在网上查找资料。

2）根据自己预算和需求确定计算机的型号 MacBook 15，顶配 18000 元。

3）去市场找售卖苹果计算机的商店，各种店无法甄别真假、随便找了一家。

4）找到业务员，业务员推荐了另外一款配置更高，价格便宜的苹果计算机，售价 10000 元。

5）砍价 30 分钟，付款 9999 元。

6）成交，回去之后发现各种问题。

第二种方式：

1）找一个靠谱的计算机高手。

2）给钱交易。

面向对象和面向过程都是解决问题的一种思路而已，用面向对象的思维解决问题的重点就是，当遇到一个需求时不用自己去实现，如果自己一步步实现那就是面向过程，应该找一个专门做这个事的人来做，所以第一种方式就是面向过程。而第二种方式就是面向对象，由此可以看出面向对象是基于面向过程的一种方法。

面向对象编程至今还没有统一的概念，这里把它定义为：按人们认识客观世界的系统思维方式，采用基于对象（实体）的概念建立模型，模拟客观世界分析、设计、实现软件的办法。面向对象编程是一种解决软件复用的设计和编程方法。这种方法把软件系统中相近相似的操作逻辑和操作应用数据、状态，以类的形式描述出来，以对象实例的形式在软件系统中复用，以达到提高软件开发效率的作用。

7.4.2 类和对象

面向对象的编程有两个重要的概念就是类和对象，对象是面向对象编程的核心，在使用对象的过程中，为了将具有共同特征和行为的一组对象抽象定义，提出了另外一个新的概念——类。

1. 类和对象：

Python 中类（Class）由 3 个部分构成。

类的名称：类名；

类的属性：一组数据；

类的方法：允许对类成员进行操作的行为。

举例说明：

人类设计，只关心 3 样东西，分别如下

事物名称（类名）：人（Person）；

属性：身高（height）、年龄（age）；

方法（行为/功能）：跑（run）、打架（fight）。

对于类的定义：

```
class 类名 :
方法列表;
```

【例题 7-30】 定义一个 Car 类：

```
# 定义类 class Car:
# 方法
def getCarInfo(self):
print('车轮子个数:%d, 颜色%s'%(self.wheelNum, self.color))
def move(self):
print("车正在移动...")
```

在 Python 中可以根据已经定义的类来定义对象，创建对象的格式。

```
对象名 = 类名()
```

【例题 7-31】 创建 demo 对象。

```
创建对象 demo:
```

```
# 定义类class Car:                              // 告诉Python会在这个位置定义一个类
    # 移动
    def move(self):
        print('车在奔跑...')
                                                //定义的方法
    # 鸣笛
    def toot(self):
        print("车在鸣笛...嘟嘟..")

# 创建一个对象，并用变量BMW来保存它的引用
BMW = Car()
BMW.color = '黑色'                              //给对象添加属性
BMW.wheelNum = 4 #轮子数量
BMW.move()                                      //调用对象的方法
BMW.toot()
print(BMW.color)
print(BMW.wheelNum)
```

BMW = Car()，这样就产生了一个Car的实例对象，此时也可以通过实例对象BMW来访问属性或者方法。第一次使用BMW.color = '黑色'表示给BMW这个对象添加属性，如果后面再次出现BMW.color = xxx表示对属性进行修改。

BMW是一个对象，它拥有属性（数据）和方法（函数）。

当创建一个对象时，就是用一个模子来制造一个实物。

7.4.3 构造函数

在例题7-31中，已经给BMW这个对象添加了2个属性，wheelNum（车的轮胎数量）以及color（车的颜色），试想如果再次创建一个对象的话，肯定也需要进行添加属性，显然这样做很费时间，那么有没有办法能够在创建对象的时候，就顺便把车这个对象的属性给设置了呢？

答案是可以利用__init__()方法，定义该方法比较特殊而且大部分书中称为初始化函数，或称之为构造函数，所谓初始化就是让创建的类有一个基本的面貌，不是那么的空。而它的作用就是在Python实例化时，要给参数进行赋值，当把这种参数传递进去之后就会变为类和实例的一个属性。

1．构造函数的定义及使用

__init__方法的使用方法如下。

```
def 类名:
    #初始化函数，用来完成一些默认的设定
    def __init__():
        pass
```

【例题7-32】 __init__()方法的调用。

```
# 定义汽车类
class Car:
```

```
        def __init__(self):
            self.wheelNum = 4
            self.color = '蓝色'

        def move(self):
            print('车在跑，目标:夏威夷')
    # 创建对象
    BMW = Car()

    print('车的颜色为:%s'%BMW.color)
    print('车轮胎数量为:%d'%BMW.wheelNum)
```

运行结果如图 7-30 所示。

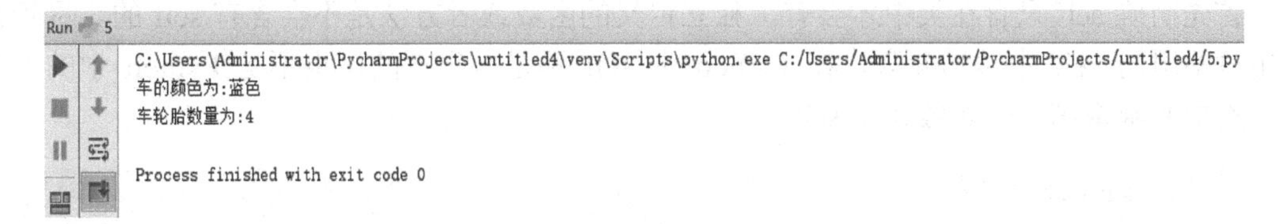

图 7-30　__init__()方法的调用

当创建 Car 对象后，在没有调用__init__()方法的前提下，BMW 就默认拥有了 2 个属性 wheelNum 和 color，原因是__init__()方法是在创建对象后，就立刻被默认调用__init__()方法。__init__(self)中，默认有 1 个参数名字为 self，如果在创建对象时传递了 2 个实参，那么__init__(self)中除了 self 作为第一个形参外还需要 2 个形参，例如__init__(self,x,y)中的 self 参数，不需要开发者传递，Python 解释器会自动把当前的对象引用传递进去。

【例题 7-33】 定义__str__()方法。

```
    class Car:
    def __init__(self, newWheelNum, newColor):
            self.wheelNum = newWheelNum
            self.color = newColor

            def __str__(self):
            msg = "嘿。。。我的颜色是" + self.color + "我有" + int(self.wheelNum) + "
            个轮胎..."
            return msg
            def move(self):
            print('车在跑，目标:夏威夷')
            BMW = Car(4, "白色")
            print(BMW)
```

运行结果如图 7-31 所示。

当使用 print 输出对象时，只要自己定义了__str__(self)方法，那么就会打印在这个方法中 return 的数据。

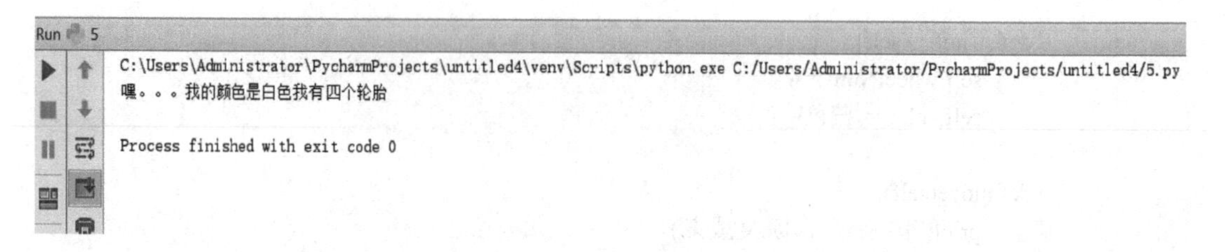

图 7-31　定义__str__()方法

下面来了解一下类与实例的关系。

类提供默认行为，是实例的工厂。所谓工厂就是用同一个模子做出很多的产品，所定义的类就是那个模子，实例就是具体的产品，所以，实例是程序处理的实际对象。

2．self 的作用

首先明确 self 只有在类中才会有，独立定义的函数或者方法是不会含有 self 的。尽管在调用时不用向 self 中传递参数，在 Python 中 self 不是必须有的，也不是 Python 中的关键字，类中的函数第一个参数就是 self。

```
class Person:
        def _init_(self,name):
                self.name=name
        def sayhello(self):
                print 'My name is:',self.name
p=Person('Bill')
print p
```

根据这个例子应该了解到 self 指向 Person 中的实例 p。

【例题 7-34】 self 的作用。

```
# class Animal:                    //定义一个类
# 方法
def __init__(self, name):
   self.name = name

    def printName(self):
        print('名字为:%s'%self.name)
# 定义一个函数 def myPrint(animal):
animal.printName( )
dog1 = Animal('西西')
myPrint(dog1)
dog2 = Animal('北北')
myPrint(dog2)
```

运行结果如图 7-32 所示。

3．保护对象和私有对象

下面要来了解一下保护对象的属性。

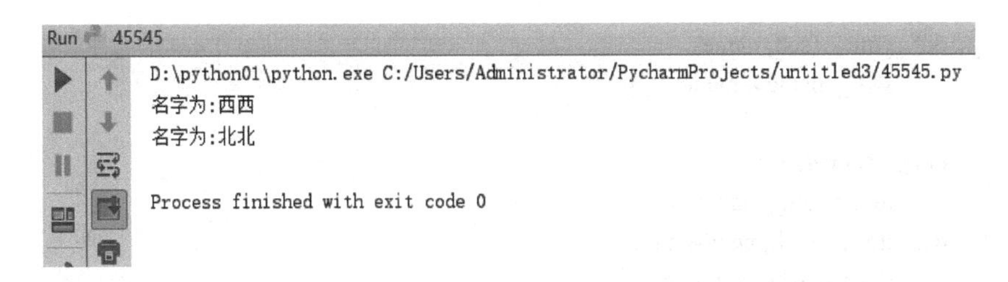

图 7-32　self 的作用

如果有一个对象，当需要修改其属性时，有 2 种方法。

```
对象名.属性名 = 数据 ---->直接修改
对象名.方法名() ---->间接修改
```

为了更好地保护属性安全，即不能随意修改，一般的处理方式如下。

- 将属性定义为私有属性。
- 添加一个可以调用的方法，供调用。

【例题 7-35】 保护对象的属性。

```
class People(object):
    def __init__(self, name):
        self.__name = name
    def getName(self):
        return self.__name
    def setName(self, newName):
        if len(newName) >= 5:
            self.__name = newName
        else:
            print("error:名字长度需要大于或者等于 5")
xiaoming = People("dongGe")
print(xiaoming.__name)
```

运行结果如图 7-33 所示。

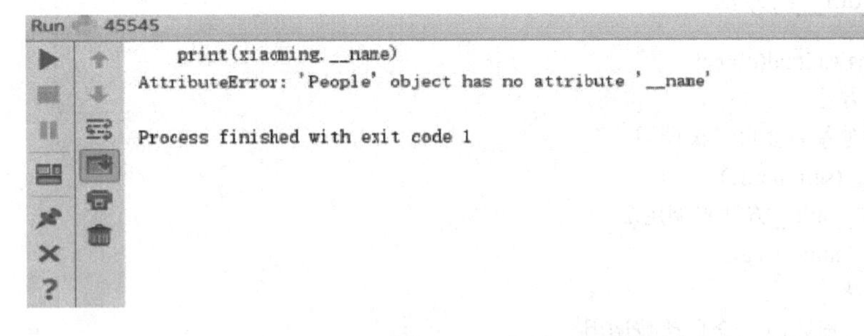

图 7-33　保护对象的属性

【例题 7-36】 私有对象的属性。

```
class People(object):
```

```
        def __init__(self, name):
            self.__name = name

        def getName(self):
            return self.__name
        def setName(self, newName):
            if len(newName) >= 5:
                self.__name = newName
            else:
                print("error:名字长度需要大于或者等于 5")
xiaoming = People("liu")
xiaoming.setName("wanger")
print(xiaoming.getName( ))
xiaoming.setName("lisi")
print(xiaoming.getName( ))
```

运行结果如图 7-34 所示。

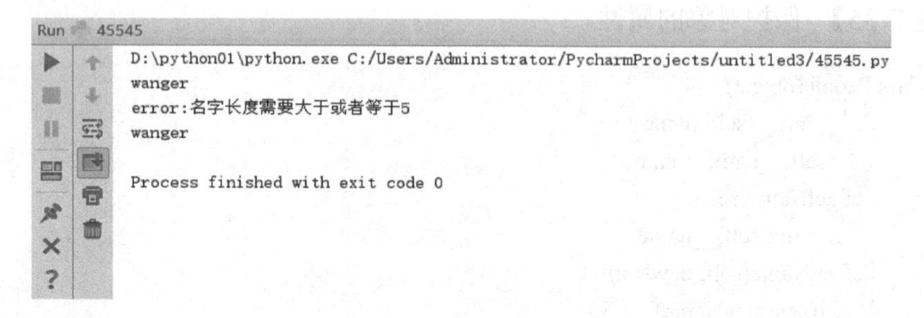

图 7-34　私有对象的属性

由于 Python 中没有像 C++一样使用 public 和 private 这些关键字来区别公有属性和私有属性，它是以属性命名方式来区分。如果在属性名前面加了 2 个下划线'__'，则表明该属性是私有属性，否则为公有属性（方法也是一样，方法名前面加了 2 个下划线的话表示该方法是私有的，否则为公有的）。

【例题 7-37】 __del__()方法。

```
import timeclass Animal(object):
    # 初始化方法
    # 创建完对象后会自动被调用
    def __init__(self, name):
        print('__init__方法被调用')
        self.__name = name
    # 析构方法
    # 当对象被删除时，会自动被调用
    def __del__(self):
        print("__del__方法被调用")
        print("%s 对象马上被删掉了..."%self.__name)
# 创建对象
```

```
dog = Animal("某个")
# 删除对象 del dog
cat = Animal("那个")
cat2 = cat
cat3 = cat
print("---马上 删除 cat 对象")del cat
print("---马上 删除 cat2 对象")del cat2
print("---马上 删除 cat3 对象")del cat3
print("程序 2 秒钟后结束")
time.sleep(2)
```

运行结果如图 7-35 所示。

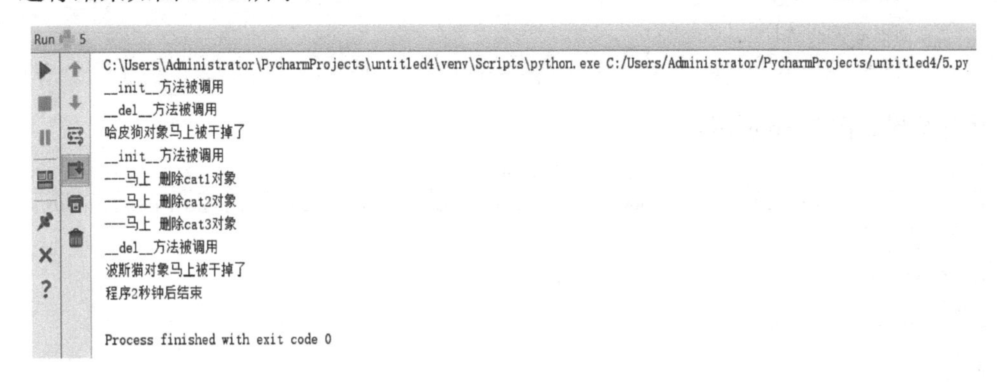

图 7-35 __del__方法

当有某一个变量保存了对象的引用时，此对象的引用计数就会加 1。

当使用 del 删除变量指向的对象时，如果对象的引用计数不是 1，如 3，那么此时只会让这个引用计数减 1，即变为 2，当再次调用 del 时，变为 1，如果再调用 1 次 del，此时会真的把对象删除。

7.4.4 继承

1．继承以及单继承

在现实生活中，继承一般指的是子女继承父辈的财产。继承就意味着一个人要从另一个人那里得到一些东西，总之，继承之后，在那个所继承的方面，就会省一些力气。如果这个优势体现在代码上，就会提高程序的运行效率。

继承是面向软件技术的一种概念。如果一个类别 A“继承自”另一个类 B，就把这个 A 称为“B 的子类别”，而把 B 称为“A 的父类别”。所以继承就可以使得子类具有父类的各种属性和方法，子类继承父类的同时，也可以同时定义自己的属性和方法，当然也可以重写某些属性和方法。由于继承会继承父类的属性和方法，所以可以实现代码的重用，可以高效地实现代码的继承，提高代码的运行效率。

单继承的定义方式：class 子类（父类）。

【例题 7-38】 继承的定义举例。

```
class Preson :              #父类
```

```
def    speak (self):
print    “I love you.”
def setHeight (self,n):
self.length = n
def breast(self,n):
print” My breast is:  ” ,n
 class Girl(Person) :                              #继承的定义
def selfHeight(self):
        print  “the height is :1.70m”
If__name__==” __main__” :
    cang =Girl ()
    cang.selfHeight( )
    cang.speak ()
    cang . breast(90)
```

运行结果如图 7-36 所示。

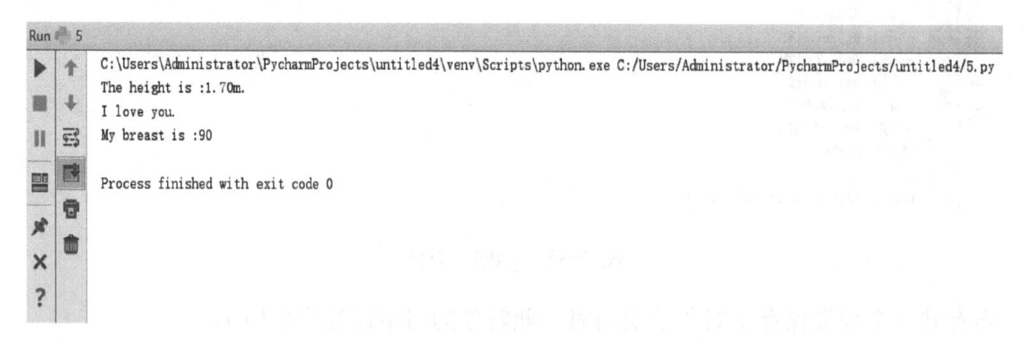

图 7-36　继承的定义

首先定义一个类 Person，在类中又定义了 3 种方法，但是在这个类中并没有定义初始化函数。然后又定义了 Girl 类，这个类名后面的括号中是上一个类的类名，这是说明 Girl 继承了 Person 类，所以 Girl 是 Person 类的子类，那么 Person 类也即是 Girl 类的父类。既然已经继承 Person 类，那么 Girl 就会拥有 Person 中的属性和方法，但是，如果 Girl 中有和 Person 中一样的方法，那么父类中的同一个方法将会被遮盖，这就叫作方法的重写。虽然在 Girl 类中没有 speak 方法，但是由于继承的原因，在子类中也能调用。

```
class Animal(object):
 def__init__(self, name='动物', color='白色'):
        self.__name = name
        self.color = color
 def__test(self):
        print(self.__name)
        print(self.color)
def test(self):

        print(self.__name)
        print(self.color)
class Dog(Animal):
```

```
        def dogTest1(self):
            #print(self.__name)              #能访问到父类的私有属性
            print(self.color)
        def dogTest2(self):
            #self.__test()                   #不能访问父类中的私有方法
            self.test()
    A = Animal()#print(A.__name)             #程序出现异常，不能访问私有属性
    print(A.color)#A.__test()                #程序出现异常，不能访问私有方法
    A.test()
    print("-------分割线-----")
    D = Dog(name = "小花狗", color = "黄色")
    D.dogTest1()
    D.dogTest2()
```

继承的注意事项如下。

- 私有的属性，不能通过对象直接访问，但是可以通过方法访问。
- 私有的方法，不能通过对象直接访问。
- 私有的属性、方法，不会被子类继承，也不能被访问。
- 一般情况下，私有的属性、方法都不对外公布，往往用来做内部的事情，起到安全的作用。

2．多继承

Python 中多继承的格式如下：

```
    # 定义一个父类 class A:
        def printA(self):
            print('----A----')
    # 定义一个父类 class B:
        def printB(self):
            print('----B----')
    # 定义一个子类，继承自 A、Bclass C(A,B):
        def printC(self):
            print('----C----')
    obj_C = C()
    obj_C.printA()
    obj_C.printB()
```

以上程序运行结果如图 7-37 所示。

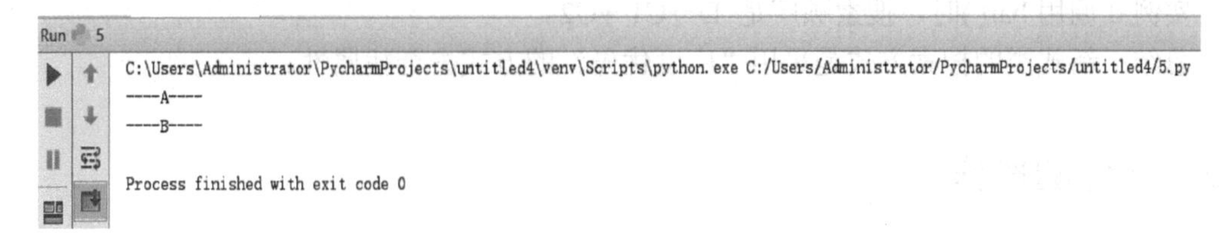

图 7-37　多继承

📖 Python 中可以多继承，父类中的方法、属性，子类会继承。那么与此同时就会产生多重继承的顺序问题，如果一个子类继承两个父类，并且两个父类有同样的方法或者是属性，那么就会涉及顺序问题。

【例题 7-39】 多继承的顺序。

```
class P1(object):
    def  foo(self):
        print 'p1-foo'
        class P2(object):
    def foo(self):
        print 'p2-foo'
    def  bar(self):
        print 'p2-bar'
        class C1(P1,P2):
    pass
    class C2(P1,P2):
    def  bar(self):
        print 'C2-bar'
    class D(C1,C2):
    pass
if __name__ =='__main__':
      print D.__mro__                          #只有新式类有__mro__属性，告诉查找顺序是怎样的
     d=D()
     d.foo()
     d.bar()
```

运行结果如图 7-38 所示。

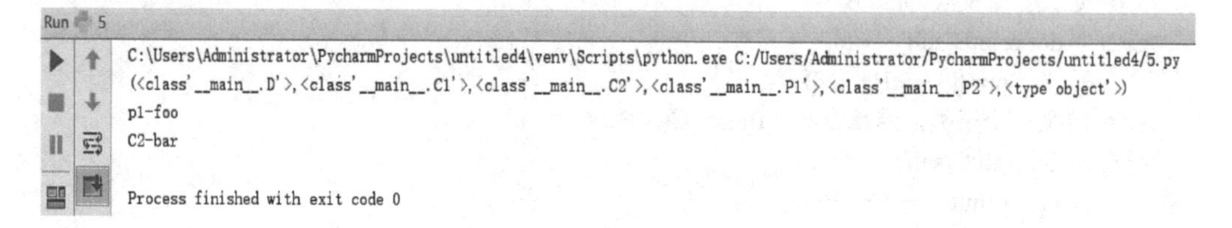

图 7-38 多继承的顺序

从运行结果中能够得出以下结论。

实例 d 调用 foo()时，搜索顺序是 D→C1→C2→P1；

实例 d 调用 bar()时，搜索顺序是 D→C1→C2。

总结：新式类的搜索方式是采用“广度优先”的方式去查找属性。

7.5 文件的操作

1. 文件的定义

文件是计算机中非常重要的东西，在 Python 中它也是一种类型的对象，包括文本、图

片、音频、视频文件等，还有很多相关的扩展名。其实在 Linux 中的操作，都是被保存在文件中，所以，文件在操作系统中能够起到至关重要的作用，储存一切有用的东西，并且不会丢失。

2．文件的操作

（1）打开文件

在 Python 中，使用 open 函数，可以打开一个已经存在的文件，或者创建一个新文件。

```
open(文件名，访问模式)
```

示例如下：

```
f = open('test.txt', 'w')
```

访问模式及其说明如表 7-5 所示。

表 7-5　访问模式及其说明

访问模式	说　明
r	以只读方式打开文件。文件的指针将会放在文件的开头。这是默认模式
w	打开一个文件只用于写入。如果该文件已存在则将其覆盖。如果该文件不存在，创建新文件
a	打开一个文件用于追加。如果该文件已存在，文件指针将会放在文件的结尾。也就是说，新的内容将会被写入到已有内容之后。如果该文件不存在，创建新文件进行写入
rb	以二进制格式打开一个文件用于只读，文件指针将会放在文件的开头。这是默认模式
wb	以二进制格式打开一个文件只用于写入。如果该文件已存在则将其覆盖；如果该文件不存在，创建新文件
ab	以二进制格式打开一个文件用于追加。如果该文件已存在，文件指针将会放在文件的结尾。也就是说，新的内容将会被写入到已有内容之后。如果该文件不存在，创建新文件进行写入
r+	打开一个文件用于读写。文件指针将会放在文件的开头
w+	打开一个文件用于读写。如果该文件已存在则将其覆盖。如果该文件不存在，创建新文件
a+	打开一个文件用于读写。如果该文件已存在，文件指针将会放在文件的结尾。文件打开时会是追加模式。如果该文件不存在，创建新文件用于读写
rb+	以二进制格式打开一个文件用于读写，文件指针将会放在文件的开头
wb+	以二进制格式打开一个文件用于读写。如果该文件已存在则将其覆盖；如果该文件不存在，创建新文件
ab+	以二进制格式打开一个文件用于追加。如果该文件已存在，文件指针将会放在文件的结尾；如果该文件不存在，创建新文件用于读写

从表 7-5 中不难看出，如果在不同文件下打开文件，可以进行相关的读写。那么，如果模式都不写时，将会启动默认的“r”形式，通过只读的方式来打开文件。

```
f = open ( “130.txt” )
f
<open file ‘130.txt’,mode ‘r’ at 0x7530230>
f = open ( “130.txt” ,” r” )
f
<open file ‘130.txt’,mode ‘r’at 0xb750a700>
```

可以通过这种方式来查看当前打开的文件是采用什么模式，如果不写“r”，那么就能认为是只读方式了。

131.txt 是已建立好的文件，文件内容为：This is a file。

```
fp=open(“131.txt”)
for line in fp            #原来这个文件中的内容
... print line
...
This is a file
fp=open(“131.txt”,”w”)  #这时候再看看这个文件，里面是否有内容
fp.white(“My name is qiwsir.\nMy website is qiwsir.github.io”)  #再查看内容
fp.close()
```

运行以上程序段后，再查看 131.txt 文件的内容如下。

```
$cat 131.txt              #cat 是 Linux 下显示文件内容的命令，这里就是要显示 131.txt 内容
My name is qiwsir
My website is qiwsir.github.io
```

通过以下程序段体验“a”访问模式。

```
fp=open(“131.txt”,”a”)
fp.write(“\nAha,I like program\n”)          #向文件中追加
fp.close()          #这条语句是用来关闭文件的，当写完文件时就要及时地将文件关闭
```

运行以上程序段后，再查看 131.txt 文件的内容如下。

```
$cat 131.txt
My name is qiwsir
My website is qiwsir.github.io
Aha,I like program
```

（2）关闭文件

```
close()
```

示例如下：

```
# 新建一个文件，文件名为 test.txt
f = open('test.txt', 'w')
# 关闭这个文件
f.close()
```

3．文件的读写

（1）写数据（write）

使用 write()可以完成向文件写入数据。

【例题 7-40】 写数据的格式。

```
demo:
f = open('test.txt', 'w')
f.write('hello world, i am here!')
f.close()
```

运行结果如图 7-39 所示。

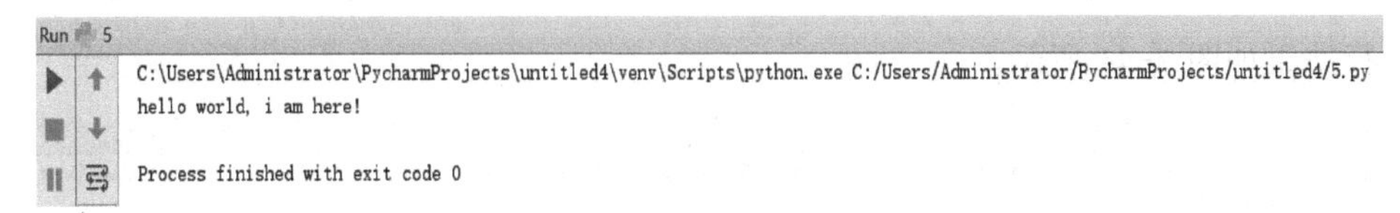

图 7-39 写数据的格式

（2）读数据(read)

使用 read(num)可以从文件中读取数据，num 表示要从文件中读取的数据的长度（单位是字节），如果没有传入 num，那么就表示读取文件中所有的数据。

【例题 7-41】 读取数据。

```
f = open('test.txt', 'r')
content = f.read(5)
print(content)
print("-"*30)
content = f.read()
print(content)
f.close()
```

运行结果如图 7-40 所示。

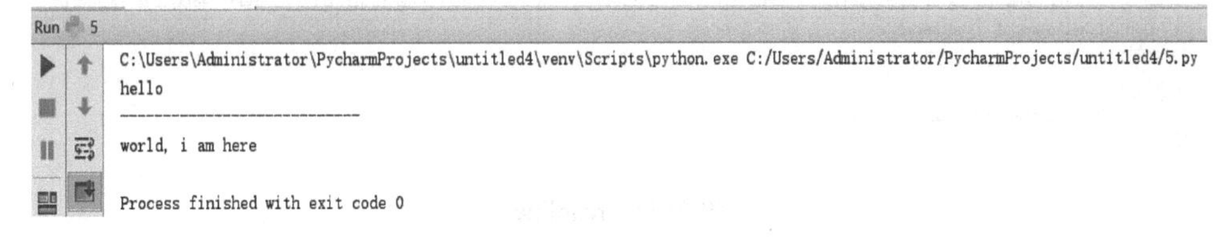

图 7-40 读取数据

1. 如果 open 是打开一个文件，那么可以不用打开的模式，即只写 open('test.txt')。
2. 如果使用读了多次，那么后面读取的数据是从上次读完后的位置开始的。

（3）读数据（readlines）

就像 read 没有参数时一样，readlines 可以按照行的方式把整个文件中的内容进行一次性读取，并且返回的是一个列表，其中每一行的数据为一个元素。

【例题 7-42】 readlines 格式。

```
#coding=utf-8
f = open('test.txt', 'r')
content = f.readlines()
```

```
print(type(content))
i=1
for temp in content:
    print("%d:%s"%(i, temp))
    i+=1
f.close()
```

运行结果如图 7-41 所示。

```
Run 5
C:\Users\Administrator\PycharmProjects\untitled4\venv\Scripts\python.exe C:/Users/Administrator/PycharmProjects/untitled4/5.py
<class 'list'>
1:hello world, i am here!

Process finished with exit code 0
```

图 7-41　readlines

【例题 7-43】 readline 格式。

```
#coding=utf-8
f = open('test.txt', 'r')
content = f.readline()
print("1:%s"%content)
content = f.readline()
print("2:%s"%content)
f.close()
```

运行结果如图 7-42 所示。

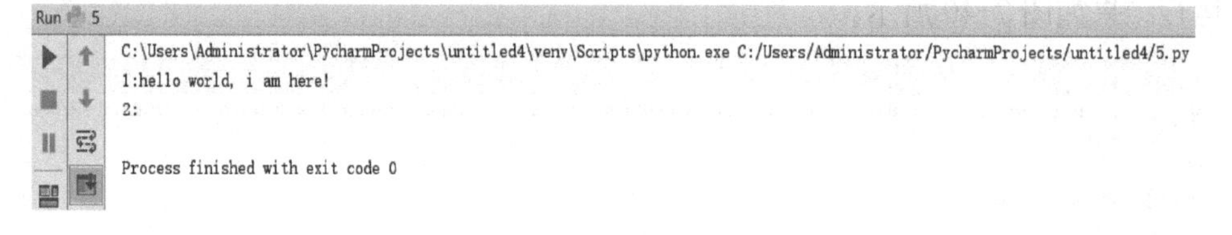

图 7-42　readline

4．文件其他操作

有些时候，需要对文件进行重命名、删除等一些操作，Python 的 os 模块中具有这一功能。

（1）文件重命名

os 模块中的 rename()可以完成对文件的重命名操作。

rename(需要修改的文件名, 新的文件名)

```
import os
os.rename("毕业论文.txt", "毕业论文-最终版.txt")
```

（2）删除文件

os 模块中的 remove()可以完成对文件的删除操作。

remove(待删除的文件名)

```
import os
os.remove("毕业论文.txt")
```

（3）创建文件夹

```
import os
os.mkdir("张三")
```

（4）获取当前目录

```
import os
os.getcwd()
```

（5）改变默认目录

```
import os
os.chdir("../")
```

（6）获取目录列表

```
import os
os.listdir("./")
```

（7）删除文件夹

```
import os
os.rmdir("张三")
```

7.6 Python 的类库

1. 操作系统接口

os 模块提供了很多与操作系统交互的函数，os 模块提供了访问操作系统服务的功能，它所包含的内容相当多。

```
import os

os.getcwd() #     Return the current working directory
C:\\Python27'
os.chdir('/server/accesslogs') #    Change current working directory
os.system('mkdir today') # Run the command mkdir in the system shell
```

应该用 import os 风格而非 from os import *。这样可以保证随操作系统不同而有所变化的 os.open()不会覆盖内置函数 open()。在使用一些像 os 这样的大型模块时，内置的 dir()和 help()函数非常有用。

```
import os
dir(os)
< returns a list of all module functions >
help(os)
<returns an extensive manual page created from the module's docstrings>
```

操作目录举例如下

1）os.listdir 的作用是：显示目录的文件。

```
Help on built-in function listdir in module posix :
listdir(...)
Listdir(path)->list_of_strings
Return a list containing the names of the entries in the directory
path:path of directory to list
The list is in arbitrary order.it does not include the special
entries '.'and '..'even if they are present in the directory
```

2）os.getcwd 和 os.chdir 具有相同的作用，作用是：改变当前的目录。

```
cwd = os.getcwd()
print cwd
'/home/qw/Documents/VBS/StartertLearningPython/2code/rd'
os.chdir(os.pardir)
os.getcwd()
'/home/qw/Documents/VBS/StarterLearingPython/2code'
os.chdir("rd")
os.getcwd()
'/home/qw/Documents/VBS/StarterLearningPython/2code/rd'
```

在程序中应该注意：返回值是列表，如果文件夹中有特殊格式命名的文件，将会不显示。在 Linux 中，用 ls 命令也看不到隐藏的文件。

3）os.makedirs，os.removedirs：创建和删除目录。

```
dir=os.getcwd()
dir
'/home/qw/Documents/VBS/StartertLearningPython/2code/rd'

os.removedirs(dir)
Tracebook(most recent call last)
File"<stdin>",line 1,in<module>
File"/usr/lib/python2.7/os.py",line 170,in removedirs
rmdir(name)
OSError:[Error39]Directornotempty:'/home/qw/Documents/VBS/StartertLearningPython/2code/rd'
```

4）针对日常的文件和目录管理任务，shutil 模块提供了一个易于使用的高级接口。

```
import shutil
```

```
shutil.copyfile('data.db', 'archive.db')
shutil.move('/build/executables', 'installdir')
```

2. 文件通配符

glob 模块提供了一个函数，用于从目录通配符搜索中生成文件列表。

```
import glob
glob.glob('*.py')
['primes.py','random.py', 'quote.py']
```

3. 命令行参数

sys 是一个跟 Python 关系非常密切的类库。

sys.argv 是变量，专门用来向 Python 传递参数，所以称为命令行参数。

首先要了解一下命令行参数。

sys.arg 在 Python 中的作用就是向解释器传递命令参数。例如：

```
import says
print "The file name" ,sys.argv[0]
print "The number of argument" ,len(sys.argv)
print "The argument is" ,str(sys.argv)
$python 22101.py
The file name :22101.py
The number of arguement 1
The arguement is :['22101.py']
```

在$python 22101.py 中，“22101.py”是要运行的文件名，同时也是命令参数行，sys.argv[0]是第一个参数，就是上面的“22101.py”，即文件名。

通用工具脚本经常调用命令行参数。这些命令行参数以链表的形式存储于 sys 模块的 argv 变量。例如，在命令行中执行 python demo.py one two three 后可以得到以下输出结果。

```
import sys
 print sys.argv

['demo.py', 'one',  'two',  'three']
```

getopt 模块使用 UNIX getopt()函数处理 sys.argv。更多的复杂命令行处理由 argparse 模块提供。

```
sys.exit()
```

以上语句用于提前退出程序。

```
Help on built-in function exit in module sys :
exit (...)
exit([status])
Exit the interpreter by raising SystemExit(status)
```

```
If the status is omitted or None it defaults to zero(i.e,success)
If the status is an interger it will be used as the system exit status
If it is another kind of object it will be printed and the system
exit status will be one (i.e,failure)
```

如果使用 sys.exit()退出程序，会返回 SystemExit 异常。应该了解到还有另外一种方式退出程序，即 os._exit()，不过这两种方式会有一定的区别。

4．弱引用

Python 自动进行内存管理（对大多数对象进行引用计数和垃圾回收以循环利用），在最后一个引用消失后，内存会很快释放。

这种工作方式对大多数应用程序工作良好，但是偶尔会需要跟踪对象来做一些事。不幸的是，仅仅为跟踪它们而创建引用会使其长期存在。weakref 模块提供了不用创建引用的跟踪对象工具，一旦对象不再存在，它自动从弱引用表上删除并触发回调。典型的应用包括捕获难以构造的对象。

```
import weakref, gc
class A
...def    __init__(self, value):
...self.value= value
...def    __repr__(self):
...return   str(self.value)
a = A(10)
d = weakref.WeakValueDictionary()
d['primary'] = a
d['primary']
10
del a
gc.collect()
0
d['primary']
Traceback (most recent call last):

File ”<stdin>”, line 1, in <module>
d['primary']
File ”C:/python33/lib/weakref.py”,line 46, in __getitem_
o = self.data[key] ()
KeyError: 'primary'
```

5．列表工具

很多数据结构可能会用到内置列表类型。然而，有时可能需要不同性能代价来实现。array 模块提供了一个类似列表的 array()对象，它仅仅是存储数据，更为紧凑。以下的示例演示了一个存储双字节无符号整数的数组（类型编码“H”），而非存储 16 字节 Python 整数对象的普通正规列表。

```
from array import array
```

```
a = array('H', [4000,10,700,22222])
sum(a)
26932
a[1:3]
array('H', [10,700])
```

1）collections 模块提供了与列表相似的 deque( )对象，首先它从左边添加和弹出更快，但是在内部查询较慢。这些对象更适用于队列实现和广度优先的树搜索。

```
from collections import deque
d = deque([" task1", " task2", " task3"])
d.append(" task4")
print " Handling", d.popleft()
Handling task1
unsearched = deque([starting_node])
def   breadth_first_search(unsearched):
node = unsearched.popleft()
for m in gen_moves(node)
if   is_goal(m):
return m
unsearched.append(m)
```

2）bisect 模块用来操作存储链表。

```
import bisect
scores = [(100,'perl'),(200,'tcl'), (400,'lua'),(500,'python')]
bisect.insort(scores, (300,'ruby'))
scores[(100,'perl'), (200,'tcl'),(300,'ruby'), (400,'lua'),(500,'python')]
```

3）heapq 模块，其中的 heap 是堆的意思，q 就是代表队列的意思。

```
import heapq
heapq._all_
```

heapq 提供了基于正规链表的堆实现。最小的值总是保持在 0 点，这在希望循环访问最小元素但是不想执行完整堆排序的时候非常有用。

```
from heapq import heapify, heappop, heappush
data = [1,3,5,7,9,2,4,6,8,0]
heapify(data)
heappush(data, -5)
[heappop(data) for i in range(3)]
[-5,0,1]
```

7.7 应用案例：数据挖掘相关 Python 类库应用

经典的线性回归模型主要用来预测一些存在着线性关系的数据集。回归模型可以理解为：存在一个点集，用一条曲线去拟合它分布的过程。如果拟合的曲线是一条直线，则称为线性回归。如果是一条二次曲线，则称为二次回归。线性回归是回归模型中最简单的一种。在线性回归中：

1）假设函数：用数学的方法描述自变量和因变量之间的关系，它们之间可以是一个线性函数或非线性函数。在本次线性回归模型中，假设函数为 Y`=wX+b，其中，Y`表示模型的预测结果（预测房价），用来和真实的 Y（真实房价）区分。模型要学习的参数即：w,b。

2）损失函数：用数学的方法衡量假设函数预测结果与真实值之间的误差。这个差距越小，预测越准确，而算法的任务就是使这个差距尽量小。建立模型后，需要给模型一个优化目标，使得学到的参数能够让预测值 Y`尽可能地接近真实值 Y。这个值通常用来反映模型误差的大小。不同问题场景下采用不同的损失函数。对于线性模型来讲，最常用的损失函数就是均方误差（Mean Squared Error，MSE）。

3）优化算法：神经网络的训练就是调整权重（参数）使得损失函数值尽可能小，在训练过程中，将损失函数值逐渐收敛，得到一组使得神经网络拟合真实模型的权重（参数）。所以，优化算法的最终目标是找到损失函数的最小值。而这个寻找过程就是不断地微调变量 w 和 b 的值，一步一步地试出这个最小值。 常见的优化算法有随机梯度下降法（SGD）、Adam 算法等。

本例使用百度的 PaddlePaddle 框架建立起一个房价预测模型。

1．数据采集

第一步：导入必要的包。

```
import numpy as np
import paddle
import paddle.fluid as fluid
import matplotlib.pyplot as plt
import pandas as pd
```

第二步：训练数据集准备。

```
#用于训练的数据提供器，每次从缓存中随机读取批次大小的数据
train_reader = paddle.batch(
    paddle.reader.shuffle(paddle.dataset.uci_housing.train( ),
                          buf_size=BUF_SIZE),
    batch_size=BATCH_SIZE)
```

第三步：测试数据集准备。

```
#用于测试的数据提供器，每次从缓存中随机读取批次大小的数据
test_reader = paddle.batch(
    paddle.reader.shuffle(paddle.dataset.uci_housing.test( ),
                          buf_size=BUF_SIZE),batch_size=BATCH_SIZE)
```

2．网络配置

对于波士顿房价数据集，假设属性和房价之间的关系可以被属性间的线性组合描述：

$z = a_1 w_1 + \cdots + a_k w_k + \cdots + a_k w_k + b$，网络模型图和激活函数如图 7-43、图 7-44 所示。

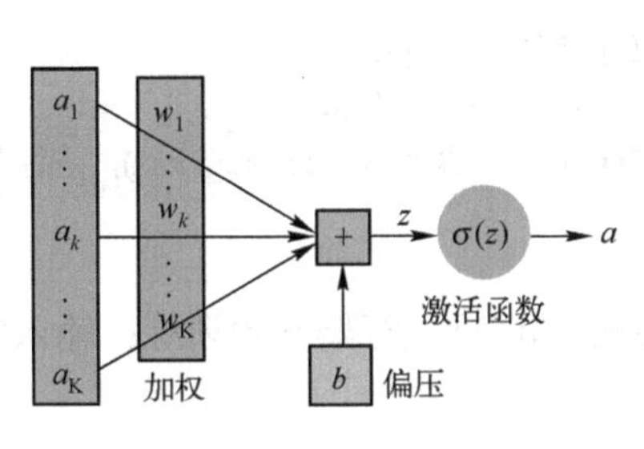

图 7-43　简单网络模型

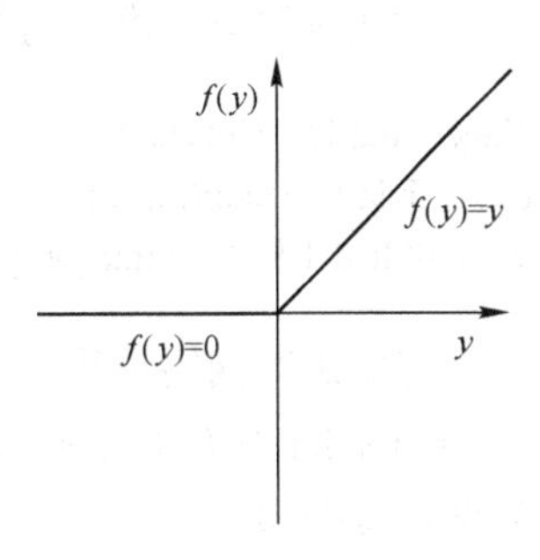

图 7-44　激活函数

第一步：定义简单网络。

```
#定义张量变量 x，表示 13 维的特征值
x = fluid.layers.data(name='x', shape=[13], dtype='float32')
#定义张量 y，表示目标值
y = fluid.layers.data(name='y', shape=[1], dtype='float32')
#定义一个简单的线性网络，连接输入和输出的全连接层
#input:输入 tensor;
#size:该层输出单元的数目
#act:激活函数
y_predict=fluid.layers.fc(input=x,size=1,act=None)
```

第二步：定义损失函数-使用均方误差。

```
cost = fluid.layers.square_error_cost(input=y_predict, label=y) #求一个批处理的损失值
avg_cost = fluid.layers.mean(cost)                              #对损失值求平均值
```

第三步：定义优化算法。

使用随机梯度下降算法进行优化，learning_rate 代表学习率。

```
optimizer = fluid.optimizer.SGDOptimizer(learning_rate=0.1)
opts = optimizer.minimize(avg_cost)
```

SGD 算法是从样本中随机抽出一组，训练后按梯度更新一次，然后再抽取一组，再更新一次，在样本量极其大的情况下，可能不用训练完所有的样本就可以获得一个损失值在可接受范围之内的模型了。

3．训练网络

定义好模型结构之后，要通过以下几个步骤进行模型训练。

1）网络正向传播计算网络输出和损失函数。

2）根据损失函数进行反向误差传播，将网络误差从输出层依次向前传递，并更新网络中的参数。

3）重复步骤 1）、2），直至网络训练误差达到规定的程度或训练轮次达到设定值。

具体步骤如下。

第一步：创建预测器，准备进行网络训练。

```
place = fluid.CPUPlace()                          #定义运算场所为 cpu
exe = fluid.Executor(place)                       #创建一个预测器实例 exe
exe.run(fluid.default_startup_program()) #Executor 的 run()方法执行 startup_program()，进行参数初始化
```

第二步：开始进行网络训练，打印损失值

对于 train_reader 中的每次批处理，执行 exe.run()运行执行器开始训练；输入每个批处理的训练数据，得到损失值。

```
feeder = fluid.DataFeeder(place=place, feed_list=[x, y])#feed_list:向模型输入的变量表或变量表名
for pass_id in range(EPOCH_NUM):                          #训练 EPOCH_NUM 轮
    # 开始训练并输出最后一个批处理的损失值
    train_cost = 0
    for batch_id, data in enumerate(train_reader()):          #遍历 train_reader 迭代器
        train_cost = exe.run(program=fluid.default_main_program(),#运行主程序
                             feed=feeder.feed(data),
                             fetch_list=[avg_cost])
        print("Pass:%d, Cost:%0.5f" % (pass_id, train_cost[0][0]))
        iter=iter+BATCH_SIZE
        iters.append(iter)
        train_costs.append(train_cost[0][0])
```

第三步：开始进行测试。

对于 test_reader 中的每次批处理，执行 exe.run()运行执行器开始测试；输入每个批处理的测试数据，得到损失值。

```
    # 开始测试并输出最后一个批处理的损失值
    test_cost = 0
    for batch_id, data in enumerate(test_reader()):
        test_cost = exe.run(program=fluid.default_main_program(), #运行测试程序
                            feed=feeder.feed(data),
                            fetch_list=[avg_cost])
    print('Test:%d, Cost:%0.5f' % (pass_id, test_cost[0][0]))
```

第四步：保存训练模型。

```
    #保存模型
    #如果保存路径不存在就创建
    if not os.path.exists(model_save_dir):
        os.makedirs(model_save_dir)
    print ('save models to %s' % (model_save_dir))
    #保存训练参数到指定路径中，构建一个专门用预测的程序
    fluid.io.save_inference_model(model_save_dir,     #保存推理模型的路径
                                  ['x'],
```

```
                                    [y_predict],
                                    exe)
    draw_train_process(iters,train_costs)
```

4. 模型预测

通过 fluid.io.load_inference_model，预测器会从 params_dirname 中读取已经训练好的模型，对从未遇见过的数据进行预测。

1）配置推测解释器。

```
infer_exe = fluid.Executor(place)      #创建推测用的预测器
inference_scope = fluid.core.Scope() #Scope 指定作用域
```

2）读取预测数据。

```
with fluid.scope_guard(inference_scope):
    [inference_program,
    feed_target_names,
    fetch_targets] = fluid.io.load_inference_model(#fetch_targets:
                                    model_save_dir,
                                    infer_exe)
```

3）定义预测数据。

```
    #获取预测数据
    infer_reader = paddle.batch(paddle.dataset.uci_housing.test(),
                                batch_size=200)
    test_data = next(infer_reader())
    test_x = np.array([data[0] for data in test_data]).astype("float32")
    test_y= np.array([data[1] for data in test_data]).astype("float32")
```

4）开始预测。

```
    results = infer_exe.run(inference_program,
                            feed={feed_target_names[0]: np.array(test_x)},
                            fetch_list=fetch_targets)
    print("infer results: (House Price)")
    for idx, val in enumerate(results[0]):
        print("%d: %.2f" % (idx, val))
        infer_results.append(val)
```

5. 输出结果和结论

图 7-45 和图 7-46 是房价经过训练的预测房价数据和真实房价数据，二者的对照（见图 7-47）可以看到所有点基本都在直线上下两侧，说明预测值和真实值有些分布得不错，但有些点还是距离直线有些远，这些点就是误差较大的数据，为了提高准确度，可以通过调整参数，比如增加训练轮数、修改学习率等方法来提高预测的准确度。

```
infer results: (House Price)
0: 14.50
1: 14.78
2: 14.28
3: 16.51
4: 15.21
5: 16.08
6: 15.15
7: 15.09
8: 12.07
9: 14.82
```

图 7-45　预测结果数据

```
ground truth:
0: 8.50
1: 5.00
2: 11.90
3: 27.90
4: 17.20
5: 27.50
6: 15.00
7: 17.20
8: 17.90
9: 16.30
```

图 7-46　真实房价数据

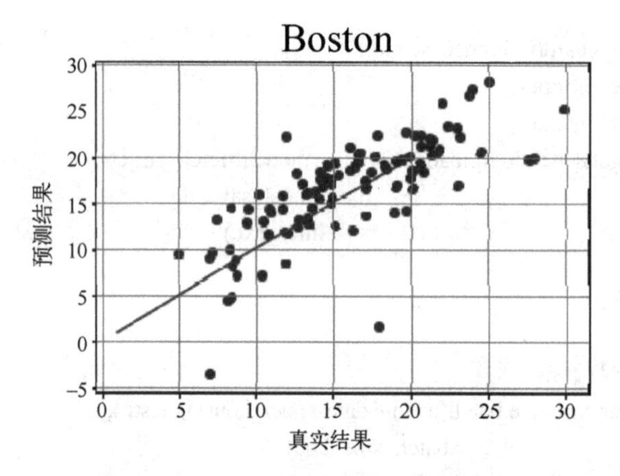

图 7-47　房价预测结果和真实结果对照

7.8　其他相关知识

1．Python 基本数据类型

Python 中的基本数据类型包括整型（如 1、10、-1）、浮点型（如 1.2，1.66）、长整型、复数和字符串。字符串中的符号包括单引号、双引号，在其两个单引号中只能写一个字母，而双引号中可以写多个字符。

Python 中的转义字符包括：\\（反斜杠符号）、\'（单引号）、\"（双引号）、\a（响铃）、\b（退格）、\e（转义）、00（空）、\n（换行）、\v（纵向制表符）、\t（横向制表符）、\r（回车）和\f（换页）。

2．列表和元组

列表的定义：list=[ ]

在方括号中可以是 int 类型，也可以是 string 类型，还可以是布尔类型。但是必须用逗号隔开，并且列表中的每一个元素都将会被赋予索引，通过索引来确定你想要的元素的位置。

列表的基本操作包括：len（list）（统计列表中的元素个数），max（list）（返回该列表的最大值），min（list）（返回该列表中的最小值），cmp（list1，list2）（比较两个列表中的元素）。

元组的定义：tupl=()

应该注意元组中每一个元素都应该由逗号隔开。如果元组只有一个元素，也要由逗号隔开。元组中可以有 int 类型、string 类型。

元组的运算符包括 len（计算元素个数），+（连接），['Hi!'] * （复制），in (1, 2, 3) （判断元素是否存在），for x in()：（迭代）。

3．Python 的字典

字典是一种可变的容器，定义格式：d = {key1：value1，key2：value2}。

4．流程控制语句

流程控制语句分为以下 3 类：顺序语句、分支语句和循环语句。

分支语句：if... else

循环语句：while 条件：（当条件为真的时候执行循环体）

执行语句

或者是：while 条件：

执行语句

else：

执行语句

for 临时变量 in 可迭代变量

在循环中通过 break、continue 进行循环语句的控制，循环中还可以进行嵌套，即将一个循环嵌入另一个循环。

5．Python 函数

函数的定义：def square（x）

return x**2

函数传递有两种方法：值传递和引用传递。

参数包括必备参数、命名参数、缺省参数和不定长参数，这些均是函数调用时可以被调用的参数。

return 语句是表示函数执行完毕，选择性地返回一个表达式。

变量包括全局变量和局部变量，局部变量只能作用于函数内部，全局变量可以作用于函数以外的区域。

6．Python 中的类和对象

类的定义：class 类名 （类名的首字母需要大写）

方法列表

构造函数的定义： def __init__(self):

pass

self 在其中可以包含参数，将对象实例化。

保护对象：

```
对象名.属性名 = 数据 ---->直接修改
对象名.方法名() ---->间接修改
```

私有对象：用来保护类中数据的安全性，不能随意被调用。

析构函数的定义：def __del__ (self):

在类中对象执行完毕时，析构函数可以将类中定义的对象删除。

7．Python 的继承：单继承和多继承

单继承的定义方式：class 子类（父类）

继承的注意事项如下。

- 私有的属性，不能通过对象直接访问，但是可以通过方法访问。
- 私有的方法，不能通过对象直接访问。
- 私有的属性、方法，不会被子类继承，也不能被访问。

一般情况下，私有的属性、方法都是不对外公布的，往往用来做内部的事情，安全性较高。

8．Python 中文件的操作

（1）文件的打开与关闭

```
f = open('test.txt', 'w')
```

（2）文件的读写

写数据（write）：使用 write()可以完成向文件写入数据。

读数据（read）：使用 read(num)可以从文件中读取数据，num 表示数据的长度。

读数据（readlines）：content = f.readlines()。

9．Python 中的类库

1）操作系统接口：os 模块提供了很多与操作系统交互的函数。

操作目录：os.listdir 的作用是显示目录的文件，os.getcwd 和 os.chdir 具有相同的作用是改变当前的目录。

2）命令行参数

sys.argv 是变量，专门用来向 Python 传递参数，所以称为命令行参数。

7.9　本章小结

本章讲述 Python 基础知识，如函数、类和对象、文件操作、类库等，并给出了利用线性回归方法预测波士顿房价的案例，最后介绍了 Python 的其他相关知识。

实践与练习

一、选择题

面向对象思想的程序设计中通常的使用顺序是以下哪一项？（　　）

A．创建实例→通过实例使用属性或方法→定义类

B．定义类→通过实例使用属性或方法→创建实例

C．创建实例→定义类→通过实例使用属性或方法

D．定义类→创建实例→通过实例使用属性或方法

二、判断题

1．Python 中如果某个文件的打开模式是“r+”，则将文件指针移动到文件开头，调用 f.write('hahaha')则可将字符串“hahaha”插入到文件的开头。（   ）

A．√

B．×

2．类具体化后成对象，对象抽象后成类。（   ）

A．×

B．√

三、填空题

1．填写如下代码，定义一个类 Dog。

```
1: class Dog(object):
2:         def __init__(self, name, size):
3:                 self.name = name
4:                 self.__size = size

5:         def getInfo(self):
6:                 print("This dog's name:", self.name)
7:                 print("This dog’ s size:", self.__size)
>>> dog = Dog('wangcai', '_____')
>>> dog.getInfo( )
This dog's name: wangcai
This dog's size: small
```

2．子类 Dog 和 Cat 继承了父类 Animal，请填写如下空格处的输出是以下哪个选项？

```
dog = Dog('coco','small'); cat = Cat('kawaii')
>>> isinstance(dog, Animal)
__________
>>> isinstance(cat, Animal)
__________
>>> isinstance(dog, Dog)
__________
>>> isinstance(dog, Cat)
__________
```

四、编程题

1．写一个函数，计算一个给定的日期是该年的第几天。

2．从 0～9 中随机选择，生成 1～10 个随机数，组成集合 A，同理生成集合 B，输出 A 和 B 以及它们的并集和交集。

第 8 章　大数据开发平台

本章主要介绍大数据主流平台：Hadoop 和 Spark，并且简要介绍分布式存储技术 HDFS，大数据 Hadoop 的生态圈，详细介绍 Hadoop 框架及组件，如 Hive、Flume、Zookeeper、Sqoop、MapReduce、HDFS、Pig、Mahout 等；同时对 Hadoop 的安全性，以及 Hadoop 的安装和配置做了介绍，同时简单描述 Spark 框架、生态圈以及安装和配置。

8.1　大数据开发平台简介

大数据开发主要是由分布式文件系统 HDFS、分布式计算框架 Mapreduce、数据仓库工具 Hive 和开源数据库 HBase 等构成的 Hadoop 生态圈。本节介绍 Hadoop 的主要应用及前景。

8.1.1　大数据的应用与前景

随着信息产业的飞速发展，大数据技术的应用已经潜移默化地走进人们的生活。

大数据应用于方便人们日常生活的小工具。例如，近年来输入法的改良。无论是手写输入还是拼音输入，以大数据为基础，许多输入法都具有了提前预测和拼写纠错的功能。

大数据还应用于网络消费者的购买预测与商品比较。网络用户浏览网页时产生的数据会被网站记录下来，网站将这些海量数据进行分析整理，针对不同人群的喜好，在屏幕上弹出与之喜好相符的小广告，尽可能地节省广告空间，挖掘用户的购买欲望，提高销售额。同样，从消费者的角度来看，大数据可以帮助消费者快速找出不同厂家的类似商品，方便消费者货比三家，挑选到自己满意的商品。

从以上触手可及的应用，可以看出，在当今人们的生活中，大数据发挥着重要的作用。虽然大数据才刚开始应用于很多领域，但是从大数据的原理和发展现状来看，大数据应用具有广阔的发展前景。

在信息产业高速发展的时代，大数据逐步深入人们的生活，大数据的应用给人类的发展产生深远影响。随着时代的进步，大数据将更好地为人类服务，给人们的日常生活提供方便。通过运用过去无法获取的数据来催生新的服务，是一条人们对未来大数据应用发展的新思路。

8.1.2　Hadoop 简介

Hadoop是一个由 Apache 基金会所开发的分布式系统基础架构，一个开源分布式计算平台。以 Hadoop 分布式文件系统（Hadoop Distributed File System, HDFS）和 MapReduce（Google MapReduce 的开源实现）为核心，Hadoop 为用户提供了系统底层细节透明的分布式基础架构。HDFS 的高容错性、高伸缩性等优点允许用户将 Hadoop 部署在低廉的硬件上，形成分布式系统；MapReduce 分布式编程模型允许用户在不了解分布式系统底层细节的情况下开发并行应用程序。所以用户可以利用 Hadoop 轻松地组织计算机资源，从而搭建自己的分布式计算平台，还可以充分利用集群的计算和存储能力，完成海量数据的处理。简单地来说，Hadoop 是一个可以更容易开发和运行处理大规模数据的软件平台。

Hadoop 的源头是 Apache Nutch，该项目始于 2002 年，是 Apache Lucene 的子项目之一。2004 年，Google 在“操作系统设计与实现”会议上公开发表了题为 MapReduce：Simplifed Data Processing on Large Clusters（《MapReduce：简化大规模集群上的数据处理》）的论文之后，受到启发的 Doug Cutting 等人开始尝试实现 MapReduce 计算框架，并将它与 NDFS（Nutch Distributed File System）结合，用以支持 Nutch 引擎的主要算法。由于 NDFS 和 MapReduce 在 Nutch 引擎中有着良好的应用，所以它们于 2006 年 2 月被分离出来，成为一套完整而独立的软件，并命名为 Hadoop。到了 2008 年年初，Hadoop 已成为 Apache 的顶级项目，包含众多子项目，并被应用到包括 Yahoo！在内的很多互联网公司。

8.2 Hadoop 框架介绍

Hadoop 的核心就是 Hadoop 的基础框架，本节主要介绍 Hadoop 框架组件。

8.2.1 Hadoop 框架及组件介绍

Hadoop 由许多元素构成。其最底部是 Hadoop Distributed File System（HDFS），它存储 Hadoop 集群中所有存储节点上的文件。HDFS（对于本文）的上一层是 MapReduce 引擎，该引擎由 JobTrackers 和 TaskTrackers 组成。通过对 Hadoop 分布式计算平台最核心的分布式文件系统 HDFS、MapReduce 处理过程，以及数据仓库工具 Hive 和分布式数据库 Hbase 的介绍，基本涵盖了 Hadoop 分布式平台的所有技术核心。

Hadoop 框架最核心的设计就是 HDFS 和 MapReduce。

HDFS 为海量的数据提供了存储，则 MapReduce 为海量的数据提供了计算。

HDFS 的工作机制如图 8-1 所示。

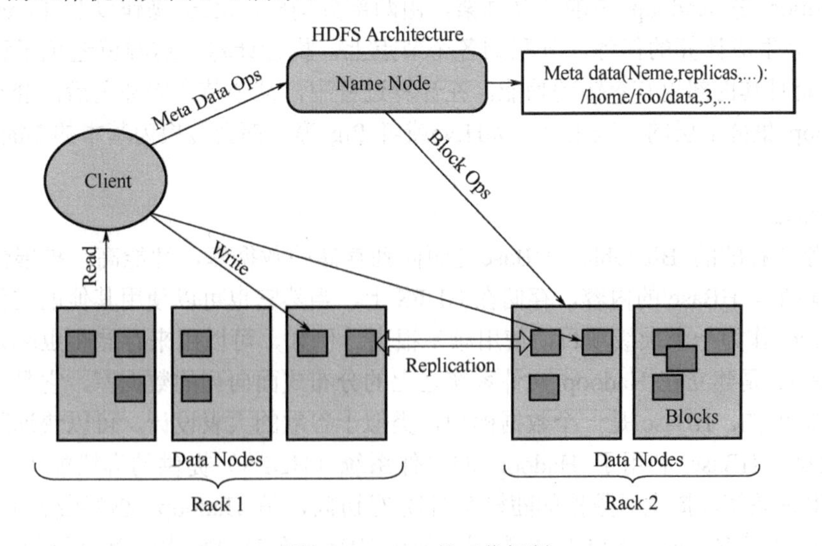

图 8-1　HDFS 的工作机制

（1）HDFS

HDFS 是在 Google 开源有关 DFS 的论文后，由一位大牛开发而成的。HDFS 建立在集群之上，适合 PB 级大量数据的存储，扩展性强，容错性高。它也是 Hadoop 集群的基础，大部分内容都存储在了 HDFS 上。HDFS 内部的所有通信都基于标准的 TCP/IP 协议。

NameNode 可以看作是分布式文件系统中的管理者，主要负责管理文件系统的命名空间、集群配置信息和存储块的复制等。NameNode 会将文件系统的 Metadata 存储在内存中，这些信息主要包括文件信息、每一个文件对应的文件块的信息和每一个文件块在 DataNode 中的信息等。DataNode 是文件存储的基本单元，它将文件块（Block）存储在本地文件系统中，保存了所有 Block 的 Metadata，同时周期性地将所有存在的 Block 信息发送给 NameNode。Client 需要获取分布式文件系统文件的应用程序。

接下来通过三个具体的操作来说明 HDFS 对数据的管理。

1）文件写入。

- Client 向 NameNode 发起文件写入的请求。
- NameNode 根据文件大小和文件块配置情况，返回给 Client 所管理的 DataNode 的信息。
- Client 将文件划分为多个 Block，根据 DataNode 的地址信息，按顺序将其写入到每一个 DataNode 块中。

2）文件读取。

- Client 向 NameNode 发起文件读取的请求。
- NameNode 返回文件存储的 DataNode 信息。
- Client 读取文件信息。

3）文件块（Block）复制。

- NameNode 发现部分文件的 Block 不符合最小复制数这一要求或部分 DataNode 失效。
- 通知 DataNode 相互复制 Block。
- DataNode 开始直接相互复制。

（2）MapReduce

MapReduce 是 Hadoop 中的计算框架，由两部分构成：Map 操作以及 Reduce 操作。MapReduce 会生成计算的任务，分配到各个节点上，执行计算。这样就避免了移动集群上面的数据，而且其内部也有容错的功能。在计算过程中，某个节点宕掉之后，会有策略进行应对。Hadoop 集群上层的一些工具，如Hive或者 Pig 等，都会转换为基本的 MapReduce 任务来执行。

（3）HBase

HBase源自谷歌的 BigTable。HBase是面向列存储的数据库，性能高，扩展性强，可靠性高，延迟较低。HBase 的内容，存储在 HDFS 上，当然它也可以使用其他的文件系统，如 S3 等。HBase 作为一个顶级项目，使用频率很高。例如，可以用来存储爬虫爬来的网页的信息等。HBase 是建立在 Hadoop 文件系统之上的分布式面向列的数据库。它是一个开源项目，是横向扩展的。HBase 是一个数据模型，类似于谷歌的大表设计，可以快速随机访问海量结构化数据。HBase 利用了 Hadoop 的文件系统（HDFS）提供的容错能力。HBase 是 Hadoop 的生态系统，提供对数据的随机实时读/写访问，是 Hadoop 文件系统的一部分。人们可以直接或通过 HBase 存储 HDFS 数据，使用 HBase 在 HDFS 读取消费/随机访问数据。

HBase 有 3 个主要组成部分：客户端库、主服务器和区域服务器。区域服务器可以按要求添加或删除。主服务器是分配区域给区域服务器，并在 Apache ZooKeeper 的帮助下处理跨区域的服务器区域的负载均衡。主服务器卸载繁忙的服务器和转移区域较少占用的服务器，通过判定负载均衡以维护集群的状态，负责模式变化和其他元数据操作，如创建表和列。

区域只不过是表被拆分，并分布在区域服务器上。区域服务器可以与客户端进行通信并处理数据相关的操作，读写所有地区的请求。

客户端 Client 是整个 HBase 集群的访问入口，使用 HBase RPC 机制与 HMaster 和 HRegionServer 进行通信，与 HMaster 进行通信进行管理类操作，与 HRegionServer 进行数据读写类操作；包含访问 HBase 的接口，并维护 cache 来加快对 HBase 的访问。

（4）Hive

Hive 是基于 Hadoop 的一个数据仓库工具，可以将结构化的数据文件映射为一张数据库表，并提供简单的 SQL 查询功能，可以将 SQL 语句转换为 MapReduce 任务进行运行。其优点是学习成本低，可以通过类 SQL 语句快速实现简单的 MapReduce 统计，不必开发专门的 MapReduce 应用，十分适合数据仓库的统计分析。

Hive 是建立在 Hadoop 上的数据仓库基础构架。它提供了一系列的工具，可以用来进行数据提取转化加载，这是一种可以存储、查询和分析存储在 Hadoop 中的大规模数据的机制。Hive 定义了简单的类 SQL 查询语言，称为 HQL，它允许熟悉 SQL 的用户查询数据。同时，这个语言也允许熟悉 MapReduce 的开发者开发自定义的 mapper 和 reducer 来处理内建的 mapper 和 reducer 无法完成的复杂的分析工作。

Hive 的工作机制如图 8-2 所示。

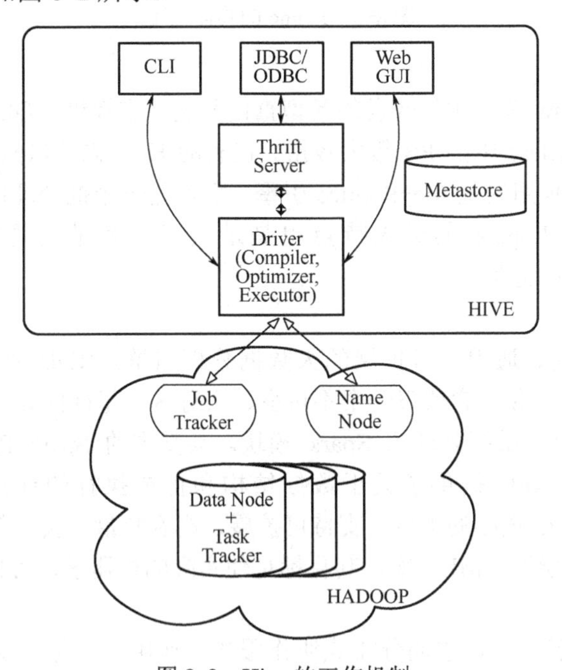

图 8-2　Hive 的工作机制

（5）Sqoop

Sqoop 也是一个很神奇的数据同步工具。在关系型数据库中，有时需要将Oracle数据导入到Mysql，或者将 Mysql 数据导入到Oracle。而 Sqoop 具有类似的功能。Sqoop 可以将 Oracle、Mysql 等关系型数据库中的数据导入到 HBase、HDFS 中，当然也可以从 HDFS 或 HBase 导入到 Mysql 或 Oracle 中。

（6）Flume

Flume 是日志收集工具，具有分布式、可靠、容错和可以定制的特点。例如，100 台服务器，需要监测各个服务器的运行情况，这时可以用 Flume 将各个服务器的日志收集过来。Flume 也有两个版本：Flume OG 和 Flume NG。现在基本都用 Flume NG 了。Flume 分布式系统中最核心的角色是 Agent。Flume 采集系统就是由一个个 Agent 所连接起来，每一个 Agent 相当于一个数据传递员，内部有 3 个组件：Source 采集源，用于跟数据源对接，以获取数据；Sink 下沉地，采集数据的传送目的，用于往下一级 Agent 传递数据或者往最终存储系统传递数据；Channel，即 Agent 内部的数据传输通道，用于从 source 将数据传递到 sink。

Flume 的具体配置如图 8-3 所示。

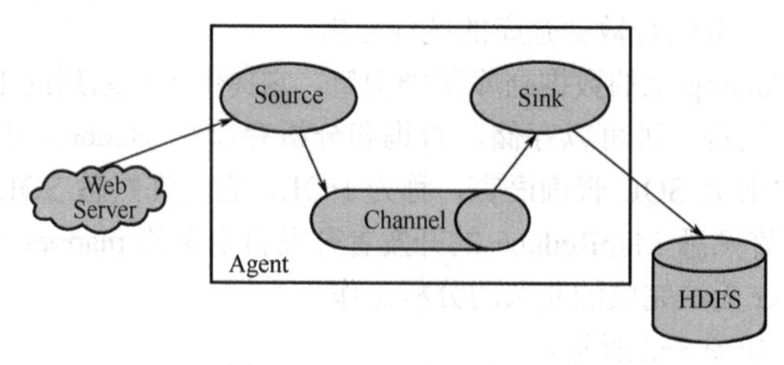

图 8-3　Flume 的具体配置

（7）Impala

Impala 是 Cloudera 公司主导开发的新型查询系统，它提供 SQL 语义，能查询存储在 Hadoop 的 HDFS 和 HBase 中的 PB 级大数据。已有的 Hive 系统虽然也提供了 SQL 语义，但由于 Hive 底层执行使用的是 MapReduce 引擎，仍然是一个批处理过程，难以满足查询的交互性。相比之下，Impala 的最大特点也是最大卖点就是它的快速。Imapa 可以和 Phoenix、Spark Sql 联系起来。

（8）Spark

Spark 是一种快速、通用、可扩展的大数据分析引擎，RDD 叫作分布式数据集，是 Spark 中最基本的数据抽象，它代表一个不可变、可分区、里面的元素可并行计算的集合。Spark SQL 是用于结构化数据处理的 Spark 模块。与基本的 Spark RDD API 不同，Spark SQL 提供的接口为 Spark 提供了关于数据结构和正在执行的计算的更多信息。Spark Streaming 是 Spark API 核心的扩展，支持可扩展，高吞吐量，实时数据流的容错流处理。MLlib 是 Spark 的机器学习（ML）库，其目标是使实际的机器学习可扩展。

（9）Zookeeper

Zookeeper，动物管理员，也叫分布式协作服务。作用主要是，统一命名，状态同步，集群管理，配置同步。Zookeeper 在 HBase、Hadoop2.x 中都有用到。假设有 5 台服务器组成的 Zookeeper 集群，它们的 ID 为 1～5，同时它们都是最新启动的，也就是没有历史数据，在存放数据量这一点上，都是一样的。假设这些服务器依序启动，来看看会发生什么。

1）服务器 1 启动，此时只有它一台服务器启动了，它发出去的报没有任何响应，所以它的选举状态一直是 LOOKING 状态。

2）服务器 2 启动，它与最开始启动的服务器 1 进行通信，互相交换自己的选举结果，由于两者都没有历史数据，所以 ID 值较大的服务器 2 胜出，但是由于没有达到超过半数以上的服务器都同意选举它（这个例子中的半数以上是 3），所以服务器 1，2 还是继续保持 LOOKING 状态。

3）服务器 3 启动，根据前面的理论分析，服务器 3 成为服务器 1，2，3 中的老大，而与上面不同的是，此时有 3 台服务器选举了它，所以它成为了这次选举的 leader。

4）服务器 4 启动，根据前面的分析，理论上服务器 4 应该是服务器 1，2，3，4 中最大的，但是由于前面已经有半数以上的服务器选举了服务器 3，所以它只能接受当小弟的命了。

5）服务器 5 启动，同 4 一样，当小弟。

（10）Mahout

Mahout 是 Apache Software Foundation 旗下的一个开源项目，是一个数据挖掘算法库，里面内置了大量的算法，提供一些可扩展的机器学习领域经典算法的实现，旨在帮助开发人员更加方便快捷地创建智能应用程序。Mahout 包含许多实现，包括聚类、分类、推荐过滤、频繁子项挖掘。此外，通过使用 Apache Hadoop 库，Mahout 可以有效地扩展到云中。Mahout 可以用来做预测、分类、回归、聚类和协同过滤。

（11）Pig

Pig 于 2006 年由雅虎内部开发，2008 年雅虎把 Pig 公开。2008 年 Pig 成为 Hadoop 的子项目。2010 年又从 Hadoop 独立出来，现在是 Apache 的一级子项目。2011 年 7 月份 Hortonworks 发布了 Pig 0.9.0，里面增加了 Embedding。2012 年 4 月份 Hortonworks 发表了 Pig0.10，其中包括了新的数据类型 Boolean，现在正在开发的是 Pig0.17.0，这个版本马上就可以发行了，在做最后的功能测试。增加的功能是两个新的操作，一个是数据仓库的操作和 Rank 的操作，还有新的数据类型 Datatime。

（12）Yarn

Apache Hadoop Yarn 是一种 Hadoop 资源管理器，它是一个通用资源管理系统，可为上层应用提供统一的资源管理和调度，它的引入为集群在利用率、资源统一管理和数据共享等方面带来了巨大好处。Yarn 并不清楚用户提交的程序的运行机制，只提供运算资源的调度（用户程序向 Yarn 申请资源，Yarn 就负责分配资源）。Yarn 中的主管角色叫 Resource Manager，Yarn 中具体提供运算资源的角色叫 NodeManager。这样一来，Yarn 其实就与运行的用户程序完全解耦，意味着 Yarn 上可以运行各种类型的分布式运算程序，如 MapReduce、Storm、Spark 程序。所以，Spark、Storm 等运算框架都可以整合在 Yarn 上运行，只要它们各自的框架中有符合 Yarn 规范的资源请求机制即可。Yarn 就成为一个通用的资源调度平台，从此，企业中以前存在的各种运算集群都可以整合在一个物理集群上，提高资源利用率，方便数据共享。调度器根据容量、队列等限制条件（如每个队列分配一定的资源，最多执行一定数量的作业等），将系统中的资源分配给各个正在运行的应用程序。需要注意的是，该调度器是一个“纯调度器”，它不再从事任何与具体应用程序相关的工作，如不负责监控或者跟踪应用的执行状态等，也不负责重新启动因应用执行失败或者硬件故障而产生的失败任务，这些均交由应用程序相关的ApplicationMaster完成。调度器仅根据各个应用程序的资源需求进行资源分配，而资源分配单位用一个抽象概念"资源容器"（Resource Container，简称Container）表示，Container是一个动态资源分配单位，它将内存、CPU、磁盘、网络等资源封装在一起，从而限定每个任务使用的资源量。此外，该调度器是一个可插拔的组件，用户可根据自己的需要设计新的调度器，Yarn提供了多种直接可用的调度器，如Fair Scheduler和Capacity Scheduler等。应用程序管理器负责管理整个系统中所有应用程序，包括应用程序提交、与调度器协商资源以启动ApplicationMaster、监控ApplicationMaster运行状态并在失败时重新启动它等。

Yarn ApplicationMaster（AM）用户提交的每个应用程序均包含一个AM，主要功能包括：与RM（Resource Manager）调度器协商以获取资源（用Container表示），将得到的任务进一步分配给内部的任务（资源的二次分配），与NM通信以启动/停止任务，监控所有任务运行状态，并在任务运行失败时重新为任务申请资源以重启任务。当前Yarn自带了两个AM实现，一个是用于演示AM编写方法的实例程序distributedshell，它可以申请一定数目的Container以并行运行一个shell命令或者shell脚本；另一个是运行MapReduce应用程序的AM—MRApp Master。RM只负责监控AM，在AM运行失败时候启动它，RM并不负责AM内部任务的容错，这由AM来完成。Yarn NodeManager（NM）是每个节点上的资源和任务管理器：一方面，它会定时地向RM汇报本节点上的资源使用情况和各个Container的运行状态；另一方面，它接收并处理来自AM的Container启动/停止等各种请求。Yarn Container是YARN中的资源抽象，它封装了某个节点上的多维度资源，如内存、CPU、磁盘、网络等，当AM向RM申请资源时，RM为AM返回的资源便是用Container表示。Yarn会为每个任务分配一个Container，且该任务只能使用该Container中描述的资源。

注意：1）Container不同于MRv1中的slot，它是一个动态资源划分单位，是根据应用程序的需求动态生成的。

2）现在Yarn仅支持CPU和内存两种资源，且使用了轻量级资源隔离机制Cgroups进行资源隔离。

Yarn的资源管理和执行框架都是按主/从范例实现的，节点管理器（NM）运行、监控每个节点，并向集群的Master资源管理器RM报告资源的可用性状态，资源管理器最终为系统里所有应用分配资源。特定应用的执行由Application Master控制，ApplicationMaster负责将一个应用分割成多个任务，并和资源管理器协调执行所需的资源，资源一旦分配好，ApplicationMaster就和节点管理器一起安排、执行、监控独立的应用任务。需要说明的是，Yarn不同服务组件的通信方式采用了事件驱动的异步并发机制，这样可以简化系统的设计。

Yarn的架构如图8-4所示。

8.2.2 Hadoop的核心组件

HDFS和MapReduce是Hadoop的两个核心组件。

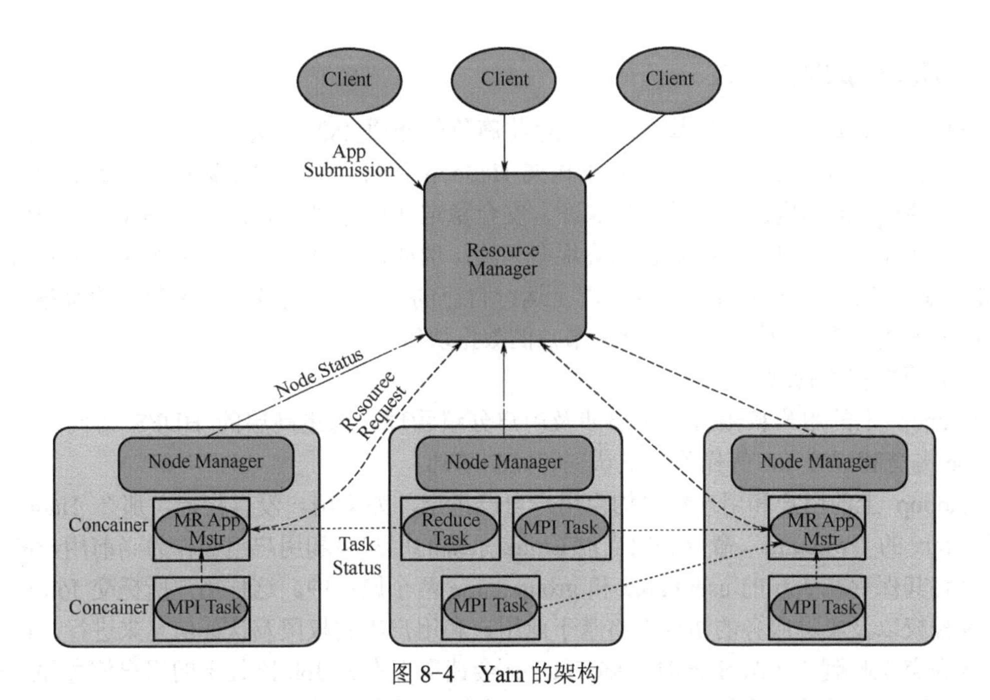

图 8-4　Yarn 的架构

1）HDFS 集群分为两大角色：NameNode 和 DataNode（Secondary NameNode）。NameNode 负责管理整个文件的元数据（命名空间信息，块信息），相当于 Master。DataNode 负责管理用户的文件数据块，相当于 Slave。文件会按照固定的大小（Block=128MB）切成若干块后分布式存储在若干个 DataNode 节点上。每一个文件块有多个副本（默认是 3 个），存在不同的 DataNode 上。DataNode 会定期向 NameNode 汇报自身所保存的文件 Block 信息，而 NameNode 则会负责保持文件副本数量。HDFS 的内部工作机制会对客户的保持透明，客户端请求方法 HDFS 都是通过向 NameNode 申请来进行访问。SecondaryNameNode 有两个作用，一是镜像备份，二是日志与镜像的定期合并。客户端要向 HDFS 写入数据，首先要跟 NameNode 通信以确认可以写文件并获得接收文件 Block 的 DataNode，然后，客户端按照顺序将文件 Block 逐个传给相应 DataNode，并由接收到 Block 的 DataNode 负责向其他 DataNode 复制 Block 副本。

2）MapReduce 的流程如下：一个 MR 程序启动的时候，最先启动的是 MRAppMaster，然后 MRAppMaster 根据本次 Job 的描述信息，计算出需要的 Maptask 实例数量，然后向集群申请机器启动相应数量的 Maptask 进程。Maptask 进程启动之后，根据给定的数据切片范围进行数据处理，主体流程为：利用客户指定的 Inputformat 来获取 RecordReader 读取数据，形成输入 KV 对，将输入 KV 对传递给客户定义的 map()方法做逻辑运算，并将 map()方法输出的 KV 对收集到缓存，然后将缓存中的 KV 对按照 K 分区排序后不断溢写到磁盘文件，MRAppMaster 监控到所有 Maptask 进程任务完成之后，会根据客户指定的参数启动相应数量的 Reducetask 进程，并告知 Reducetask 进程要处理的数据范围（数据分区）。Reducetask 进程启动之后，根据 MRAppMaster 告知的待处理数据所在位置，从若干台 Maptask 运行所在机器上获取到若干个 Maptask 输出结果文件，并在本地进行重新归并排序，然后按照相同 key 的 KV 为一个组，调用客户定义的 reduce()方法进行逻辑运算，并收集运算输出的结果 KV，然后调用客户指定的 Outputformat 将结果数据输出到外部存储。

8.2.3 Hadoop的安全性

众所周知，Hadoop 的优势在于其能够将廉价的普通 PC 组织成能够高效稳定处理事务的大型集群，企业正是利用这一特点来构架 Hadoop 集群，获取海量数据的高效处理能力。但是，Hadoop 集群搭建起来后如何保证它安全稳定地运行呢？旧版本的 Hadoop 中没有完善的安全策略，导致 Hadoop 集群面临很多风险，例如，用户可以以任何身份访问 HDFS 或 MapReduce 集群，可以在 Hadoop 集群上运行自己的代码来冒充 Hadoop 集群的服务，任何未被授权的用户都可以访问 DataNode 节点的数据块等。

（1）用户权限管理

Hadoop 上的用户权限管理主要涉及用户分组管理，为更高层的 HDFS 访问、服务访问、Job 提交和配置 Job 等操作提供认证和控制基础。

Hadoop 上的用户和用户组名均由用户自己指定，如果用户没有指定，那么 Hadoop 会调用 Linux 的“whoami”命令获取当前 Linux 系统的用户名和用户组名作为当前用户的对应名，并将其保存在 Job 的 user.name 和 group.name 两个属性中。这样用户所提交 Job 的后续认证和授权以及集群服务的访问都将基于此用户和用户组的权限及认证信息来进行。例如，在用户提交 Job 到 JobTracker 时，JobTracker 会读取保存在 Job 路径下的用户信息并进行认证，在认证成功并获取令牌之后，JobTracker 会根据用户和用户组的权限信息将 Job 提交到 Job 队列（具体细节参见本小节的 HDFS 安全策略和 MapReduce 安全策略）。

Hadoop 集群的管理员是创建和配置 Hadoop 集群的用户，它可以配置集群，使用 Kerberos 机制进行认证和授权。同时管理员可以在集群的服务（集群的服务主要包括 NameNode、DataNode、JobTracker 和 TaskTracker）授权列表中添加或更改某确定用户和用户组，系统管理员同时负责 Job 队列和队列的访问控制矩阵的创建。

（2）HDFS 安全策略

用户和 HDFS 服务之间的交互主要有两种情况：用户机和 NameNode 之间的 RPC 交互获取待通信的 DataNode 位置；客户机和 DataNode 交互传输数据块。

RPC 交互可以通过 Kerberos 或授权令牌来认证。在认证与 NameNode 的连接时，用户需要使用 Kerberos 证书来通过初试认证，获取授权令牌。授权令牌可以在后续用户 Job 与 NameNode 连接的认证中使用，而不必再次访问 Kerberos Key Server。授权令牌实际上是用户机与 NameNode 之间共享的密钥。授权令牌在不安全的网络上传输时，应给予足够的保护，防止被其他用户恶意窃取，因为获取授权令牌的任何人都可以假扮成认证用户与 NameNode 进行不安全的交互。需要注意的是，每个用户只能通过 Kerberos 认证获取唯一一个新的授权令牌。用户从 NameNode 获取授权令牌之后，需要告诉 NameNode：谁是指定的令牌更新者。指定的更新者在为用户更新令牌时应通过认证确定自己就是 NameNode。更新令牌意味着延长令牌在 NameNode 上的有效期。为了使 MapReduce Job 使用一个授权令牌，用户应将 JobTracker 指定为令牌更新者。这样同一个 Job 的所有 Task 都会使用同一个令牌。JobTracker 需要保证这一令牌在整个任务的执行过程中都是可用的，在任务结束之后，它可以选择取消令牌。

数据块的传输可以通过块访问令牌来认证，每一个块访问令牌都由 NameNode 生成，它们都是特定的。块访问令牌代表着数据访问容量，一个块访问令牌保证用户可以访问指定的数据块。块访问令牌由 NameNode 签发，被用在 DataNode 上，其传输过程就是将 NameNode 上的认证信息传输到 DataNode 上。块访问令牌基于对称加密模式生成，NameNode 和 DataNode 共享了密钥。对于每个令牌，NameNode 基于共享密钥计算一个消息认证码（Message Authentication Code, MAC）。接下来，这个消息认证码就会作为令牌验证器成为令牌的主要组成部分。当一个 DataNode 接收到一个令牌时，它会使用自己的共享密钥重新计算一个消息认证码，如果这个认证码同令牌中的认证码匹配，那么认证成功。

（3）MapReduce 安全策略

MapReduce 安全策略主要涉及 Job 提交、Task 和 Shuffle 三个方面。对于 Job 提交，用户需要将 Job 配置、输入文件和输入文件的元数据等写入用户 home 文件夹下，这个文件夹只能由该用户读、写和执行。接下来用户将 home 文件夹位置和认证信息发送给 JobTracker。在执行过程中，Job 可能需要访问多个 HDFS 节点或其他服务，因此，Job 的安全凭证将以＜String key, binary value＞的形式保存在一个 Map 数据结构中，在物理存储介质上将保存在 HDFS 中 JobTracker 的系统目录下，并分发给每个 TaskTracker。Job 的授权令牌将 NameNode 的 URL 作为其关键信息。为了防止授权令牌过期，JobTracker 会定期更新授权令牌。Job 结束之后所有的令牌都会失效。为了获取保存在 HDFS 上的配置信息，JobTracker 需要使用用户的授权令牌访问 HDFS，读取必需的配置信息。

任务（Task）的用户信息沿用生成 Task 的 Job 的用户信息，因为通过这个方式能保证一个用户的 Job 不会向 TaskTracker 或其他用户 Job 的 Task 发送系统信号。这种方式还保证了本地文件有权限高效地保存私有信息。在用户提交 Job 后，TaskTracker 会接收到 JobTracker 分发的 Job 安全凭证，并将其保存在本地仅对该用户可见的 Job 文件夹下。在与 TaskTracker 通信时，Task 会用到这个凭证。

当一个 Map 任务完成时，它的输出被发送给管理此任务的 TaskTracker。每一个 Reduce 将会与 TaskTracker 通信以获取自己的那部分输出，此时，就需要 MapReduce 框架保证其他用户不会获取这些 Map 的输出。Reduce 任务会根据 Job 凭证计算请求的 URL 和当前时间戳的消息认证码。这个消息认证码会和请求一起发到 TaskTracker，而 Task Tracker 只会在消息认证码正确并且在封装时间戳的 N 分钟之内提供服务。在 TaskTracker 返回数据时，为了防止数据被木马替换，应答消息的头部将会封装根据请求中的消息认证码计算而来的新消息认证码和 Job 凭证，从而保证 Reduce 能够验证应答消息是由正确的 TaskTracker 发送而来。

通过 Hadoop 安全部署经验总结，可利用以下十点建议来确保大型和复杂多样环境下的数据信息安全。

1）在规划部署阶段就确定数据的隐私保护策略，最好是在将数据放入到 Hadoop 之前就确定好保护策略。

2）确定哪些数据属于企业的敏感数据。根据公司的隐私保护政策，以及相关的行业法规和政府规章来综合确定。

3）及时发现敏感数据是否暴露在外，或者是否导入到 Hadoop 中。

4）搜集信息并决定是否暴露出安全风险。

5）确定商业分析是否需要访问真实数据，或者确定是否可以使用这些敏感数据。然后，选择合适的加密技术。如果有任何疑问，对其进行加密隐藏处理，同时提供最安全的加密技术和灵活的应对策略，以适应未来需求的发展。

6）确保数据保护方案同时采用了隐藏和加密技术，尤其是如果需要在 Hadoop 中保持敏感数据独立的话。

7）确保数据保护方案适用于所有的数据文件，以保存在数据汇总中实现数据分析的准确性。

8）确定是否需要为特定的数据集量身定制保护方案，并考虑将 Hadoop 的目录分成较小的更为安全的组。

9）确保选择的加密解决方案可与公司的访问控制技术互操作，允许不同用户可以有选择性地访问 Hadoop 集群中的数据。

10）确保需要加密的时候有合适的技术（如Java、Pig 等）可被部署并支持无缝解密和快速访问数据。

8.3 Hadoop 安装与配置

如果刚开始接触 Hadoop，Hadoop 的安装往往成为新手的一道门槛。本章将详细地介绍如何在 Windows 下利用虚拟机 VMware Workstation Pro 安装 Hadoop 的 3 种模式。

介绍 Hadoop 的安装之前，先介绍一下 Hadoop 对各个节点的角色定义。

Hadoop 分别从 3 个角度将主机划分为两种角色。第一，最基本的划分为 Master 和 Slave，即主人与奴隶；第二，从 HDFS 的角色，将主机划分为 NameNode 和 DataNode（在分布式文件系统中，目录的管理很重要，管理目录相当于主人，而 NameNode 就是目录管理者）；第三，从 Mapreduce 的角度，将主机划分为 JobTracker 和 TaskTracker（Job 经常被划分为多个 Task，从这个角度不难理解它们之间的关系）。

Hadoop 有 3 种运行方式：单机模式、伪分布模式与完全分布式模式。乍眼一看，前两种方式并不能体现云计算的优势，但是它们便于程序的测试与调试，所以还是很有意义的。

可以在 Hadoop 官网获得 Hadoop 官网发行版：http://hadoop.apache.org/releases.html。

下载 hadoop-2.6.5.tar.gz 并将其解压。

8.3.1 下载安装 Hadoop

（1）下载和安装 JDK1.6

```
sudo apt-get install openjdk-6-jdk
```

配置 jdk 的环境：

```
sudo gedit /etc/profile
```

在文件最下面加上下面 4 句话：

```
#set JAVA Environment
export JAVA_HOME=（你的 JDK 安装位置，例如我的是/usr/lib/jvm/java-6-openjdk-amd64）
```

```
export CLASS_PATH=".:$JAVA_HOME/lib:$CLASSPATH"
export PATH="$JAVA_HOME/:$PATH"
Java -version
```

（2）配置 SSH 免密码登入

```
sudo apt-get install ssh
ssh-keygen -t rsa -P “”
将生成的公钥追加到 authorized_keys 中
cat ~/.ssh/id_rsa.pub >> ~/.ssh/authorized_keys
ssh localhost
exit
```

（3）安装 hadoop2.6.5

将 Hadoop 放到/usr/local/hadoop 目录下。

设置 hadoop-env.sh（其他版本目录可能有所改变，搜索一下就好了）。

打开/usr/local/hadoop/etc/hadoop 目录下 hadoop-env.sh 文件，添加以下 3 条语句。

```
export JAVA_HOME=/usr/lib/jvm/java-6-openjdk-amd64（根据你的 java 安装路径）
export HADOOP_HOME=/usr/local/hadoop
export PATH=$PATH:/usr/local/hadoop/bin
```

使环境变量生效：

```
source /usr/local/hadoop/conf/hadoop-env.sh
```

输入以下语句：

```
hadoop version
```

若出现版本信息，则说明 Hadoop 安装成功。

8.3.2　Hadoop 配置

Hadoop 有两种配置方式，一种是分布式，另一种是伪分布式，这里介绍伪分布式。

伪分布式模式就是只有一个节点的集群，这个节点既是 Master，也是 Slave；既是 NameNode，也是 DataNode。

伪分布式前两步跟单机模式一样。

进入/usr/local/hadoop/etc/hadoop 文件夹，修改配置文件 hadoop-env.sh。

指定 JDK 的安装位置：

```
export JAVA_HOME=/usr/lib/jvm/java-6-openjdk-amd64
```

这是 Hadoop 核心的配置文件，这里配置的是 HDFS（Hadoop 的分布式文件系统）的地址及端口号。

```
/usr/local/hadoop/etc/hadoop 目录下 core-site.xml 文件
```

```
<configuration>
    <property>
        <name>fs.default.name</name>
        <value>hdfs://localhost:9000</value>
    </property>
</configuration>
```

以下是 Hadoop 中 HDFS 的配置，配置的备份方式默认为 3，在单机版的 Hadoop 中需要将其改为 1。

```
/usr/local/hadoop/etc/hadoop 目录下 hdfs-site.xml 文件
<configuration>
    <property>
        <name>dfs.replication</name>
        <value>1</value>

    </property>
</configuration>
```

以下是 Hadoop 中 MapReduce 的配置文件，配置 JobTracker 的地址及端口。

```
/usr/local/hadoop/etc/hadoop 目录下 mapred-site.xml 文件
<configuration>
    <property>
        <name>mapreduce.job.tracker</name>
        <value>localhost:9001</value>
    </property>
</configuration>
```

接下来，在启动 Hadoop 前，需要格式化 Hadoop 的文件系统 HDFS。进入 Hadoop 文件夹，输入命令：

```
bin/Hadoop NameNode-format
```

格式化文件系统，接下来启动 Hadoop。

输入命令，启动所有进程：

```
bin/start-all.sh
```

最后，验证 Hadoop 是否安装成功。打开浏览器，分别输入网址：

```
http://localhost:50030（mapreduce 的 Web 页面）
http://localhost:50070（HDFS 的 Web 页面）
```

如果都能查看，说明 Hadoop 伪分布模式已经安装成功。

HDFS 的 Web 端界面如图 8-5 所示。

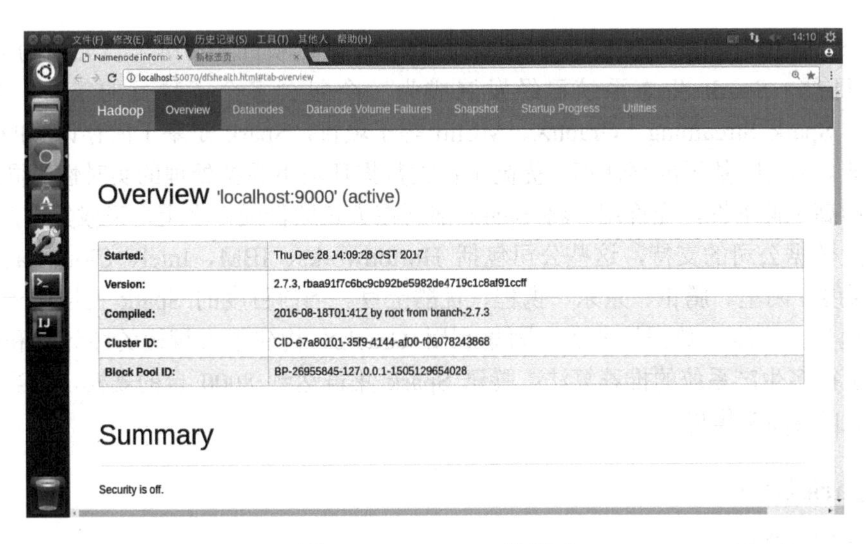

图 8-5 HDFS Web 端界面

8.3.3 词频统计示例

之前已经搭建好了 Hadoop 平台，现在就用 Hadoop 自带的一个 wordcount 命令进行词频统计。

【例题 8-1】 单机模式下的词频统计。

在 HDFS 根目录下创建一个 input 文件夹，创建一个 test 文本文件，输入英文单词。将文件上传至 HDFS 下的 input 目录。

```
hdfs dfs -mkdir /input
Hadoop fs  -put  /usr/test  /input
cd input
vi test.txt
cd ..
```

然后执行 wordcount 命令，将 input 文件夹中的单词以及它出现的次数都统计到 output 文件夹下。

```
hadoop jar usr/hadoop/lib/share/hadoop/mapreduce/hadoop-mapreduce-examples-2.6.5.jar
wordcount /input /output                    //jar 后面为自己实际 jar 包的目录
```

将 output 文件夹下的文件打印出来。

```
hdfs dfs -cat /output/part-r-00000                    //output 后应该为自己实际的分区名称
```

显示出单词以及它对应的个数统计则运行成功。

8.4 Spark 简介

Spark 是一种快速、通用、可扩展的大数据分析引擎，2009 年诞生于加州大学伯克利分校 AMPLab，2010 年开源，2013 年 6 月成为 Apache 孵化项目，2014 年 2 月成为 Apache 顶级项目。目前，Spark 生态系统已经发展成为一个包含多个子项目的集合，其中包含 SparkSQL、Spark Streaming、GraphX、MLlib 等子项目，Spark 是基于内存计算的大数据并行计算框架。Spark 基于内存计算，提高了在大数据环境下数据处理的实时性，同时保证了高容错性和高可伸缩性，允许用户将 Spark 部署在大量廉价硬件之上，形成集群。Spark 得到了众多大数据公司的支持，这些公司包括 Hortonworks、IBM、Intel、Cloudera、MapR、Pivotal、百度、阿里、腾讯、京东、携程、优酷土豆。当前百度的 Spark 已应用于凤巢、大搜索、直达号、百度大数据等业务；阿里利用 GraphX 构建了大规模的图计算和图挖掘系统，实现了很多生产系统的推荐算法；腾讯 Spark 集群达到 8000 台的规模，是当前已知的世界上最大的 Spark 集群。

8.4.1 Spark 特点

（1）运算速度快

与 Hadoop 的 MapReduce 相比，Spark 基于内存的运算要快 100 倍以上，基于硬盘的运算也要快 10 倍以上。Spark 实现了高效的 DAG 执行引擎，可以通过基于内存来高效处理数据流。

（2）容易使用

Spark 支持 Java、Python 和 Scala 的 API，还支持超过 80 种高级算法，使用户可以快速构建不同的应用。而且 Spark 支持交互式的 Python 和 Scala 的 shell，可以非常方便地在这些 shell 中使用 Spark 集群来验证解决问题的方法。

（3）通用性好

Spark 提供了统一的解决方案。Spark 可以用于批处理、交互式查询（Spark SQL）、实时流处理（Spark Streaming）、机器学习（Spark MLlib）和图计算（GraphX）。这些不同类型的处理都可以在同一个应用中无缝使用。Spark 统一的解决方案非常具有吸引力，毕竟任何公司都想用统一的平台去处理遇到的问题，减少开发和维护的人力成本和部署平台的物力成本。

（4）兼容性好

Spark 可以非常方便地与其他的开源产品进行融合。例如，Spark 可以使用 Hadoop 的 Yarn 和 Apache Mesos 作为它的资源管理和调度器，并且可以处理所有 Hadoop 支持的数据，包括 HDFS、HBase 和 Cassandra 等。这对于已经部署 Hadoop 集群的用户特别重要，因为不需要做任何数据迁移就可以使用 Spark 的强大处理能力。Spark 也可以不依赖于第三方的资源管理和调度器，它实现了 Standalone 作为其内置的资源管理和调度框架，这样进一步降低了 Spark 的使用门槛，使得所有人都可以非常容易地部署和使用 Spark。此外，Spark 还提供了在 EC2 上部署 Standalone 的 Spark 集群工具。

8.4.2 Spark 生态系统

（1）弹性分布式数据集

RDD（Resilient Distributed Dataset）叫作分布式数据集，是 Spark 中最基本的数据抽象，它代表一个不可变、可分区、里面的元素可并行计算的集合。RDD 具有数据流模型的特点：自动容错、位置感知性调度和可伸缩性。RDD 允许用户在执行多个查询时显式地将工作集缓存在内存中，后续的查询能够重用工作集，这极大地提升了查询速度。

RDD 支持两种类型的操作：转换（从现有数据集创建新数据集）和操作（在数据集上运行计算后将值返回给驱动程序）。例如，map 是一个通过函数传递每个数据集元素的变换，并返回表示结果的新 RDD。另一方面，reduce 是一个动作，使用某个函数来聚合 RDD 的所有元素，并将最终结果返回给驱动程序。Spark 中的所有转换都是懒加载的，因为它们不会马上计算结果。相反，它们只记得应用于某些基础数据集（如文件）的转换。只有在动作需要将结果返回给驱动程序时才会计算转换。这种设计使 Spark 能够更高效地运行。例如，通过创建的数据集 map 将被用于 a 中，reduce 只返回驱动程序的结果，而不是更大的映射数据集。默认情况下，每次对其执行操作时，每个已转换的 RDD 都可能重新计算。但是，也可以使用方法将 RDD 保留在内存中，在这种情况下，Spark 将保留群集中的元素，以便在下次查询时快速访问。还支持在磁盘上持久化 RDD，或在多个节点上复制 RDD。

RDD 只支持粗粒度转换，即在大量记录上执行的单个操作。将创建 RDD 的一系列 Lineage（即血统）记录下来，以便恢复丢失的分区。RDD 的 Lineage 会记录 RDD 的元数据信息和转换行为，当该 RDD 的部分分区数据丢失时，它可以根据这些信息来重新运算和恢复丢失的数据分区。Spark 速度非常快的原因之一，就是在不同操作中可以在内存中持久化或缓存数据集。当持久化某个 RDD 后，每一个节点都将把计算的分片结果保存在内存中，并在对此 RDD 或衍生出的 RDD 进行其他动作中重用，这使得后续的动作变得更加迅速。RDD 相关的持久化和缓存，是 Spark 最重要的特征之一。可以说，缓存是 Spark 构建迭代式算法和快速交互式查询的关键。RDD 通过 persist 方法或 cache 方法可以将前面的计算结果缓存，但是并不是这两个方法被调用时立即缓存，而是触发后面的 action 时，该 RDD 将会被缓存在计算节点的内存中，并供后面重用。

RDD 的容错机制实现分布式数据集容错方法有两种：数据检查点和记录更新。RDD 采用记录更新的方式；但记录所有更新点的成本很高。所以，RDD 只支持粗颗粒变换，即只记录单个块上执行的单个操作，然后创建某个 RDD 的变换序列（血统）存储下来；变换序列指，每个 RDD 都包含了它是如何由其他 RDD 变换过来的以及如何重建某一块数据的信息。因此 RDD 的容错机制又称“血统”容错。要实现这种“血统”容错机制，最大的难题就是如何表达父 RDD 和子 RDD 之间的依赖关系。实际上依赖关系可以分两种，窄依赖和宽依赖：窄依赖指子 RDD 中的每个数据块只依赖于父 RDD 中对应的有限个固定的数据块；宽依赖指子 RDD 中的一个数据块可以依赖于父 RDD 中的所有数据块。

RDD 中的所有转换都是延迟加载的，也就是说，它们并不会直接计算结果。相反它们只是记住这些应用到基础数据集（如一个文件）上的转换动作。只有当发生一个要求返回结果给 Driver 的动作时，这些转换才会真正运行。这种设计让 Spark 更加有效率地运行。

RDD 的一些常用转换如下。

- map(func)：返回一个新的 RDD，该 RDD 由每一个输入元素经过 func 函数转换后组成。
- filter(func)：返回一个新的 RDD，该 RDD 由经过 func 函数计算后返回值为 true 的输入元素组成。
- flatMap(func)：类似 map，但是每一个输入元素可以被映射为 0 或多个输出元素（所以 func 应该返回一个序列，而不是单一元素）。

- mapPartitions(func)：类似 map，但独立地在 RDD 的每一个分片上运行，因此在类型为 T 的 RDD 上运行时，func 的函数类型必须是 Iterator[T] => Iterator[U]。
- mapPartitionsWithIndex(func)：类似于 mapPartitions，但 func 带有一个整数参数表示分片的索引值，因此在类型为 T 的 RDD 上运行时，func 的函数类型必须是（int, Interator[T])=>Iterator[U]。
- sample(withReplacement, fraction, seed)：根据 fraction 指定的比例对数据进行采样，可以选择是否使用随机数进行替换，seed 用于指定随机数生成器种子。
- union(otherDataset)：对源 RDD 和参数 RDD 求并集后返回一个新的 RDD。
- intersection(otherDataset)：对源 RDD 和参数 RDD 求交集后返回一个新的 RDD。
- distinct([numTasks]))：对源 RDD 进行去重后返回一个新的 RDD。
- groupByKey([numTasks])：在一个(K，V)的 RDD 上调用，返回一个(K, Iterator[V])的 RDD。
- reduceByKey(func, [numTasks])：在一个(K，V)的 RDD 上调用，返回一个(K,V)的 RDD，使用指定的 reduce 函数，将相同 key 的值聚合到一起，与 groupByKey 类似，reduce 任务的个数可以通过第二个可选的参数来设置。
- aggregateByKey(zeroValue)(seqOp, combOp, [numTasks])：在 KV 对的 RDD 中按 key 将 value 进行分组合并，合并时，将每个 value 和初始值作为 seq 函数的参数进行计算，返回的结果作为一个新的 KV 对，然后再将结果按照 key 进行合并，最后将每个分组的 value 传递给 combine 函数进行计算（先将前两个 value 进行计算，将返回结果和下一个 value 传递给 combine 函数，以此类推），将 key 与计算结果作为一个新的 KV 对输出。
- sortByKey([ascending], [numTasks])：在一个(K，V)的 RDD 上调用，K 必须实现 Ordered 接口，返回一个按照 key 进行排序的(K，V)的 RDD。
- sortBy(func,[ascending], [numTasks])：与 sortByKey 类似，但是更灵活。
- join(otherDataset, [numTasks])：在类型为(K，V)和(K，W)的 RDD 上调用，返回一个相同 key 对应的所有元素对在一起的(K，(V，W))的 RDD。
- cogroup(otherDataset, [numTasks])：在类型为(K，V)和(K，W)的 RDD 上调用，返回一个(K，(Iterable<V>，Iterable<W>))类型的 RDD。
- cartesian(otherDataset)：笛卡尔积。

Action 算子会触发 Spark 提交作业（Job），并将数据输出到 Spark 系统。RDD 的一些常用 action 如下。

- reduce(func)：通过 func 函数聚集 RDD 中的所有元素，这个功能必须是可交换且可并联的。
- collect()：在驱动程序中，以数组的形式返回数据集的所有元素。
- count()：返回 RDD 的元素个数。
- first()：返回 RDD 的第一个元素（类似于 take(1)）。
- take(n)：返回一个由数据集的前 n 个元素组成的数组。
- takeSample(withReplacement,num, [seed])：返回一个数组，该数组由从数据集中随机

采样的 num 个元素组成，可以选择是否用随机数替换不足的部分，seed 用于指定随机数生成器种子。

- takeOrdered(n, [ordering])：按自然顺序或者指定的排序规则返回前 n 个元素。
- saveAsTextFile(path)：将数据集的元素以 textfile 的形式保存到 HDFS 文件系统或者其他支持的文件系统，对于每个元素，Spark 将会调用 toString 方法，将它转换为文件中的文本。
- saveAsSequenceFile(path)：将数据集中的元素以 Hadoop SequenceFile 的格式保存到指定的目录下，可以使 HDFS 或者其他 Hadoop 支持的文件系统。
- saveAsObjectFile(path)：将 RDD 以 SequenceFile 的文件格式保存到 HDFS 上。
- countByKey( )：针对(K，V)类型的 RDD，返回一个(K，Int)的 map，表示每一个 key 对应的元素个数。
- foreach(func)：在数据集的每一个元素上，运行函数 func 进行更新。

（2）Spark SQL

Spark SQL 是用于结构化数据处理的 Spark 模块。与基本的 Spark RDD API 不同，Spark SQL 提供的接口为 Spark 提供了关于数据结构和正在执行的计算的更多信息。在内部，Spark SQL 使用这些额外的信息来执行额外的优化。有几种与 Spark SQL 进行交互的方式，包括 SQL 和 Dataset API。在计算结果时，使用相同的执行引擎，而不管使用哪种 API /语言表示计算。这种统一意味着开发人员可以轻松地在不同的 API 之间来回切换，基于这些 API 提供了表达给定转换的最自然的方式。Spark SQL 的一个用途是执行 SQL 查询。Spark SQL 也可以用来从现有的 Hive 安装中读取数据。用另一种编程语言运行 SQL 时，结果将作为数据集/数据框返回。还可以使用命令行或通过JDBC / ODBC与 SQL 接口进行交互。

DataFrame：与 RDD 类似，DataFrame 也是一个分布式数据容器。然而 DataFrame 更像传统数据库的二维表格，除了数据以外，还记录数据的结构信息，即 schema。同时，与 Hive 类似，DataFrame 也支持嵌套数据类型（struct、array 和 map）。从 API 易用性的角度上看，DataFrame API 提供的是一套高层的关系操作，比函数式的 RDD API 要更加友好，门槛更低。由于与 R 和 Pandas 的 DataFrame 类似，Spark DataFrame 很好地继承了传统单机数据分析的开发体验。

DataFrame 与 RDD 的主要区别在于，前者带有 schema 元信息，即 DataFrame 所表示的二维表数据集的每一列都带有名称和类型。这使得 Spark SQL 得以洞察更多的结构信息，从而对藏于 DataFrame 背后的数据源以及作用于 DataFrame 之上的变换进行了针对性的优化，最终达到大幅提升运行效率的目的。反观 RDD，由于无从得知所存数据元素的具体内部结构，Spark Core 只能在 stage 层面进行简单、通用的流水线优化。

RDD 和 DataFrame 的比较如图 8-6 所示。

（3）Spark Streaming

Spark Streaming 是 Spark API 核心的扩展，支持可扩展，高吞吐量，实时数据流的容错流处理。数据可以从像 Kafka，Flume 或 TCP 传输许多来源输入，并且可以使用高级别功能表达复杂的算法来处理 map，reduce，join 和 window。最后，处理的数据可以推送到文件系统、数据库和数据可视化。事实上，可以将 Spark 的机器学习和图形处理算法应用于数据流。Spark Streaming 提供了一个高层次的抽象，称为离散流或 DStream，它代表了连续的数据流。DStream 可以通过 Kafka、Flume 和 Kinesis 等来源的输入数据流创建，也可以通过在其他 DStream 上应用高级操作来创建。在内部，一个 DStream 被表示为一系列 RDD。

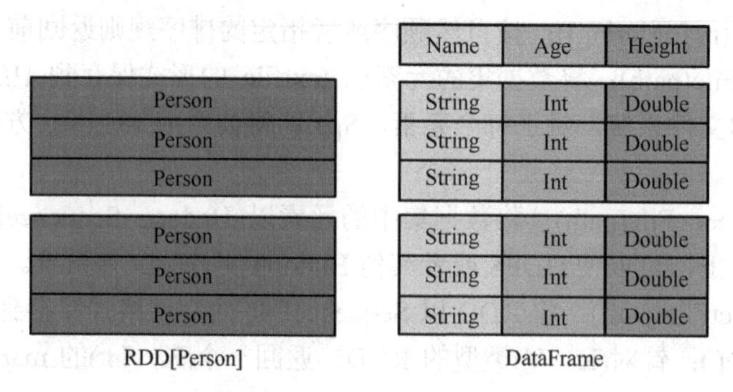

图 8-6　RDD 和 DataFrame 的比较

Spark Streaming 数据处理如图 8-7 所示。

图 8-7　Spark Streaming 数据处理

Discretized Stream 是 Spark Streaming 的基础抽象，代表持续性的数据流和经过各种 Spark 原语操作后的结果数据流。在内部实现上，DStream 由一系列连续的 RDD 来表示。每个 RDD 含有一段时间间隔内的数据。DStream 上的原语与 RDD 的类似，分为 Transformations（转换）和 Output Operations（输出）两种，此外转换操作中还有一些比较特殊的原语，如 updateStateByKey()、transform()以及各种 Window 相关的原语。

常见的转换和含义如下：

- map(func)：通过传递函数 func 的源 DStream 的每个元素来返回一个新的 DStream。
- flatMap(func)：类似于地图，但是每个输入项目可以被映射到 0 个或更多的输出项目。
- filter(func)：通过仅选择 func 返回 true 的源 DStream 的记录来返回一个新的 DStream。
- repartition(numPartitions)：通过创建更多或更少的分区来更改此 DStream 中的并行性级别。
- union(otherStream)：返回一个新的 DStream，其中包含源 DStream 和 otherDStream 中元素的联合。
- count()：通过计算源 DStream 的每个 RDD 中元素的数量，返回一个新的单元素 RDD 的 DStream。
- reduce(func)：通过使用函数 func（它带有两个参数并返回一个）来聚合源 DStream 的每个 RDD 中的元素，从而返回一个新的单元素 RDD 的 DStream。函数应该是关联和可交换的，以便可以并行计算。

● countByValue()：当在类型为 K 的元素的 DStream 上调用时，返回一个新的（K，Long）对的 DStream，其中每个键的值是其在源 DStream 的每个 RDD 中的频率。
● reduceByKey(func, [numTasks])：在（K，V）对的 DStream 上调用时，返回一个新的（K，V）对的 DStream，其中每个键的值使用给定的 reduce 函数进行聚合。注意：默认情况下，它使用 Spark 的默认并行任务数（2 表示本地模式，而在集群模式下，数字由 config 属性决定）来执行分组。可以传递可选 numTasks 参数来设置不同数量的任务。
● join(otherStream, [numTasks])：当（K，V）和（K，W）对的两个 DS 流被调用时，返回一个新的（K，（V，W））对的 DStream 对，每个键对的所有元素对。
● cogroup(otherStream, [numTasks])：当（K，V）和（K，W）对的 DStream 被调用时，返回一个新的（K，Seq [V]，Seq [W]）元组 DStream。
● transform(func)：通过将 RDD-RDD 函数应用于源 DStream 的每个 RDD 来返回一个新的 DStream。这可以用来在 DStream 上执行任意的 RDD 操作。
● updateStateByKey(func)：返回一个新的“状态”DStream，其中通过对键的先前状态和键的新值应用给定函数来更新每个键的状态。这可以用来维护每个键的任意状态数据。

DStream 输出操作允许将 DStream 的数据推送到外部系统，如数据库或文件系统。由于输出操作实际上允许外部系统使用转换的数据，因此它们会触发所有 DStream 转换的实际执行（类似于 RDD 的操作）。目前，定义了以下输出操作。

● print ()：在运行流应用程序的驱动程序节点上的 DStream 中，打印每批数据的前十个元素。这对开发和调试很有用。
● saveAsTextFiles（prefix,[suffix]）：将此 DStream 的内容保存为文本文件。
● saveAsObjectFiles（prefix,[suffix]）：将此 DStream 的内容保存为 SequenceFiles 序列化的 Java 对象。
● saveAsHadoopFiles（prefix,[suffix]）：将此 DStream 的内容保存为 Hadoop 文件。
● foreachRDD（func）：最通用的输出运算符，将函数 func 应用于从流中生成的每个 RDD。此功能应将每个 RDD 中的数据推送到外部系统，例如，将 RDD 保存到文件，或通过网络将其写入数据库。请注意，函数 func 在运行流应用程序的驱动程序进程中执行，通常会在其中执行 RDD 操作，强制执行流 RDD 的计算。

SparkStreaming 的 checkpointing:sparkstreaming 必须全天运行，因此必须对与应用程序逻辑无关的故障（例如，系统故障，JVM 崩溃等）具有恢复能力。为了做到这一点，Spark Streaming 需要检查点有足够的信息到容错存储系统，以便从故障中恢复。有两种类型的检查点数据。

① 元数据检查点，将定义流式计算的信息保存到 HDFS 等容错存储中。这用于从运行流应用程序的驱动程序的节点故障中恢复，将生成的 RDD 保存到可靠的存储中。这在将多个批次的数据组合在一起的有状态转换中是必需的。在这样的转换中，生成的 RDD 依赖于之前批次的 RDD，导致依赖链的长度随着时间的推移而不断增加。为了避免恢复时间的这种无限增长（与依赖链成比例），有状态转换的中间 RDD 被周期性地检查为可靠存储（例如 HDFS）以切断依赖链。总而言之，元数据检查点主要用于从驱动程序故障中恢复。

② 数据或 RDD 检查点。而数据或 RDD 检查点对于使用有状态转换时的基本功能是必需的。必须为具有以下要求的应用程序启用点校验：有状态转换的使用，如果在应用程序中使用 updateStateByKey 或者 reduceByKeyAndWindow（与反函数），则必须提供检查点目录以允许周期性 RDD 检查点。从运行应用程序的驱动程序的故障中恢复。请注意，没有上述有状态转换的简单流应用程序可以运行而不启用检查点。在这种情况下，从驱动程序故障中恢复也将是部分恢复（一些接收到但未处理的数据可能会丢失）。这通常是可以接受的，许多人以这种方式运行 Spark Streaming 应用程序。预计未来对非 Hadoop 环境的支持将会得到改善。通过对于检查点的配置可以容错，在可靠的文件系统（如 HDFS 等）中设置一个目录来启用点检查，检查点信息将被保存到该文件系统中。这是通过使用 streamingContext.checkpoint(checkpointDirectory)实现的，且允许使用上述有状态的转换。

（4）Spark MLlib

传统的机器学习算法，由于技术和单机存储的限制，只能在少量数据上使用。即以前的统计/机器学习依赖于数据抽样。但实际过程中样本往往很难做好随机，导致学习的模型不是很准确，在测试数据上的效果也可能不太好。随着 HDFS 等分布式文件系统的出现，存储海量数据已经成为可能。在全量数据上进行机器学习也成为了可能，这顺便也解决了统计随机性的问题。然而，由于 MapReduce 自身的限制，使得使用 MapReduce 来实现分布式机器学习算法非常耗时和消耗磁盘 IO。因为通常情况下机器学习算法参数学习的过程都是迭代计算，即本次计算的结果要作为下一次迭代的输入，这样使得如果使用 MapReduce，就只能把中间结果存储在磁盘，然后在下一次计算时重新读取，这对于迭代频发的算法显然是致命的性能瓶颈。

在大数据上进行机器学习，需要处理全量数据并进行大量的迭代计算，这要求机器学习平台具备强大的处理能力。Spark 立足于内存计算，天然地适应于迭代式计算。即便如此，对于普通开发者来说，实现一个分布式机器学习算法仍然是一件极具挑战的事情。幸运的是，Spark 提供了一个基于海量数据的机器学习库，它提供了常用机器学习算法的分布式实现，开发者只需要有 Spark 基础并且了解机器学习算法的原理、方法以及相关参数的含义，就可以轻松地通过调用相应的 API 来实现基于海量数据的机器学习过程。其次，Spark-Shell 的即席查询也是一个关键。算法工程师可以边写代码边运行，边看结果。Spark 提供的各种高效的工具正使得机器学习过程更加直观便捷。如通过 sample 函数，可以非常方便地进行抽样。当然，Spark 发展到后面，拥有了实时批计算、批处理、算法库、SQL 和流计算等模块，基本可以看作是全平台的系统。把机器学习作为一个模块加入到 Spark 中，也是大势所趋。MLlib 是 Spark 的机器学习（ML）库，其目标是使实际的机器学习可扩展和简单易行。在高层次上，它提供了一些工具，如 ML 算法（通用学习算法）、分类、回归、聚类和协同过滤、特征提取、转换、降维和选择。管道：用于构建、评估和调整 ML 管道的工具；持久性工具：保存和加载算法、模型和管道；实用程序：线性代数、统计、数据处理等。使用 ML Pipeline API 可以很方便地把数据处理、特征转换、正则化以及多个机器学习算法联合起来，构建一个单一完整的机器学习流水线。这种方式提供了更灵活的方法，更符合机器学习过程的特点，也更容易从其他语言迁移。Spark 官方推荐使用 spark.ml。如果新的算法能够适用于机器学习管道的概念，就应该将其放到 spark.ml 包中，如特征提取器和转换器。

Spark Mllib 的常用算法如下。

1）朴素贝叶斯。朴素贝叶斯属于生成式模型（关于生成模型和判别式模型，主要还是在于是否要求联合分布），非常简单。如果注有条件独立性假设（一个比较严格的条件），朴素贝叶斯分类器的收敛速度将快于判别模型，如逻辑回归，所以只需要较少的训练数据即可。即使 NB 条件独立假设不成立，NB 分类器在实践中仍然表现很出色。NB 分类器的主要缺点是它不能学习特征间的相互作用，用 mRMR 中 R 来讲，就是特征冗余。引用一个比较经典的例子，例如，虽然你喜欢 Brad Pitt 和 Tom Cruise 的电影，但是它不能学习出你不喜欢他们在一起演的电影。优点：朴素贝叶斯模型发源于古典数学理论，有着坚实的数学基础以及稳定的分类效率；对小规模的数据表现很好，能处理多分类任务，适合增量式训练；对缺失数据不太敏感，算法也比较简单，常用于文本分类。缺点：需要计算先验概率；分类决策存在错误率，对输入数据的表达形式很敏感。

朴素贝叶斯公式：

$$P(A|B)=\frac{P(B|A)}{P(B)}$$

2）KNN。KNN 即最近邻算法，主要过程为：首先，计算训练样本和测试样本中每个样本点的距离（常见的距离度量有欧式距离、马氏距离等）；然后，对上面所有的距离值进行排序；接着，选前 K 个最小距离的样本；最后，根据这 K 个样本的标签进行投票，得到最后的分类类别。如何选择一个最佳的 K 值，这取决于数据。一般情况下，在分类时较大的 K 值能够减小噪声的影响，但会使类别之间的界限变得模糊。一个较好的 K 值可通过各种启发式技术来获取，例如，交叉验证。另外噪声和非相关性特征向量的存在会使 K 近邻算法的准确性减小。近邻算法具有较强的一致性结果。随着数据趋于无限，算法保证错误率不会超过贝叶斯算法错误率的两倍。对于一些好的 K 值，K 近邻保证错误率不会超过贝叶斯理论误差率。KNN 算法的优点在于理论成熟，思想简单，既可以用来做分类也可以用来做回归；可用于非线性分类；训练时间复杂度为 O(n)；对数据没有假设，准确度高。缺点在于计算量大；样本不平衡（即有些类别的样本数量很多，而其他样本的数量很少）；需要大量的内存。KNN 如图 8-8 所示。

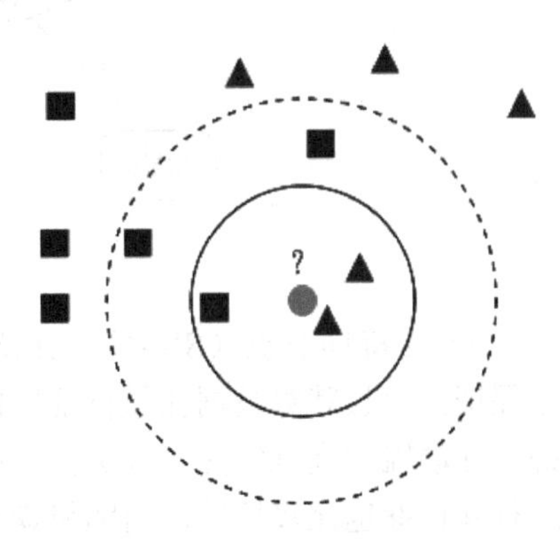

图 8-8　KNN 简单图示

3）逻辑回归。逻辑回归属于判别式模型，有很多正则化模型的方法（L0，L1，L2，etc），而且不必像用朴素贝叶斯那样担心特征是否相关。与决策树、SVM 机相比，还会得到一个不错的概率解释，甚至可以轻松地利用新数据来更新模型（使用在线梯度下降算法，Online Gradient Descent）。如果需要一个概率架构（例如，简单地调节分类阈值，指明不确定性，或者要获得置信区间），或者希望以后将更多的训练数据快速整合到模型中去，逻辑回归方法就特别适用。优点：实现简单，广泛地应用于工业问题上；分类时计算量非常小，速度很快，存储资源低；便利的观测样本概率分数，对逻辑回归而言，多重共线性并不是问题，它可以结合 L2 正则化来解决该问题。缺点：当特征空间很大时，逻辑回归的性能不是很好，容易欠拟合，一般准确度不太高不能很好地处理大量多类特征或变量。只能处理两分类问题（在此基础上衍生出来的 Softmax 可以用于多分类），且必须线性可分，对于非线性特征，需要进行转换。

4）决策树。决策树可以毫无压力地处理特征间的交互关系并且是非参数化的，因此不必担心异常值或者数据是否线性可分（例如，决策树能轻松处理好类别 A 在某个特征维度 x 的末端，类别 B 在中间，然后类别 A 又出现在特征维度 x 前端的情况）。它的缺点之一就是不支持在线学习，于是在新样本到来后，决策树需要全部重建。另一个缺点就是容易出现过拟合，但这也是诸如随机森林 RF（或提升树 boosted tree）之类的集成方法的切入点。另外，随机森林经常是很多分类问题的赢家（通常比支持向量机要好一点），它训练快速并且可调，同时无须担心要像支持向量机那样调用一大堆参数，所以在以前都一直很受欢迎。决策树中很重要的一点就是选择一个属性进行分枝，因此要注意一下信息增益的计算公式，并深入理解它。决策树自身的优点：计算简单，易于理解，可解释性强；比较适合处理有缺失属性的样本；能够处理不相关的特征，在相对短的时间内能够对大型数据源做出可行且效果良好的结果。缺点：容易发生过拟合（随机森林可以很大程度上减少过拟合）；忽略了数据之间的相关性；对于那些各类别样本数量不一致的数据，在决策树当中，信息增益的结果偏向于那些具有更多数值的特征（只要是使用了信息增益，都有这个缺点，如 RF）。

决策树如图 8-9 所示。

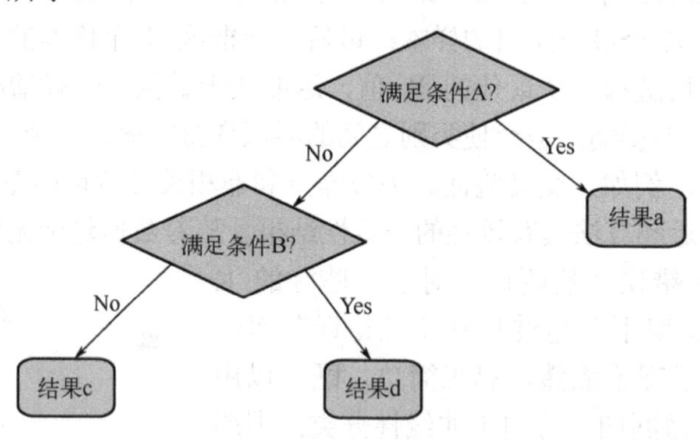

图 8-9　决策树简单图示

5）支持向量机（SVM）。支持向量机有很高的准确率，为避免过拟合提供了很好的理论保证，而且就算数据在原特征空间线性不可分，只要给个合适的核函数，它就能运行得很好。在动辄超高维的文本分类问题中特别受欢迎。可惜支持向量机内存消耗大，难以解释，运行和调参也比较烦琐，而随机森林却刚好避开了这些缺点。优点：可以解决高维问题，即大型特征空间；能够处理非线性特征的相互作用；无需依赖整个数据，可以提高泛化能力。缺点：当观测样本很多时，效率并不是很高。对非线性问题没有通用解决方案，有时候很难找到一个合适的核函数，对缺失数据敏感，对于核的选择也是有技巧的（libsvm 中自带了 4 种核函数：线性核、多项式核、RBF 以及 sigmoid 核）：第一，如果样本数量小于特征数，那么就没必要选择非线性核，简单地使用线性核就可以了。第二，如果样本数量大于特征数目，这时可以使用非线性核，将样本映射到更高维度，一般可以得到更好的结果。第三，如果样本数目和特征数目相等，该情况可以使用非线性核，原理和第二种一样。对于第一种情况，也可以先对数据进行降维，然后使用非线性核，这也是一种方法。

6）K-Means 聚类。K-Means 聚类有很多优点，首先算法简单，容易实现，对处理大数据集，该算法相对可伸缩和效率高，而且它的复杂度大约是 O(nkt)，其中 n 是所有对象的数目，k 是簇的数目，t 是迭代的次数，通常 k<<n。这个算法通常局部收敛。算法尝试找出使平方误差函数值最小的 k 个划分。当簇是密集的、球状或团状的，且簇与簇之间区别明显时，聚类效果较好。缺点：对数据类型要求较高，适合数值型数据。可能收敛到局部最小值，在大规模数据上收敛较慢，k 值比较难以选取。对初值的簇心值敏感，对于不同的初始值，可能会有不同的聚类结果。不适合于发现非凸面形状的簇，或者大小差别很大的簇。对于“噪声”和孤立点数据敏感，少量的该类数据能够对平均值产生极大影响。

K-Means 聚类简单流程如图 8-10 所示。

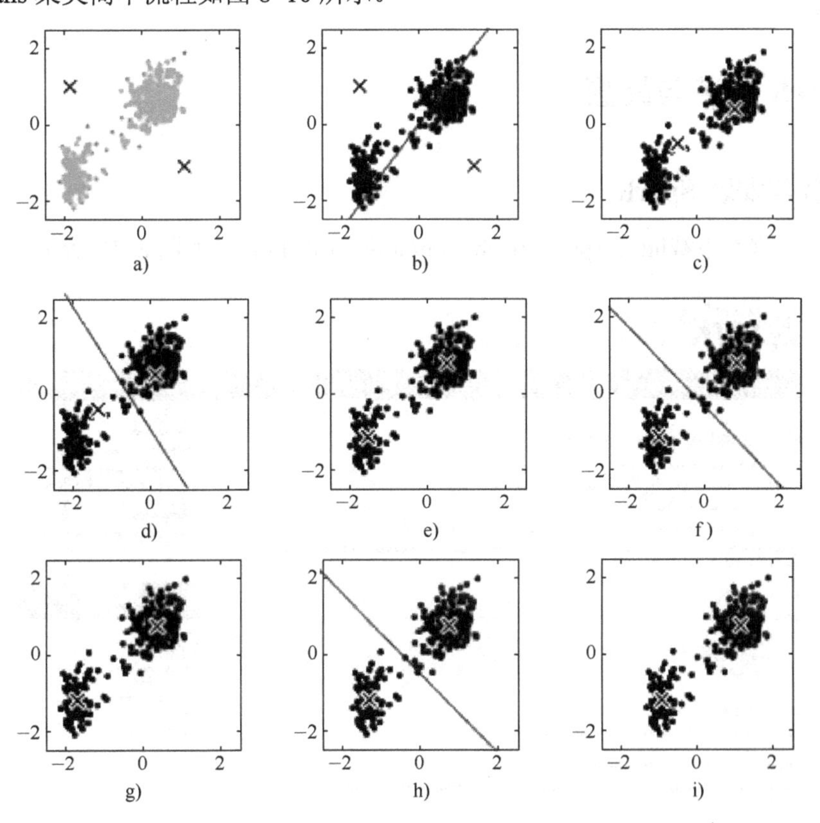

图 8-10　K-Means 聚类简单流程

（5）Spark 任务执行流程

Spark 的整体流程为：Client 提交应用，Master 找到一个 Worker 启动 Driver。Driver 向 Master 或者资源管理器申请资源，之后将应用转化为 RDD Graph。再由 DAGScheduler 将 RDD Graph 转化为 Stage 的有向无环图提交给 TaskScheduler。由 TaskScheduler 提交任务给 Executor 执行。在任务执行的过程中，其他组件协同工作，确保整个应用顺利执行。

Spark 的工作机制如图 8-11 所示。

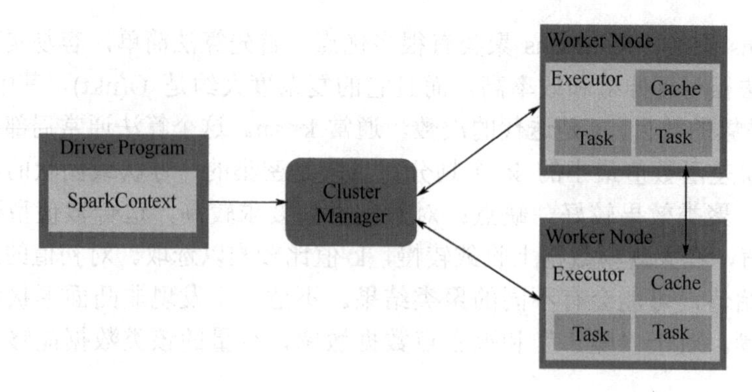

图 8-11 Spark 的工作机制

8.5 Spark 安装与配置

8.5.1 下载与安装 Spark

1）首先在官网下载http://spark.apache.org/downloads.html，如图 8-12 所示。

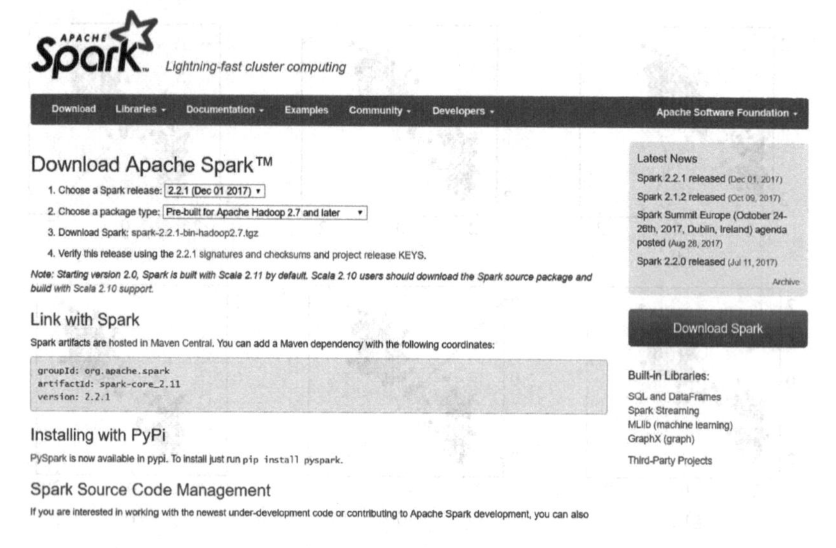

图 8-12 Spark 下载页面

在 Ubuntu 中右击 Download Spark 选择复制链接，在终端中输入 wget（此处粘贴刚才复制的链接进行下载），或直接下载。

2）解压下载的 Spark。

输入 tar -zxvf+文件名进行解压。

8.5.2 Spark 集群配置

进入 Spark 本地文件目录下，配置环境变量、IP 地址、端口号，并且对模板文件进行重命名，然后再对 slaves 文件添加 worker ip，最后对 Node1 和 Node2 节点分别配置即可。

```
cd /usr/local/spark                              //进入 spark 安装目录
cd /conf/
Vi spark-env.sh                                  //配置 sh 文件添加以下几行
export   JAVA_HOME=/usr/java/jdk1.8
export SPARK_MASTER_IP=自己的 ip
export SPARK_MASTER_PORT=7077                    //保存退出
mv slaves.template slaves                        //重命名
Vi   slaves                                      //配置 slaves 文件添加 worker ip
Node1                                            //此处为 ip 映射
Node2
```

在 sh 文件下添加新增语句后，保存、退出并将配置好的 Spark 复制到其他节点上，在 Master 上启动 Spark 集群。

```
/usr/local/spark/sbin/start-all.sh
```

当出现 spark-shell 提示符时则表示搭建成功。spark-shell 是 Spark 自带的交互式 shell 程序，方便用户进行交互式编程，用户可以在该命令行下用 scala 编写 spark 程序。启动后执行 jps 命令，主节点上有 Master 进程，其他子节点上有 Work 进程，登录 Spark 管理界面查看集群状态（主节点）：http://Master:8080/。

8.6 本章小结

本章首先介绍了 Hadoop 分布式计算平台：它是由 Apache 软件基金会开发的一个开源分布式计算平台。以 Hadoop 分布式文件系统（HDFS）和 MapReduce（Google MapReduce 的开源实现）为核心的 Hadoop 为用户提供了系统底层细节透明的分布式基础架构。由于 Hadoop 拥有可计量、成本低、高效、可信等突出特点，基于 Hadoop 的应用已经遍地开花，尤其是在互联网领域。

本章接下来介绍了 Hadoop 框架及其结构，现在 Hadoop 已经发展成为一个包含多个子项目的集合，被用于分布式计算，虽然 Hadoop 的核心是 HDFS 和 MapReduce，但 Hadoop 下的 Sqoop、Spark、Hive、HBase 等子项目提供了互补性服务或在核心层之上提供了更高层的服务。还介绍了关于 Hadoop 的一些基本的安全策略，包括用户权限管理、HDFS 安全策略和 MapReduce 安全策略，为用户的实际使用提供了参考。

集群配置只要记住 Hadoop-env.sh、core-site.xml、hdfs-site.xml、mapred-site.xml、yarn-env.sh、yarn-site.xml 这 6 个文件的作用即可，另外 Hadoop 有些配置是可以在程序中修改的，这部分内容不是本章的重点，因此没有详细说明。

Spark 是一种快速、通用、可扩展的大数据分析引擎，RDD 叫作分布式数据集，是 Spark 中最基本的数据抽象，它代表一个不可变、可分区、里面的元素可并行计算的集合。Spark SQL 是用于结构化数据处理的 Spark 模块。与基本的 Spark RDD API 不同，Spark SQL 提供的接口为 Spark 提供了关于数据结构和正在执行的计算的更多信息。Spark Streaming 是 Spark API 核心的扩展，支持可扩展、高吞吐量和实时数据流的容错流处理。MLlib 是 Spark 的机器学习（ML）库，其目标是使实际的机器学习可扩展和容易。

实践与练习

一、选择题

1．下面哪个程序负责 HDFS 数据存储（　　）。

A．NameNode　　B．Jobtracker

C．DataNode　　D．tasktracker

2．Flume 通常用于（　　）。

A．数据采集　　B．数据预处理

C．数据分析　　D．数据清洗

3．Spark 中用于实时数据处理的是（　　）。

A．SparkStreaming　　B．SparkSql

C．DataFrame　　D．SparkMLlib

4．下面哪个不是 RDD 的特点（　　）。

A．可分区　　B．可序列化

C．可修改　　D．可持久化

5．DataFrame 和 RDD 最大的区别是（　　）。

A．科学统计支持　　B．多了 schema

C．存储方式不一样　　D．外部数据源支持

6．Spark 支持的分布式部署方式中哪个是错误的（　　）。

A．Standalone　　B．Spark on mesos

C．Spark on Yarn　　D．Spark on local

二、简答题

1．简述“jps”命令的用处。

2．hadoop-env.sh 主要用于做什么工作？

3．简单说明一下什么是 Spark RDD?

第 9 章　大数据应用开发工具

从大数据比较有影响力的概念和大数据的研究现状来看，推动大数据发展的核心力量之一就是大数据的应用开发工具和技术。因为传统的数据分析处理技术已经无法满足大数据的需求，大数据的出现也必然伴随着新处理工具和新技术的出现。

在大数据应用的开发中，除了基础的 Hadoop 或者 R 语言之外，还有很多优秀的开发工具，能够使开发者如虎添翼。无论是大数据应用的开发，还是分析移动应用，下面这些工具都可以帮助你更快更好的发展。

9.1　数据抽取 ETL

数据仓库是一个独立的数据环境，需要通过抽取过程将数据从联机事务处理环境，外部数据源和脱机的数据存储介质导入到数据仓库中，而 ETL 技术是数据仓库中非常重要的一环。

9.1.1　ETL 概述

ETL（Extract-Transform-Load，即数据抽取、转换、装载的过程）作为 BI/DW（Business Intelligence/Data Warehovse）的核心和灵魂，能够按照统一的规则集成并提高数据的价值，是负责完成数据从数据源向目标数据仓库转化的过程，是实施数据仓库的重要步骤。

📖 数据仓库系统中数据不要求与联机事务处理系统中的数据实时同步，所以 ETL 可以定时进行。

ETL 是构建数据仓库的重要一环，用户从数据源抽取出所需的数据，经过数据清洗，最终按照预先定义好的数据仓库模型，将数据加载到数据仓库中去。

1．数据抽取

数据抽取是从数据源中抽取数据的过程。实际应用中，数据源较多采用的是关系数据库。从数据库中抽取数据一般有以下几种方式。

（1）全量抽取

全量抽取类似于数据迁移或数据复制，它将数据源中的表或视图的数据原封不动地从数据库中抽取出来，并转换成自己的 ETL 工具可以识别的格式。全量抽取比较简单。

（2）增量抽取

增量抽取只抽取自上次抽取以来数据库中要抽取的表中新增或修改的数据。在 ETL 使用过程中，增量抽取较全量抽取应用更广。如何捕获变化的数据是增量抽取的关键。对捕获方法一般有两点要求：准确性，能够将业务系统中的变化数据按一定的频率准确地捕获到；性能，不能对业务系统造成太大的压力，影响现有业务。目前增量数据抽取中常用的捕获变化数据的方法有以下几种。

1）触发器。在要抽取的表上建立需要的触发器，一般要建立插入、修改、删除 3 个触发器，每当源表中的数据发生变化，相应的触发器将变化的数据写入一个临时表，抽取线程从临时表中抽取数据，临时表中抽取过的数据被标记或删除。触发器方式的优点是数据抽取的性能较高，缺点是要求业务表建立触发器，对业务系统有一定的影响。

2）时间戳。它是一种基于快照比较的变化数据捕获方式，在源表上增加一个时间戳字段，系统更新修改表数据时，同时修改时间戳字段的值。当进行数据抽取时，通过比较系统时间与时间戳字段的值来决定抽取哪些数据。有的数据库的时间戳支持自动更新，即表的其他字段的数据发生改变时，自动更新时间戳字段的值。有的数据库不支持时间戳的自动更新，这就要求业务系统在更新业务数据时，手工更新时间戳字段。同触发器方式一样，时间戳方式的性能也比较好，数据抽取相对清楚简单，但对业务系统也有很大的倾入性（加入额外的时间戳字段），特别是对不支持时间戳的自动更新的数据库，还要求业务系统进行额外的更新时间戳操作。另外，无法捕获对时间戳以前数据的 delete 和 update 操作，在数据准确性上受到了一定的限制。

3）全表比对。典型的全表比对的方式是采用 MD5 校验码。ETL 工具事先为要抽取的表建立一个结构类似的 MD5 临时表，该临时表记录源表主键以及根据所有字段的数据计算出来的 MD5 校验码。每次进行数据抽取时，对源表和 MD5 临时表进行 MD5 校验码的比对，从而决定源表中的数据是新增、修改还是删除，同时更新 MD5 校验码。MD5 方式的优点是对源系统的倾入性较小（仅需要建立一个 MD5 临时表），但缺点也是显而易见的，与触发器和时间戳方式中的主动通知不同，MD5 方式是被动地进行全表数据的比对，性能较差。当表中没有主键或唯一列且含有重复记录时，MD5 方式的准确性较差。

4）日志对比。通过分析数据库自身的日志来判断变化的数据。Oracle 的改变数据捕获（CDC，Changed Data Capture）技术是这方面的代表。CDC 特性是在 Oracle9i 数据库中引入的。CDC 能够识别从上次抽取之后发生变化的数据。利用 CDC，在对源表进行 insert、update 或 delete 等操作的同时就可以提取数据，并且变化的数据被保存在数据库的变化表中。这样就可以捕获发生变化的数据，然后利用数据库视图以一种可控的方式提供给目标系统。CDC 体系结构基于发布者/订阅者模型，发布者捕捉变化数据并提供给订阅者；订阅者使用从发布者那里获得的变化数据。通常，CDC 系统拥有一个发布者和多个订阅者。发布者首先需要识别捕获变化数据所需的源表。然后，CDC 系统捕捉变化的数据并将其保存在特别创建的变化表中。它还使订阅者能够控制对变化数据的访问。订阅者需要清楚自己感兴趣的是哪些变化数据。一个订阅者可能不会对发布者发布的所有数据都感兴趣。订阅者需要创建一个订阅者视图来访问经发布者授权可以访问的变化数据。CDC 分为同步模式和异步模式，同步模式实时地捕获变化数据并存储到变化表中，发布者与订阅者都位于同一数据库中。异步模式则是基于 Oracle 的流复制技术。

ETL 处理的数据源除了关系数据库外，还可能是文件，例如，txt 文件、excel 文件、xml 文件等。对文件数据的抽取一般是进行全量抽取，一次抽取前可保存文件的时间戳或计算文件的 MD5 校验码，下次抽取时进行比对，如果相同则可忽略本次抽取。

2．数据转换和加工

从数据源中抽取的数据不一定完全满足目的库的要求，例如，数据格式的不一致、数据输入错误、数据不完整等，因此有必要对抽取出的数据进行数据转换和加工。

数据的转换和加工可以在 ETL 引擎中进行，也可以在数据抽取过程中利用关系数据库的特性同时进行。

（1）ETL 引擎中的数据转换和加工

ETL 引擎中一般以组件化的方式实现数据转换。常用的数据转换组件有字段映射、数据过滤、数据清洗、数据替换、数据计算、数据验证、数据加解密、数据合并、数据拆分等。这些组件如同一条流水线上的一道道工序，它们是可插拔的，且可以任意组装，各组件之间通过数据总线共享数据。

（2）在数据库中进行数据加工

关系数据库本身已经提供了强大的 SQL、函数来支持数据的加工，如在 SQL 查询语句中添加 where 条件进行过滤，查询中重命名字段名与目的表进行映射，substr 函数，case 条件判断等。下面是一个 SQL 查询的例子。

```
    select ID as USERID, substr(TITLE, 1, 20) as TITLE, case when REMARK is null then ' ' else
REMARK end as CONTENT from TB_REMARK where ID > 100;
```

相比在 ETL 引擎中进行数据转换和加工，直接在 SQL 语句中进行转换和加工更加简单清晰，性能更高。对于 SQL 语句无法处理的情况可以交由 ETL 引擎处理。

3．数据装载

将转换和加工后的数据装载到目的库中通常是 ETL 过程的最后步骤。装载数据的最佳方法取决于所执行操作的类型以及需要装入多少数据。当目的库是关系数据库时，一般来说有两种装载方式。

1）直接使用 SQL 语句进行 insert、update、delete 操作。

2）采用批量装载方法，如 bcp、bulk、关系数据库特有的批量装载工具或 API。

大多数情况下会使用第一种方法，因为它们进行了日志记录并且是可恢复的。但是，批量装载操作易于使用，并且在装入大量数据时效率较高。使用哪种数据装载方法取决于业务系统的需要。

9.1.2 ETL 工具

ETL 主流工具如下。

（1）Datastage

- 优点：内嵌一种 Basic 语言，可通过批处理程序增加灵活性，可对每个 job 设定参数并在 job 内部引用。
- 缺点：早期版本对流程支持缺乏考虑；图形化界面改动费事。

（2）Powercenter

- 优点：元数据管理更为开放，存放在关系数据库中，可以很容易被访问。
- 缺点：没有内嵌类 Basic 语言，参数值需要人为更新，且不能引用参数名；图形化界面改动费事。

（3）Automation

- 优点：提供一套 ETL 框架，利用 Teradata 数据仓库本身的并行处理能力。
- 缺点：对数据库依赖性强，选型时需要考虑综合成本（包括数据库等）。

（4）国产 ETL 软件：udis 睿智 ETL

- 优点：适合国内需求，性价比高。
- 缺点：配置复杂，缺少对元数据的管理。

9.1.3 网络爬虫技术及应用

（1）网络爬虫技术概述

网络爬虫是 Spider（或 Robots、Crawler）等词的意译，是一种高效的信息抓取工具，它集成了搜索引擎技术，并通过大数据技术手段进行优化，用以从互联网搜索、抓取并保存任何通过 HTML（超文本标记语言）进行标准化的网页信息。

搜索引擎使用网络爬虫寻找网络内容，网络上的 HTML 文档使用超链接连接了起来，就像织成了一张网，而网络爬虫顺着这张网爬行，每到一个网页就用抓取程序将这个网页抓下来，将内容抽取出来，同时抽取超链接，作为进一步爬行的线索。网络爬虫总是要从某个起点开始爬，这个起点叫作种子，也可以到一些网址列表网站上获取。

（2）网络爬虫应用

随着互联网技术的发展和数据爆炸，网络爬虫技术为商业银行数据采集和信息整合应用提供了全新的技术路径。站在商业银行应用实践的角度，网络爬虫在银行日常经营管理中的发展潜力巨大。网络爬虫技术的应用可以助力银行转型，成为最了解自身、最了解客户、最了解竞争对手、最了解经营环境的“智慧银行”。可以预见，网络爬虫技术将成为商业银行提升精细化管理能力、提高决策智能化水平的重要技术手段。

9.2 Hbase 原理和模型

Hbase（Hadoop Database）是一个针对结构化数据的可伸缩、高可靠、高性能、分布式和面向列的分布式存储系统，利用 Hbase 技术可在廉价 PC Server 上搭建大规模结构化存储集群。

Hbase 基于 Google Bigtable 开源实现。类似 Google Bigtable 利用 GFS 作为其文件存储系统，Hbase 利用 Hadoop HDFS 作为其文件存储系统；Google 运行 MapReduce 来处理 Bigtable 中的海量数据，Hbase 同样利用 Hadoop MapReduce 来处理 Hbase 中的海量数据；Google Bigtable 利用 Chubby 作为协同服务。分布式 HBase 安装依赖于正在运行的 Zookeeper 集群。HBase 默认情况下管理 Zookeeper 集群。它将启动和停止 Zookeeper 集合作为 HBase 启动/停止过程的一部分。

9.2.1 Hbase 安装和部署

1．Hbase 伪分布模式安装

1）下载安装包。

因为 Hbase-1.3.1-bin.tar.gz 版本与 Hadoop-2.7.4 版本兼容良好，所以从 mirrors.shuosc.

org/apache/hbase/1.3.1 网址下载安装包，并将下载好的 Hbase-1.3.1-bin.tar.gz 复制到 /home/hadoop 目录下。

下载安装包时的界面如图 9-1 所示。

Index of /apache/hbase/1.3.1

Name	Last modified	Size	Description
Parent Directory		-	
hbase-1.3.1-bin.tar.gz	2017-06-20 18:41	101M	
hbase-1.3.1-src.tar.gz	2017-06-20 18:41	16M	

图 9-1　安装包界面

2）解压安装包。

右击 hbase-1.3.1-bin.tar.gz，在弹出的快捷菜单中选择“Extract Here”，如图 9-2 所示。

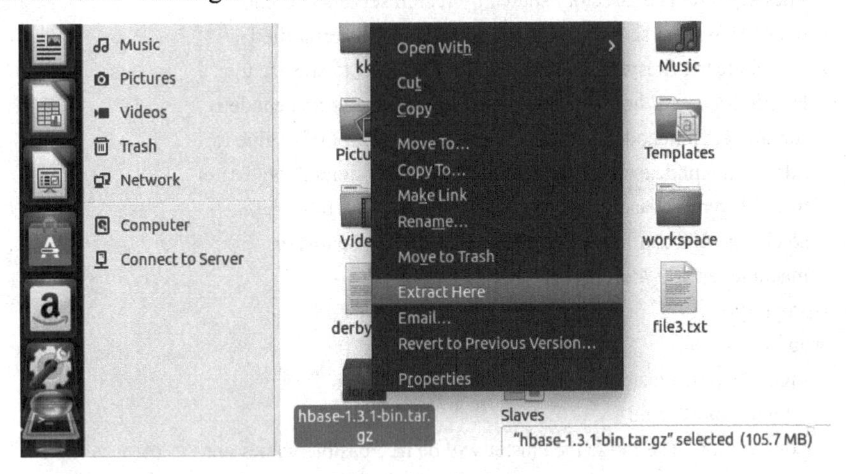

图 9-2　解压安装包

将解压完的文件夹名改为 hbase。

```
mv hbase-1.3.1 hbase
```

更改环境变量：

```
sudo  vim /etc/profile
```

在文件尾行添加如下内容：

```
export HBASE_HOME=/home/hadoop/hbase
export PATH=$PATH:$HBASE_HOME/bin
```

执行 source 命令使上述配置生效：

```
source /etc/profile
```

3）修改/conf/hbase-env.sh 文件。打开 hbase 文件夹配置/conf/hbase-env.sh 文件，修改如下。

```
export  JAVA_HOME=/usr/java/jdk1.8.0_144/   #jdk 版本要与本机一致
export  HBASE_CLASSPATH=/usr/local/hadoop/etc/hadoop   #让 Hbase 知道 Hadoop 配置文件所在
export  HBASE_MANAGES_ZK=true #配置由 Hbase 自己管理 Zookeeper，不需要单独的 zookeeper。
```

4）配置/conf/hbase-site.xml 文件。

用文本编辑器打开 hbase-default.xml 文件，下面是要修改的内容。

```
<configuration>
<property >
    <name>hbase.rootdir</name>
    <value>hdfs://master:9000/hbase</value>
    <description>The directory shared by region servers and into
    which HBase persists.   The URL should be 'fully-qualified'
    to include the filesystem scheme.   For example, to specify the
    HDFS directory '/hbase' where the HDFS instance's namenode is
    running at namenode.example.org on port 9000, set this value to:
    hdfs://namenode.example.org:9000/hbase.   By default, we write
    to whatever ${hbase.tmp.dir} is set too -- usually /tmp --
    so change this configuration or else all data will be lost on
    machine restart.</description>
  </property>
 <property >
    <name>hbase.cluster.distributed</name>
    <value>true</value>
    <description>The mode the cluster will be in. Possible values are
      false for standalone mode and true for distributed mode.   If
      false, startup will run all HBase and ZooKeeper daemons together
      in the one JVM.</description>
  </property>
<property >
    <name>hbase.tmp.dir</name>
    <value>/home/hadoop/hbase/tmp</value>
    <description>Temporary directory on the local filesystem.
    Change this setting to point to a location more permanent
    than '/tmp', the usual resolve for java.io.tmpdir, as the
    '/tmp' directory is cleared on machine restart.
</description>
  </property>
</configuration>
```

5）覆盖 Hadoop 核心 jar 包。

这一步的主要目的是防止因为 Hbase 和 Hadoop 版本不同出现兼容问题，造成 HMaster

启动异常。

```
        rm   -rf   lib/hadoop*.jar
        find   /usr/local/hadoop/share/hadoop   -name   "hadoop*jar"   | xargs   -i   cp   {}   /home/hadoop/
hbase/lib/
```

6）启动 Hbase，验证是否配置成功。

启动 Hbase 前先启动 Hadoop：

```
        start-all.sh
```

然后在 Hbase 下的 bin 目录下启动 Hbase，如图 9-3 所示。

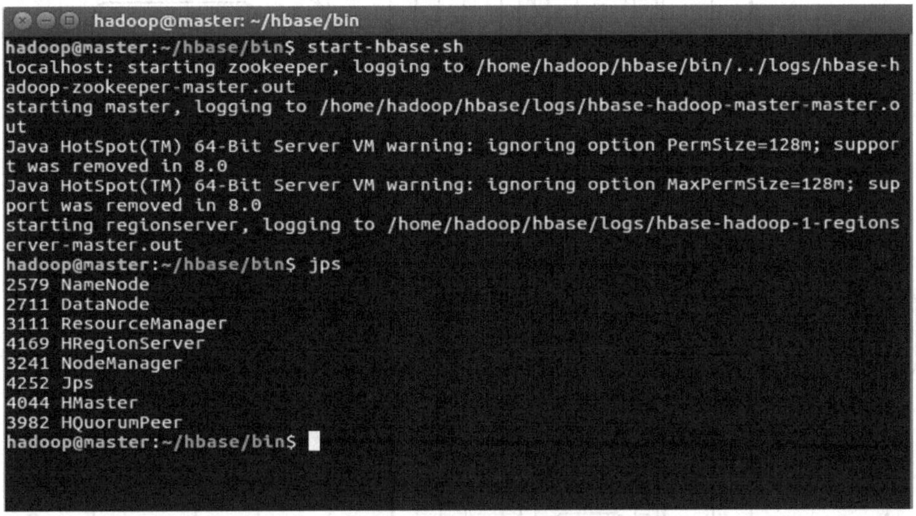

```
hadoop@master: ~/hbase/bin
hadoop@master:~/hbase/bin$ start-hbase.sh
localhost: starting zookeeper, logging to /home/hadoop/hbase/bin/../logs/hbase-h
adoop-zookeeper-master.out
starting master, logging to /home/hadoop/hbase/logs/hbase-hadoop-master-master.o
ut
Java HotSpot(TM) 64-Bit Server VM warning: ignoring option PermSize=128m; suppor
t was removed in 8.0
Java HotSpot(TM) 64-Bit Server VM warning: ignoring option MaxPermSize=128m; sup
port was removed in 8.0
starting regionserver, logging to /home/hadoop/hbase/logs/hbase-hadoop-1-regions
erver-master.out
hadoop@master:~/hbase/bin$ jps
2579 NameNode
2711 DataNode
3111 ResourceManager
4169 HRegionServer
3241 NodeManager
4252 Jps
4044 HMaster
3982 HQuorumPeer
hadoop@master:~/hbase/bin$
```

图 9-3　Hbase 启动成功

如出现上述进程，则 Hbase 伪分布模式安装成功。

9.2.2　Hbase 应用

1．Hbase 框架和基本组件

Hbase 基本框架如图 9-4 所示。

Hbase 构建在 HDFS 之上，其组件包括 Cilent、Zookeeper、HDFS、Hmaster 以及 HRegionSever。Client 包含访问 Hbase 的接口，并维护 cache 来加快对 Hbase 的访问。Zookeeper 用来保证任何时候，集群中只有一个 Master，存储所有 Region 的寻址入口以及实时监控 Region Server 的上线和下线信息，并实时通知给 Master 存储 Hbase 的 schema 和 table 元数据。HMaster 负责为 Region Server 分配 Region 和 RegionServer 的负载均衡。如果发现失效的 Region Server 并重新分配其上的 Region。同时，管理用户对 table 的增删改查操作。RegionServer 负责维护 Region，处理对这些 Region 的 IO 请求并且切分在运行过程中变得过大的 Region。

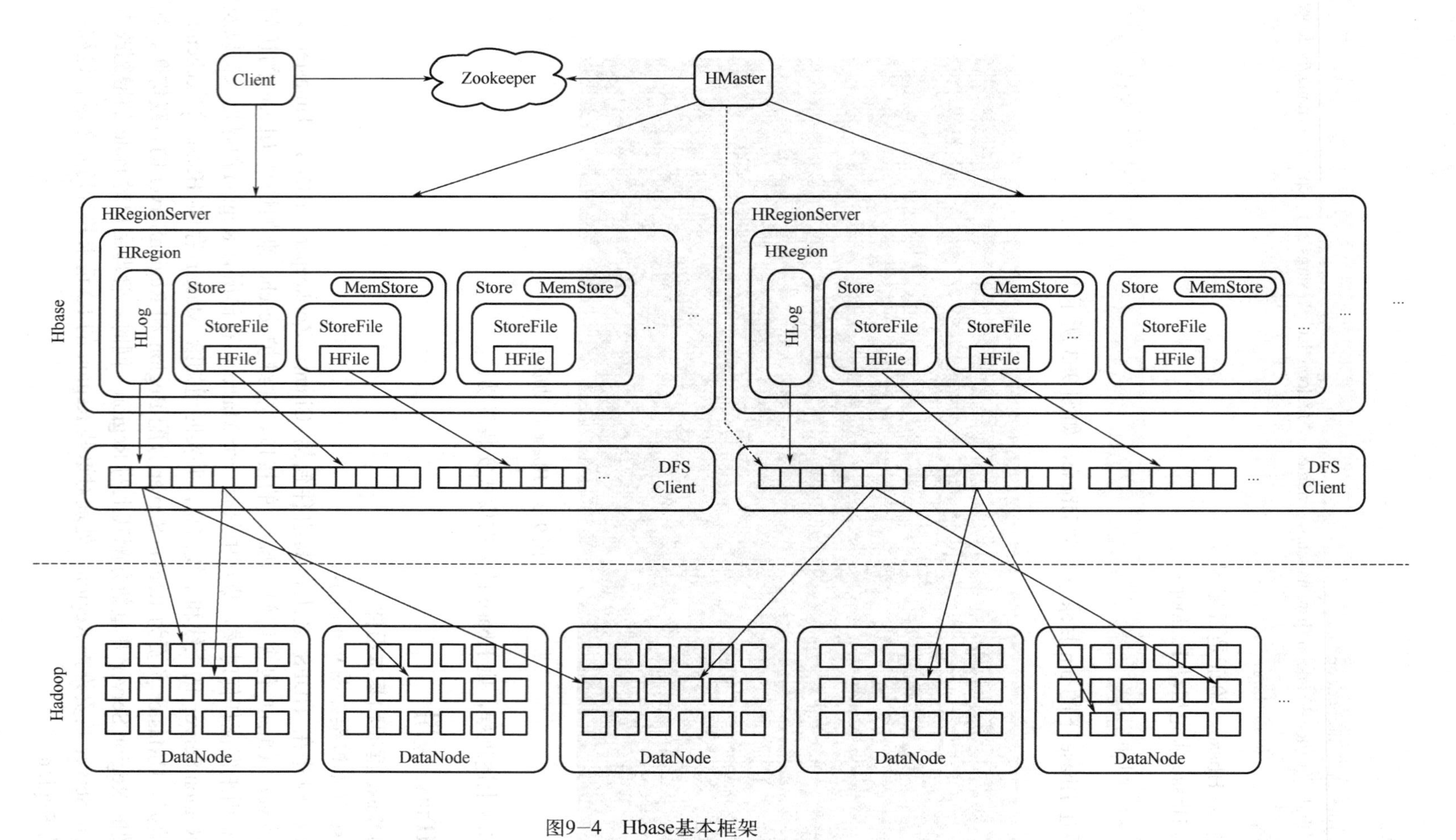

图9-4 Hbase基本框架

2．Hbase 数据模型

Hbase 数据模型如表 9-1 所示。

表 9-1　Hbase 数据模型

行　键	时间戳	列族 contents	列族 anchor	列族 mime
“con.cnn.www”	t9		anchor:cnnsi.com “CNN”	
	t8		anchor:my.look.ca=“CNN.com”	
	t6	contents:html= “<html>...”		mime:type= “text/html”
	t5	contents:html= “<html>...”		
	t3	contents:html= “<html>...”		

3．Hbase 应用场景

Hbase 有 3 种主要使用场景：捕获增量数据、内容服务和信息交换。

愿意使用 Hbase 的用户数量在过去几年里迅猛增长。部分原因在于 Hbase 产品变得更加可靠和性能更好，更多原因在于越来越多的公司开始投入大量资源来支持和使用它。随着越来越多的商业服务供应商提供支持，用户越发自信地把 Hbase 应用于关键应用系统。一个设计初衷是用来存储互联网持续更新网页副本的技术，用在互联网相关的其他方面也很合适。例如，Hbase 在社交网络公司内部和周围各种各样的需求中找到了用武之地，从存储个人之间的通信信息，到通信信息分析，Hbase 成为 Facebook，Twitter 和 StumbleUpon 等公司里的关键基础架构。

Hbase 可以用来对相同数据进行在线服务和离线处理。这正是 Hbase 的独到之处。

9.2.3　Hbase 优化和存储

1．Hbase 优化

（1）Hbase 垃圾回收优化

Java 本身提供了垃圾回收机制，依靠 JRE 对程序行为的各种假设进行垃圾回收，但是 Hbase 支持海量数据持续入库，非常占用内存，因此繁重的负载会迫使内存分配策略无法安全地依赖于 JRE 的判断，需要调整 JRE 的参数来调整垃圾回收策略。

通过 HBASE_OPTS 或者 HBASE_REGIONSERVER_OPT 变量来设置垃圾回收的选项，HBASE_REGIONSERVER_OPT 一般是用于配置 RegionServer 的，需要在每个子节点的 HBASE_OPTS 文件中进行配置。

设置新生代大小的参数，不能过小，过小则导致年轻代过快成为老生代，引起老生代产生内存过大；同样不能过大，过大导致所有的 Java 进程停止时间长。-XX:MaxNewSize=256m-XX:NewSize=256m 这两个可以合并成为一个-Xmn256m 配置来完成。

设置垃圾回收策略：-XX:+UseParNewGC -XX:+UseConcMarkSweepGC，也叫收集器设置。

设置 CMS 的值，占比多少时，开始并发标记和清扫检查。-XX:CMSInitiating Occupancy Fraction=70。

（2）优化 Region 拆分合并以及预拆分 Region

hbase.hregion.max.filesize 默认为 256MB（在 hbase-site.xml 中进行配置），当 Region 达到这个阈值时，会自动拆分。可以把这个值设得无限大，则可以关闭 Hbase 自动管理拆分，手动运行命令来进行 Region 拆分，这样可以在不同的 Region 上交错运行，分散 I/O 负载。

预拆分 Region，用户可以在建表时就制定好预设定的 Region，这样就可以避免后期 Region 自动拆分造成 I/O 负载。

（3）客户端入库调优

1）用户在编写程序入库时，Hbase 的自动刷写是默认开启的，即用户每一次 put 都会提交到 HbaseServer 进行一次刷写，如果需要高速插入数据，则会造成 I/O 负载过重。在这里可以关闭自动刷写功能（setAutoFlush(false)）。如此，put 实例会先写到一个缓存中，这个缓存的大小通过 hbase.client.write.buffer 的值来设定缓存区，当缓存区被填满之后才会被送出。如果想要显示刷写数据，可以调用 flushCommits( )方法。采取这个方法要估算服务器端内存占用，可以调用 hbase.client.write.buffer*hbase.regionserver.handler.count 得出内存情况。

2）关闭每次 put 上的 WAL（writeToWAL(flase)），这样可以在刷写数据前不预写日志，但是如果数据重要的话建议不要关闭。

3）hbase.client.scanner.caching：默认为 1。这是设计客户端读取数据的配置调优，在 hbase-site.xml 中进行配置，即配置 scanner 一次缓存多少数据（从服务器一次抓取多少数据来扫描），默认值太小，但是对于大文件，值也不应太大。

4）hbase.regionserver.lease.period 默认值：60000。说明：客户端租用 HRegionServer 期限，即超时阀值。调优：这个配合 hbase.client.scanner.caching 使用，如果内存够大，由于取出较多数据后计算过程较长，可能超过这个阈值，可适当设置较长的响应时间以防被认为宕机。

还有诸多实践，如设置过滤器、扫描缓存等，指定行扫描等多种客户端调优方案，需要在实践中慢慢挖掘。

（4）Hbase 配置文件

1）hbase.hregion.memstore.mslab.enabled 默认值：true，这个是在 hbase-site.xml 中进行配置的值。可以减少因内存碎片导致的 Full GC，从而提高整体性能。

2）zookeeper.session.timeout ZK 的超期参数，默认配置为 3min，在生产环境上建议减小这个值在 1min 或更小。设置原则：这个值越小，当 RS 故障时 Hmaster 获知越快，Hlog 分裂和 Region 部署越快，集群恢复时间越短。但是，设置这个值的原则是留足够的时间进行 GC 回收，否则会导致频繁的 RS 宕机。一般利用默认值即可。

3）hbase.regionserver.handler.count 默认 10。对于大负载的 put（达到了 M 范围）或是大范围的 Scan 操作，handler 数目不宜过大，易造成 OOM；对于小负载的 put 或是 get、delete 等操作，handler 数目要适当调大。根据上面的原则，要根据具体业务情况来设置（具体情况具体分析）。

4）选择使用压缩算法，目前 Hbase 默认支持的压缩算法包括 GZ，LZO 以及 snappy（hbase-site.xml 中配置）。

5）hbase.hregion.max.filesize 默认 256MB。上面说过了，Hbase 自动拆分 Region 的阈

值，可以设置得很大或者无限大，无限大时需要手动拆分 Region。

6）hbase.hregion.memstore.flush.size 单个 region 内所有的 memStore 大小总和超过指定值时，刷新该 Region 的所有 memStore。

7）hbase.hstore.blockingStoreFiles，默认值为 7。在刷新时，当一个 Region 中的 Store（CoulmnFamily）内有超过 7 个 storefile 时，则限制所有的写请求进行压缩，以减少 storefile 数量。调优：限制写请求会严重影响当前 RegionServer 的响应时间，但过多的 storefile 也会影响读性能。从实际应用来看，为了获取较平滑的响应时间，可将值设为无限大。如果能容忍响应时间出现较大的波峰波谷，那么默认或根据自身场景调整即可。

8）hbase.hregion.memstore.block.multiplier 默认值为 2。说明：当一个 region 里总的 memstore 占用内存大小超过 hbase.hregion.memstore.flush.size 两倍的大小时，限制该 region 的所有请求，进行刷新，释放内存。虽然设置了 region 所占用的 memstores 总内存大小，如 64MB，但在最后 63.9MB 的时候，若加入 Put 了一个 200MB 的数据，此时 memstore 的大小会瞬间暴涨到超过预期的 hbase.hregion.memstore.flush.size 的几倍。这个参数的作用是当 memstore 的大小增至超过 hbase.hregion.memstore.flush.size 的 2 倍时，限制所有请求，遏制风险进一步扩大。调优： 这个参数的默认值比较可靠。如果预估的正常应用场景（不包括异常）不会出现突发写或写的量可控，那么保持默认值即可。如果正常情况下，写请求量经常暴涨到正常的几倍，那么应该调大这个倍数并调整其他参数值，如 hfile.block.cache.size 和 hbase.regionserver.global.memstore.upperLimit/lower Limit，以预留更多内存，防止 Hbase server OOM。

9）hfile.block.cache.size 默认为 20%。这是涉及 Hbase 读取文件的主要配置，BlockCache 主要提供给读使用。读请求先到 memstore 中查数据，查不到就到 blockcache 中查，再查不到就会到磁盘上读，并把读的结果放入 blockcache。由于 blockcache 是一个 LRU，因此 blockcache 达到上限(heapsize * hfile.block.cache.size)后，会启动淘汰机制，淘汰掉最老的一批数据。对于注重读响应时间的系统，应该将 blockcache 设大些，如设置 blockcache= 0.4，memstore=0.39，这会加大缓存命中率。

（5）HDFS 优化部分

Hbase 是基于 HDFS 文件系统的一个数据库，其数据最终是写到 HDFS 中的，因此涉及 HDFS 调优的部分也是必不可少的。

1）dfs.replication.interval：默认 3s。调高后可避免 HDFS 频繁备份，从而提高吞吐率。

2）dfs.datanode.handler.count：默认为 10。可以调高这个处理线程数，使得写数据更快。

3）dfs.namenode.handler.count：默认为 8。

4）dfs.socket.timeout：默认值很小，最好也要调高。调高后可提高整体速度与性能。

2．Hbase 物理存储

对于 Hbase 的物理模型可分别从 Table 的分割、Region 的拆分、Region 的分布和 Region 的构成 4 个部分讲解。

（1）Table 的分割

Table 中的所有行都按照 rowkey 的字典序排列，Table 在行的方向上分割为多个 Region，一个 Region 在同一时刻只能被一个 RegionServer 管理，RegionServer 可以管理多个 Region（一对多）。

Table 的分割如图 9-5 所示。

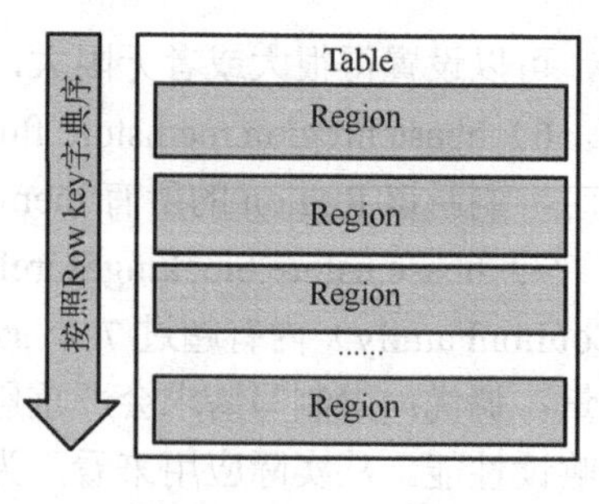

图 9-5 Table 的分割

(2) Region 的拆分

拆分 Region 是为了并行处理，提高效率，Region 是按大小分割的，新创建的表只有一个 Region（数据为空），随着数据增多，Region 不断增大，当增大到一个阈值时，Region 就会拆分为两个新的 Region，之后 Region 也会越来越多。

Region 的拆分如图 9-6 所示。

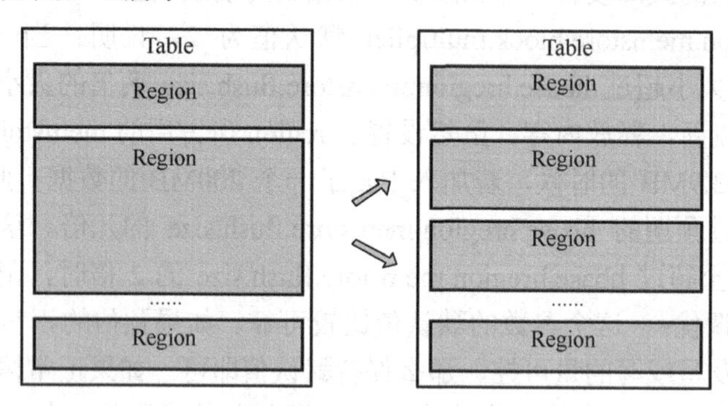

图 9-6 Region 的拆分

(3) Region 的分布

Region 是 Hbase 中分布式存储和负载均衡的最小单元，不同的 Region 分布到不同的 Region Servers 上，图 9-7 中的 Table1、Table2 中均有多个 Region，这些 Region 分布在不同的 Region Servers 中。

Region 的分布如图 9-7 所示。

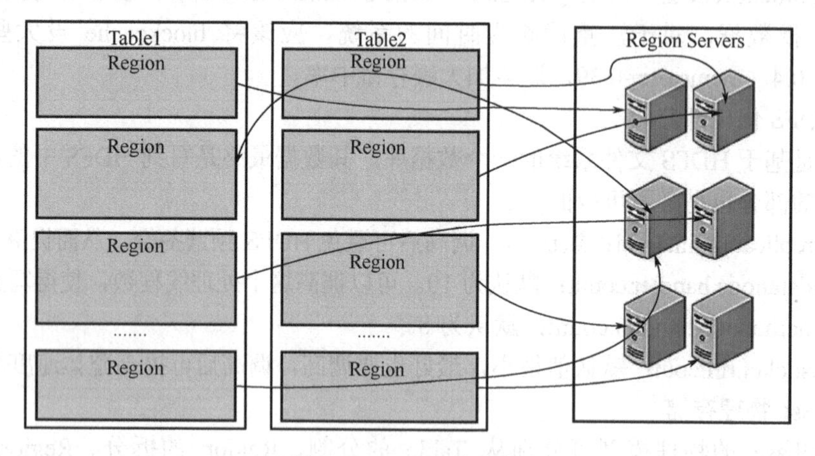

图 9-7 Region 的分布

(4) Region 的构成

Region 虽然是分布式存储的最小单元，但并不是存储的最小单元，Store 是存储的最小单元。Region 由一个或者多个 Store 组成，每个 Store 会保存一个 Column Family；每个 Store 又由一个 memStore 或零至多个 StoreFile 组成；memStore 存储在内存中，StoreFile 存储在 HDFS 中，图 9-8 为 Region 的构成，在向 Hbase 插入数据时，会先存放到 memStore（内存）中，然后再从内存中存放到磁盘文件 StoreFile 中，磁盘文件满了之后再存放到 HDFS 中。

Hbase 的物理模型图如图 9-8 所示。

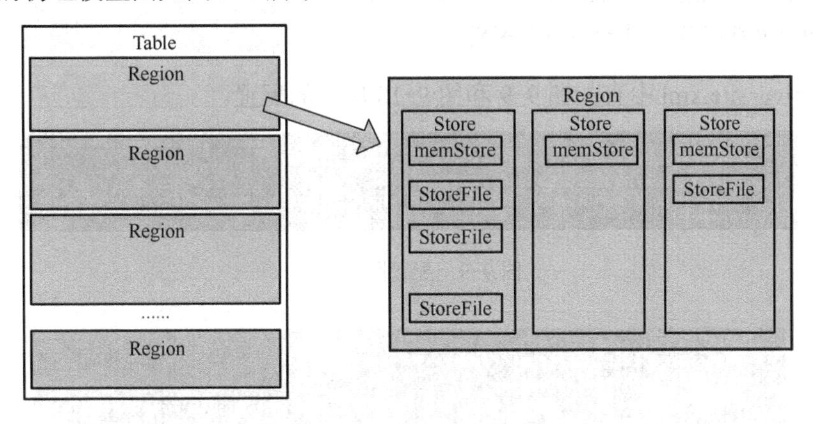

图 9-8　Hbase 物理模型

9.3　Hive 基础与应用

Hive 是建立在 Hadoop 上的数据仓库基础构架。它提供了一系列的工具，可以用来进行数据提取转化加载（ETL），这是一种可以存储、查询和分析存储在 Hadoop 中的大规模数据的机制。Hive 定义了简单的类 SQL 查询语言，称为 QL，它允许熟悉 SQL 的用户查询数据。同时，这个语言也允许熟悉 MapReduce 的开发者开发自定义的 mapper 和 reducer 来处理内建的 mapper 和 reducer 无法完成的复杂的分析工作。

9.3.1　Hive 安装

安装并配置 Hive 内嵌模式。

1．安装 Hive

1）下载并解压安装包。

登录 http://mirror.bit.edu.cn/apache/hive/hive-2.2.0/下载 apache-hive-2.2.0-bin.tar.gz，并将压缩包复制到/home/hadoop 目录下。右击压缩包，在弹出的快捷菜单中选择“Extract Here”。同时将文件夹名改为 Hive。

2）配置 Hive 环境变量。

执行下列代码，并在文件中添加变量。

```
sudo vim /etc/profile
export HIVE_HOME=/home/hadoop/hive
export PATH=$PATH:$HIVE_HOME/bin
export CLASSPATH=$CLASSPATH:$HIVE_HOME/lib
source /etc/profile   #保存后，使配置文件的修改生效
```

3）配置 hive-site.xml。

```
cd $HIVE_CONF_DIR   #进入目录
sudo cp hive-default.xml.template hive-site.xml
 #/拷贝 hive-default.xml.template 并重命名为  hive-site.xml
vim hive-site.xml    #编辑  hive-site.xml
```

因为在 hive-site.xml 中有如图 9-9 和图 9-10 所示的配置。

```
<property>
  <name>hive.metastore.warehouse.dir</name>
  <value>/user/hive/warehouse</value>
  <description>location of default database for the warehouse</description>
</property>
```

图 9-9　配置图（一）

```
  <property>
    <name>hive.exec.scratchdir</name>
    <value>/tmp/hive</value>
    <description>HDFS root scratch dir for Hive jobs which gets created with wr
ite all (733) permission. For each connecting user, an HDFS scratch dir: ${hive
.exec.scratchdir}/&lt;username&gt; is created, with ${hive.scratch.dir.permissi
on}.</description>
  </property>
```

图 9-10　配置图（二）

所以要在 Hadoop 集群新建/user/hive/warehouse 目录，并执行下面命令。

```
cd $HADOOP_HOME                            #进入 Hadoop 主目录
mkdir -p   /user/hive/warehouse            #创建目录
sudo chmod -R 777 /user/hive/warehouse     #新建的目录赋予读写权限
mkdir -p   /tmp/hive/                      #新建/tmp/hive/目录
sudo chmod -R 777 /tmp/hive                #目录赋予读写权限
//用以下命令检查目录是否创建成功
ls /user/hive
ls /tmp/hive
```

修改 hive-site.xml 中的临时目录，将 hive-site.xml 文件中的${system:java.io.tmpdir}替换为 Hive 的临时目录，例如，替换为/home/hadoop/hive/tmp/，该目录如果不存在则要自己手工创建，并且赋予读写权限。

```
cd /home/hadoop/hive
mkdir tmp
sudo chmod -R 777 tmp/
```

下面是 hive-site.xml 文件中所有需要修改的配置。

```
<property>
    <name>javax.jdo.option.ConnectionURL</name>
    <value>jdbc:derby:;databaseName=metastore_db;useSSL=true;create=true</value>
    <description>
```

```
        JDBC connect string for a JDBC metastore.
        To use SSL to encrypt/authenticate the connection, provide database-specific SSL flag in the
connection URL.
        For example, jdbc:postgresql://myhost/db?ssl=true for postgres database.
      </description>
    </property>
    <property>
      <name>hive.exec.local.scratchdir</name>
      <value>/home/hadoop/hive/tmp</value>
      <description>Local scratch space for Hive jobs</description>
    </property>
    <property>
      <name>hive.downloaded.resources.dir</name>
      <value>/home/hadoop/hive/${hive.session.id}_resources</value>
      <description>Temporary local directory for added resources in the remote file system.
</description>
    </property>
    <property>
      <name>hive.querylog.location</name>
      <value>/home/hadoop/hive/tmp</value>
      <description>Location of Hive run time structured log file</description>
    </property>
    <property>
      <name>hive.server2.logging.operation.log.location</name>
      <value>/home/hadoop/hive/tmp/operation_logs</value>
      <description>Top level directory where operation logs are stored if logging functionality is enabled
</description>
    </property>
```

4）复制一份 hive-env.sh.template 模板并重命名为 hive-env.sh。

```
cp hive-env.sh.template hive-env.sh
//打开文件修改如下配置
HADOOP_HOME=usr/local/hadoop
export HIVE_CONF_DIR=/home/hadoop/hive/conf
export HIVE_AUX_JARS_PATH=/home/hadoop/hive/lib
```

5）初始化 schema 库。

```
schematool -initSchema -dbType derby
```

在当前目录下运行 Hive，如果结果如图 9-11 所示，则 Hive 配置成功。

```
hadoop@master:~$ hive

Logging initialized using configuration in file:/home/hadoop/hive/conf/hive-log4
j2.properties Async: true
Hive-on-MR is deprecated in Hive 2 and may not be available in the future versio
ns. Consider using a different execution engine (i.e. spark, tez) or using Hive
1.X releases.
hive>
```

图 9-11 Hive 配置成功

9.3.2 Hive 数据模型和查询语言

Hive 是基于 Hadoop 的一个数据仓库工具，可以将结构化的数据文件映射为一张数据库表，并提供简单的 SQL 查询功能，可以将 SQL 语句转换为 MapReduce 任务运行。其优点是学习成本低，可以通过类 SQL 语句快速实现简单的 MapReduce 统计，不必开发专门的 MapReduce 应用，十分适合数据仓库的统计分析。

1. Hive 数据模型

Hive 数据模型如图 9-12 所示。

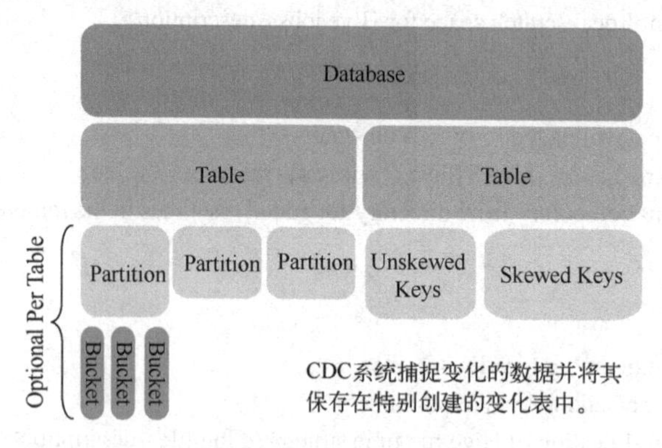

图 9-12　Hive 数据模型

Hive 中包含以下数据模型：Table 内部表，External Table 外部表，Partition 分区，Bucket 桶。Hive 默认可以直接加载文本文件，还支持 sequence file、RCFile。

Hive 的数据模型介绍如下。

（1）Hive 数据库

类似传统数据库的 DataBase，在第三方数据库里实际是一张表。它的作用是将用户和数据库的应用隔离到不同的数据库或模式中，该模型在 hive 0.6.0 之后的版本支持，Hive 提供了 create database dbname、use dbname 以及 drop database dbname 这样的语句。

（2）内部表

Hive 的内部表与数据库中的 Table 在概念上类似。每一个 Table 在 Hive 中都有一个相应的目录存储数据。例如，一个表 pvs，它在 HDFS 中的路径为/wh/pvs，其中 wh 是在 hive-site.xml 中由${hive.metastore.warehouse.dir} 指定的数据仓库的目录，所有的 Table 数据（不包括 External Table）都保存在这个目录中。删除表时，元数据与数据都会被删除。

内部表简单示例：

- 创建数据文件：test_inner_table.txt。
- 创建表：create table test_inner_table (key string)。
- 加载数据：LOAD DATA LOCAL INPATH ‘filepath’ INTO TABLE test_inner_table。
- 查看数据：select * from test_inner_table;　select count(*) from test_inner_table。
- 删除表：drop table test_inner_table。

（3）外部表

外部表指向已经在 HDFS 中存在的数据，可以创建 Partition。它和内部表在元数据的组织上是相同的，而实际数据的存储则有较大的差异。内部表的创建过程和数据加载过程这两个过程可以分别独立完成，也可以在同一个语句中完成，在加载数据的过程中，实际数据会被移动到数据仓库目录中；之后对数据访问将会直接在数据仓库目录中完成。删除表时，表中的数据和元数据将会被同时删除。而外部表只有一个过程，加载数据和创建表同时完成（CREATE EXTERNAL TABLE …LOCATION），实际数据是存储在 LOCATION 后面指定的 HDFS 路径中，并不会移动到数据仓库目录中。当删除一个 External Table 时，仅删除该链接。

外部表简单示例：

- 创建数据文件：test_external_table.txt。
- 创建表：create external table test_external_table (key string)。
- 加载数据：LOAD DATA INPATH ‘filepath’ INTO TABLE test_inner_table。
- 查看数据：select * from test_external_table; select count(*) from test_external_table。
- 删除表：drop table test_external_table。

（4）分区

Partition 对应于数据库中的 Partition 列的密集索引，但是 Hive 中 Partition 的组织方式和数据库中的很不相同。在 Hive 中就体现在表的主目录（Hive 的表实际显示就是一个文件夹）下的一个子目录，这个文件夹的名字就是定义的分区列的名字，没有实际操作经验的人可能会认为分区列是表的某个字段，其实不是这样，分区列不是表里的某个字段，而是独立的列，可根据这个列存储表里的数据文件。分区是为了加快数据分区的查询速度而设计的，在查询某个具体分区列里的数据时候没必要进行全表扫描。在 Hive 中，表中的一个 Partition 对应于表下的一个目录，所有的 Partition 数据都存储在对应的目录中。例如，pvs 表中包含 ds 和 city 两个 Partition，则对应于 ds = 20090801，ctry = US 的 HDFS 子目录为 /wh/pvs/ds=20090801/ctry=US；对应于 ds = 20090801，ctry = CA 的 HDFS 子目录为 /wh/pvs/ds=20090801/ctry=CA。

分区表简单示例：

- 创建数据文件：test_partition_table.txt。
- 创建表：create table test_partition_table (key string) partitioned by (dt string)。
- 加载数据：LOAD DATA INPATH ‘filepath’ INTO TABLE test_partition_table partition (dt=‘2006’)。
- 查看数据：select * from test_partition_table; select count(*) from test_partition_table。
- 删除表：drop table test_partition_table。

（5）桶

Buckets 是将表的列通过 Hash 算法进一步分解成不同的文件存储。它对指定列计算 Hash，根据 Hash 值切分数据，目的是为了并行，每一个 Bucket 对应一个文件。例如，将 user 列分散至 32 个 bucket，首先对 user 列的值计算 Hash，对应 Hash 值为 0 的 HDFS 目录为/wh/ pvs/ds=20090801/ctry=US/part-00000；Hash 值为 20 的 HDFS 目录为/wh/pvs/ds=20090801/ ctry=US/part-00020。如果想应用很多的 Map 任务，这样做是不错的选择。

桶的简单示例：

- 创建数据文件：test_bucket_table.txt。
- 创建表：create table test_bucket_table (key string) clustered by (key) into 20 buckets。

- 加载数据：LOAD DATA INPATH 'filepath' INTO TABLE test_bucket_table。
- 查看数据：select * from test_bucket_table; set hive.enforce.bucketing = true。

（6）Hive 的视图

视图与传统数据库的视图类似。视图是只读的，它基于基本表，如果改变，数据增加不会影响视图的呈现；如果删除，会出现问题。如果不指定视图的列，会根据 select 语句后的生成。

示例：create view test_view as select * from test。

2．Hive 查询语言

（1）创建表——CREATE TABLE

```
CREATE [EXTERNAL] TABLE [IF NOT EXISTS] table_name
[(col_name data_type [COMMENT col_comment], ...)]
[COMMENT table_comment]
[PARTITIONED BY (col_name data_type [COMMENT col_comment], ...)]
[CLUSTERED BY (col_name, col_name, ...)
[SORTED BY (col_name [ASC|DESC], ...)] INTO num_buckets BUCKETS]
[ROW FORMAT row_format]
[STORED AS file_format]
[LOCATION hdfs_path]
```

CREATE TABLE 创建一个指定名字的表。如果相同名字的表已经存在则抛出异常。用户可以用 IF NOT EXIST 选项来忽略这个异常。

EXTERNAL 关键字可以让用户创建一个外部表，在建表的同时指定一个指向实际数据的路径（LOCATION），Hive 创建内部表时，会将数据移动到数据仓库指向的路径；若创建外部表，仅记录数据所在的路径，不对数据的位置做任何改变。在删除表的时候，内部表的元数据和数据会被一起删除，而外部表只删除元数据，不删除数据。

LIKE 允许用户复制现有的表结构，但是不复制数据。

用户在建表的时候可以自定义 SerDe 或者使用自带的 SerDe。如果没有指定 ROW FORMAT 或者 ROW FORMAT DELIMITED，将会使用自带的 SerDe。在建表的时候，用户还需要为表指定列，用户在指定表的列的同时也会指定自定义的 SerDe，Hive 通过 SerDe 确定表的具体的列的数据。

如果文件数据是纯文本，可以使用 STORED AS TEXTFILE。如果数据需要压缩，使用 STORED AS SEQUENCE。

有分区的表可以在创建的时候使用 PARTITIONED BY 语句。一个表可以拥有一个或者多个分区，每一个分区单独存在一个目录下。而且，表和分区都可以对某个列进行 CLUSTERED BY 操作，将若干个列放入一个桶（Bucket）中。也可以利用 SORT BY 对数据进行排序。这样可以为特定应用提高性能。

表名和列名不区分大小写，SerDe 和属性名区分大小写，表和列的注释是字符串。

（2）删除表——Drop Table

删除一个内部表的同时会删除表的元数据和数据。删除一个外部表，只删除元数据而保留数据。

（3）修改表结构——Alter Table

Alter Table 语句允许用户改变现有表的结构。用户可以增加列/分区，改变或增加 serde 属性，表本身重命名。

1）ADD　PARTITION。

```
ALTER TABLE table_name ADD
partition_spec [ LOCATION 'location1' ]
partition_spec [ LOCATION 'location2' ] ...
```

其中，partition_spec 为 PARTITION (partition_col = partition_col_value，partition_col = partiton_col_value, ...)。

可以用 ALTER TABLE ADD PARTITION 来向一个表中增加分区。当分区名是字符串时加引号。

```
ALTER TABLE page_view ADD
PARTITION (dt='2008-08-08',country='us')
location '/path/to/us/part080808'
PARTITION (dt='2008-08-09', country='us')
location '/path/to/us/part080809';
```

2）DROP　PARTITION。

```
ALTER TABLE table_name DROP
PARTITION (partition_col = partition_col_value,partition_col = partiton_col_value, ...)
```

可以用 ALTER TABLE DROP PARTITION 来删除分区。分区的元数据和数据将被一并删除。

```
ALTER TABLE page_view DROP
PARTITION (dt='2008-08-08', country='us')
```

3）RENAME TABLE。

```
LTER TABLE table_name RENAME TO new_table_name
```

使用此命令可以修改表名，但是数据所在的位置和分区名并不改变。换而言之，老的表名并未“释放”，对老表的更改会改变新表的数据。

4）Change Column Name/Type/Position/Comment。

```
ALTER TABLE table_name CHANGE [COLUMN]
col_old_name col_new_name column_type
[COMMENT col_comment]
[FIRST|AFTER column_name]
```

这个命令可以允许用户修改一个列的名称、数据类型、注释或者位置。

```
CREATE TABLE test_change (a int, b int, c int);
```

```
ALTER TABLE test_change CHANGE a a1 INT; 将 a 列的名字改为 a1;
ALTER TABLE test_change CHANGE a a1 STRING AFTER b; 将 a 列的名字改为 a1，a 列的数据类型改为 string，并将它放置在列 b 之后。新的表结构为: b int, a1 string, c int;
```

📖 注意：对列的改变只会修改 Hive 的元数据，而不会改变实际数据。用户应该确定保证元数据定义和实际数据结构的一致性。

5）ADD/REPLACE COLUMNS。

```
ALTER TABLE table_name ADD|REPLACE
COLUMNS (col_name data_type [COMMENT col_comment], ...)
```

ADD COLUMNS 允许用户在当前列的末尾增加新的列，但是在分区列之前。

REPLACE COLUMNS 删除以后的列，加入新的列。只有在使用 native 的 SerDe（DynamicSerDe or MetadataTypeColumnsetSerDe）的时候才可以这么做。

6）ALTER TABLE PROPERTIES。

```
ALTER TABLE table_name SET TBLPROPERTIES
(property_name = property_value, property_name = property_value, ... )
```

可以用这个命令向表中增加 metadata。目前 last_modified_user，last_modified_time 属性都是由 Hive 自动管理的，用户可以向列表中增加自己的属性。可以使用 DESCRIBE EXTENDED TABLE 来获得这些信息。

7）ADD SERDE PROPERTIES。

```
ALTER TABLE table_name
SET SERDE serde_class_name [WITH SERDEPROPERTIES serde_properties]
LTER TABLE table_name
SET SERDE PROPERTIES serde_properties
serde_properties:
: (property_name = property_value, property_name = property_value, ... )
```

这个命令允许用户向 Serde 对象增加用户定义的元数据。Hive 为了序列化和反序列化数据，将初始化 Serde 属性，并将属性传给表的 Serde。如此，用户可以为自定义的 Serde 存储属性。

```
Alter Table File Format and Organization
ALTER TABLE table_name SET FILEFORMAT file_format
ALTER TABLE table_name CLUSTERED BY (col_name, col_name, ...)
[SORTED BY (col_name, ...)] INTO num_buckets BUCKETS
```

这个命令修改了表的物理存储属性。

（4）LOAD DATA INTO TABLE

当数据被加载至表中时，不会对数据进行任何转换。Load 操作只是将数据复制/移动至 Hive 表对应的位置。

```
LOAD DATA [LOCAL] INPATH 'filepath' [OVERWRITE]
INTO TABLE tablename
[PARTITION (partcol1=val1, partcol2=val2 ...)]
```

文件路径主要有以下几个。

- 相对路径，例如，project/data1。
- 绝对路径，例如，/user/hive/project/data1。
- 包含模式的完整 URI，例如，hdfs://namenode:9000/user/hive/project/data1。

加载的目标可以是一个表或者分区。如果表包含分区，必须指定每一个分区的分区名。

如果指定了文件路径为 LOCAL，那么：Load 命令将会进行以下操作。

- Load 命令会去查找本地文件系统中的文件路径。如果发现是相对路径，则路径会被解释为相对于当前用户的当前路径。用户也可以为本地文件指定一个完整的 URI，例如，file:///user/hive/project/data1。
- Load 命令会将文件路径中的文件复制到目标文件系统中。目标文件系统由表的位置属性决定。被复制的数据文件移动到表的数据对应的位置。

如果没有指定 LOCAL 关键字，文件路径指向的是一个完整的 URI，Hive 会直接使用这个 URI。

- 如果没有指定 schema 或者 authority，Hive 会使用在 Hadoop 配置文件中定义的 schema 和 authority，同时 fs.default.name 指定了 Namenode 的 URI。
- 如果路径不是绝对的，Hive 存储数据路径为相对/user/下的路径。
- Hive 会将文件路径中指定的文件内容移动到 Table（或者 Partition）所指定的路径中。

如果使用了 OVERWRITE 关键字，则目标表或者分区中如果有内容，则会被删除，然后再将文件路径指向的文件/目录中的内容添加到表/分区中。

如果目标表（分区）已经有一个文件，并且文件名和文件路径中的文件名冲突，那么现有的文件会被新文件所替代。

（5）SELECT

```
SELECT [ALL | DISTINCT] select_expr, select_expr, ...
FROM table_reference
[WHERE where_condition]
[GROUP BY col_list]
[CLUSTER BY col_list]
[DISTRIBUTE BY col_list]
[SORT BY col_list]
[LIMIT number]
```

- 一个 SELECT 语句可以是一个 union 查询或一个子查询的一部分。
- table_reference 是查询的输入，可以是一个普通表、一个视图、一个 join 或一个子查询。
- 简单查询。例如，下面这一语句从 t1 表中查询所有列的信息。

```
SELECT * FROM t1
WHERE Clause
```

where_condition 是一个布尔表达式。例如，下面的查询语句只返回销售记录大于 10，且归属地属于美国的销售代表。Hive 不支持在 WHERE 子句中的 IN、EXIST 或子查询。

```
SELECT * FROM sales WHERE amount > 10 AND region = "US"
```

ALL and DISTINCT Clauses 使用 ALL 和 DISTINCT 选项区分对重复记录的处理。默认是 ALL，表示查询所有记录。DISTINCT 表示去掉重复的记录。

```
hive> SELECT col1, col2 FROM t1
  1 3
  1 3
  1 4
  2 5
hive>SELECT DISTINCT col1, col2 FROM t1
  1 3
  1 4
  2 5
hive> SELECT DISTINCT col1 FROM t1
  1
  2
```

（6）基于 Partition 的查询

一般 SELECT 查询会扫描整个表（除非是为了抽样查询）。但是如果一个表使用 PARTITIONED BY 子句建表，查询就可以利用分区剪枝（input pruning）的特性，只扫描一个表中它关心的那一部分。Hive 当前的实现是只有分区断言出现在离 FROM 子句最近的那个 WHERE 子句中，才会启用分区剪枝。例如，如果 page_views 表使用 date 列分区，以下语句只会读取分区为‘2008-03-01’的数据。

```
SELECT page_views.*
FROM page_views
WHERE page_views.date >= '2008-03-01' AND page_views.date <= '2008-03-31'
HAVING Clause
```

Hive 现在不支持 HAVING 子句。可以将 HAVING 子句转化为一个字查询，例如：

```
SELECT col1 FROM t1 GROUP BY col1 HAVING SUM(col2) > 10
```

以上语句可以用以下查询来表达：

```
SELECT col1 FROM (SELECT col1, SUM(col2) AS col2sum
FROM t1 GROUP BY col1) t2
WHERE t2.col2sum > 10
```

9.3.3 Hive 数据分析

创建数据库和表，并进行本地数据查询分析。

```
hive> create database hivedb;
hive> show databases;
hive> use hivedb;
hive> show tables;
//创建表
hive>CREATE TABLE IF NOT EXISTS employee(eid int, name String,salary String,destination String)
    > COMMENT 'Employee details'
    > ROW FORMAT DELIMITED
    > FIELDS TERMINATED BY '\t'
    > LINES TERMINATED BY '\n'
    > STORED AS TEXTFILE;
```

先准备数据 empliyee，在 Windows 下创建文本文档，并将以下数据写入，单个数据之间要注意字段分隔符‘\t’。然后将文本文档复制到 Ubuntu 桌面。

```
1201 Gopal      45000     Technical manager
1202 Manisha    45000     Proof reader
1203 Masthanvali     40000     Technical writer
1204 krian 40000     Hr Admin
1205 Kranthi    30000     Op Admin
//加载数据到 hive（hdfs）
hive> LOAD DATA LOCAL INPATH '/home/hadoop/Desktop/employee.txt' OVERWRITE INTO
TABLE employee;
hive> select * from employee;
```

如出现图 9-13 所示的结果，则表示已查询成功。

```
hadoop@master: ~
hive> select * from employee;
OK
1201    Gopal   45000   Technical manager
1202    Manisha         45000   Proof reader
1203    Masthanvali     40000   Technical writer
1204    krian   40000   Hr Admin
1205    Kranthi         30000   Op Admin
Time taken: 0.297 seconds, Fetched: 5 row(s)
```

图 9-13　查询成功

9.4 本章小结

本章主要介绍了大数据开发工具，从数据抽取、数据存储、数据分析三个方面进行阐述大数据开发各工具，首先介绍了数据抽取技术、数据加工装载、数据清洗技术和工具；其次介绍数据存储技术和工具，大数据主要采用分布式开发的存储技术 HBase，然后阐述了 HBase 的优化存储技术，接着介绍了 Hive 这个建立在 Hadoop 上的数据仓库基础构架，以及 Hive 数据表的常用操作，最后介绍了利用 Hive 技术进行查询数据和分析数据。

实践与练习

一、简答题

1．什么是 ETL？

2．Hbase 的特点是什么？

3．Hbase 和 Hive 有什么区别？

4．Hive 的特点是什么？

5．简述 Hive 的各模块组成。

第 10 章　大数据应用与案例

大数据应用的关键，也是其必要条件，就在于“IT”与“经营”的融合，当然，这里经营的内涵可以非常广泛，小至一个零售门店的经营，大至一个城市的经营。大数据在不同的组织机构应用得十分广泛。

10.1　数据挖掘工具和主要算法

Apache Mahout 是一个开源项目，提供一些可扩展的机器学习领域经典算法的实现，旨在帮助开发人员更加方便快捷地创建智能应用程序。经典算法包括聚类、分类、协同过滤、进化编程等，并且，在 Mahout 的最近版本中还加入了对 Apache Hadoop 的支持，使这些算法可以更高效地运行在云计算环境中。

10.1.1　Mahout 安装和配置

Mahout 是一个很强大的数据挖掘工具，是一个分布式机器学习算法的集合，包括被称为 Taste 的分布式协同过滤的实现、分类、聚类等。Mahout 最大的优点就是基于 Hadoop 实现，把很多以前运行于单机上的算法，转化为了 MapReduce 模式，这样大大提升了算法可处理的数据量和性能。

1．Mahout 安装

1）下载 Mahout。

```
http://archive.apache.org/dist/mahout/
```

2）解压（见图 10-1）。

```
tar -zxvf mahout-distribution-0.9.tar.gz
```

3）配置环境变量。

① 配置 Mahout 环境变量（见图 10-2）。

```
# set mahout environment
export MAHOUT_HOME=/user/mahout
export MAHOUT_CONF_DIR=$MAHOUT_HOME/conf
export PATH=$MAHOUT_HOME/conf:$MAHOUT_HOME/bin:$PATH
```

② 配置 Mahout 所需的 Hadoop 环境变量。

```
# set hadoop environment
```

```
export HADOOP_HOME=/user/hadoop
export HADOOP_CONF_DIR=$HADOOP_HOME/conf
export PATH=$PATH:$HADOOP_HOME/bin
export HADOOP_HOME_WARN_SUPPRESS=not_null
```

```
hadoop@master: /usr
hadoop@master:/usr$ sudo tar zxvf mahout.tar.gz
[sudo] password for hadoop:
mahout-distribution-0.7/lib/commons-digester-1.8.jar
mahout-distribution-0.7/lib/jetty-util-6.1.22.jar
mahout-distribution-0.7/lib/jline-0.9.94.jar
mahout-distribution-0.7/lib/commons-cli-2.0-mahout.jar
mahout-distribution-0.7/lib/uncommons-maths-1.2.2.jar
mahout-distribution-0.7/lib/libthrift-0.6.1.jar
mahout-distribution-0.7/lib/concurrentlinkedhashmap-lru-1.1.jar
mahout-distribution-0.7/lib/lucene-facet-3.6.0.jar
mahout-distribution-0.7/lib/commons-httpclient-3.0.1.jar
mahout-distribution-0.7/lib/slf4j-log4j12-1.6.1.jar
mahout-distribution-0.7/lib/commons-beanutils-core-1.8.0.jar
mahout-distribution-0.7/lib/commons-pool-1.5.6.jar
mahout-distribution-0.7/lib/mongo-java-driver-2.5.jar
mahout-distribution-0.7/lib/cglib-nodep-2.2.jar
mahout-distribution-0.7/lib/lucene-benchmark-3.6.0.jar
mahout-distribution-0.7/lib/high-scale-lib-1.1.2.jar
mahout-distribution-0.7/lib/lucene-core-3.6.0.jar
mahout-distribution-0.7/lib/snakeyaml-1.6.jar
mahout-distribution-0.7/lib/commons-configuration-1.6.jar
mahout-distribution-0.7/lib/cassandra-all-0.8.1.jar
mahout-distribution-0.7/lib/hector-core-0.8.0-2.jar
mahout-distribution-0.7/lib/junit-4.8.2.jar
```

图 10-1　解压

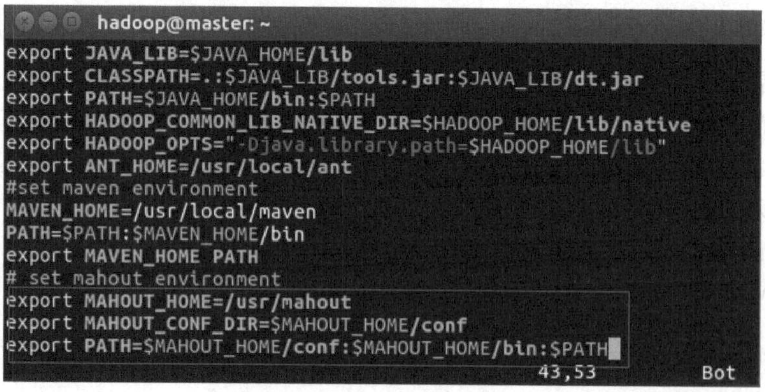

```
hadoop@master: ~
export JAVA_LIB=$JAVA_HOME/lib
export CLASSPATH=.:$JAVA_LIB/tools.jar:$JAVA_LIB/dt.jar
export PATH=$JAVA_HOME/bin:$PATH
export HADOOP_COMMON_LIB_NATIVE_DIR=$HADOOP_HOME/lib/native
export HADOOP_OPTS="-Djava.library.path=$HADOOP_HOME/lib"
export ANT_HOME=/usr/local/ant
#set maven environment
MAVEN_HOME=/usr/local/maven
PATH=$PATH:$MAVEN_HOME/bin
export MAVEN_HOME PATH
# set mahout environment
export MAHOUT_HOME=/usr/mahout
export MAHOUT_CONF_DIR=$MAHOUT_HOME/conf
export PATH=$MAHOUT_HOME/conf:$MAHOUT_HOME/bin:$PATH
                                    43,53         Bot
```

图 10-2　Mahout 环境变量

如图 10-3 所示为在实例中的环境配置。

```
export JAVA_HOME=/usr/java/jdk1.8.0_144
export HADOOP_INSTALL=/usr/local/hadoop
export PATH=$PATH:$HADOOP_INSTALL/bin
export PATH=$PATH:$HADOOP_INSTALL/sbin
export HADOOP_MAPRED_HOME=$HADOOP_INSTALL
export HADOOP_COMMON_HOME=$HADOOP_INSTALL
export HADOOP_HDFS_HOME=$HADOOP_INSTALL
export YARN_HOME=$HADOOP_INSTALL
export HADOOP_COMMON_LIB_NATIVE_DIR=$HADOOP_INSTALL/lib/native
export HADOOP_OPTS="-Djava.library.path=$HADOOP_INSTALL/lib"
export PATH=$PATH:$HADOOP_HOME_DIR:$HADOOP_HOME/bin:$MAHOUT_HOME/conf
#HADOOP VARIABLES END
export SPARK_HOME=/usr/spark/spark-2.2.0-bin-hadoop2.7
export PATH=${SPARK_HOME}/bin:$PATH
export HADOOP_HOME=/usr/local/hadoop
```

图 10-3　Hadoop 环境变量

4）验证。

运行 Mahout，如果出现如图 10-4 所示的结果说明配置正确。

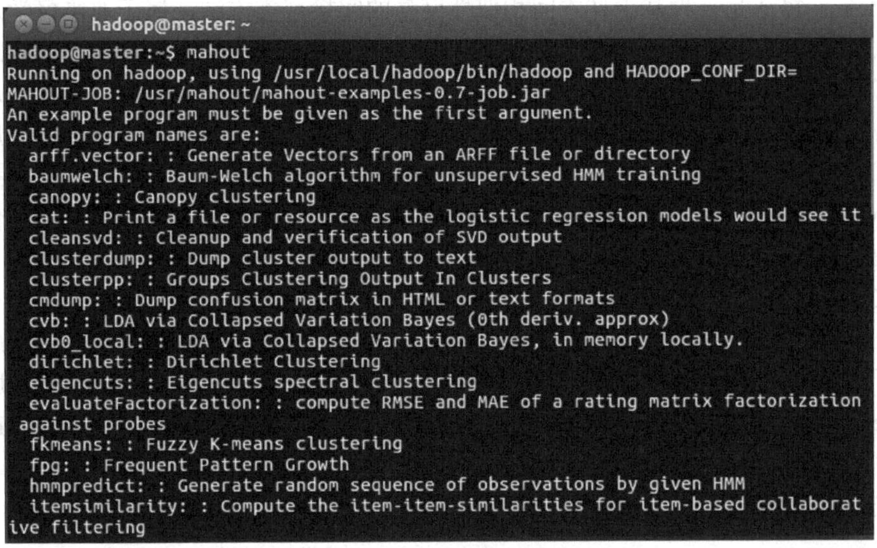

```
hadoop@master: ~
hadoop@master:~$ mahout
Running on hadoop, using /usr/local/hadoop/bin/hadoop and HADOOP_CONF_DIR=
MAHOUT-JOB: /usr/mahout/mahout-examples-0.7-job.jar
An example program must be given as the first argument.
Valid program names are:
  arff.vector: : Generate Vectors from an ARFF file or directory
  baumwelch: : Baum-Welch algorithm for unsupervised HMM training
  canopy: : Canopy clustering
  cat: : Print a file or resource as the logistic regression models would see it
  cleansvd: : Cleanup and verification of SVD output
  clusterdump: : Dump cluster output to text
  clusterpp: : Groups Clustering Output In Clusters
  cmdump: : Dump confusion matrix in HTML or text formats
  cvb: : LDA via Collapsed Variation Bayes (0th deriv. approx)
  cvb0_local: : LDA via Collapsed Variation Bayes, in memory locally.
  dirichlet: : Dirichlet Clustering
  eigencuts: : Eigencuts spectral clustering
  evaluateFactorization: : compute RMSE and MAE of a rating matrix factorization
 against probes
  fkmeans: : Fuzzy K-means clustering
  fpg: : Frequent Pattern Growth
  hmmpredict: : Generate random sequence of observations by given HMM
  itemsimilarity: : Compute the item-item-similarities for item-based collaborat
ive filtering
```

图 10-4 验证

10.1.2 K-Means 算法和 Canopy 算法

1．K-Means 算法

K-Means 算法是输入聚类个数 k，以及包含 n 个数据对象的数据库，输出满足方差最小标准 k 个聚类的一种算法。K-Means 算法接受输入量 k，然后将 n 个数据对象划分为 k 个聚类以便获得聚类满足：同一聚类中的对象相似度较高；而不同聚类中的对象相似度较小。聚类相似度是利用各聚类中对象的均值所获得一个“中心对象”（引力中心）来进行计算的。

（1）处理流程

1）从 n 个数据对象任意选择 k 个对象作为初始聚类中心。

2）根据每个聚类对象的均值（中心对象），计算每个对象与这些中心对象的距离；并根据最小距离重新对相应对象进行划分。

3）重新计算每个（有变化）聚类的均值（中心对象）。

4）计算标准测度函数，当满足一定条件，如函数收敛时，则算法终止；如果条件不满足则回到步骤 2）。

（2）实现方法

K-Means 算法的工作过程说明如下：首先从 n 个数据对象任意选择 k 个对象作为初始聚类中心；而对于所剩下其他对象，则根据它们与这些聚类中心的相似度（距离），分别将它们分配给与其最相似的（聚类中心所代表的）聚类；然后再计算每个所获新聚类的聚类中心（该聚类中所有对象的均值）；不断重复这一过程直到标准测度函数开始收敛为止。一般都采用均方差作为标准测度函数。k 个聚类具有以下特点：各聚类本身尽可能的紧凑，而各聚类之间尽可能的分开。

算法的时间复杂度上界为 O(n*k*t)，其中 t 是迭代次数。

K-Means 算法是一种基于样本间相似性度量的间接聚类方法，属于非监督学习方法。此算法以 k 为参数，把 n 个对象分为 k 个簇，以使簇内具有较高的相似度，而且簇间的相似度较低。K-Means 算法是一种较典型的逐点修改迭代的动态聚类算法，其要点是以误差平方和为准则函数。逐点修改类中心：一个象元样本按某一原则，归属于某一组类后，就要重新计算这个组类的均值，并且以新的均值作为凝聚中心点进行下一次象元素聚类；逐批修改类中心，在全部象元样本按某一组的类中心分类之后，再计算修改各类的均值，作为下一次分类的凝聚中心点。

2．Canopy 算法

Canopy Clustering 这个算法是 2000 年提出来的，此后与 Hadoop 配合，已经成为一个比较流行的算法了。确切地说，这个算法获得的并不是最终结果，它是为其他算法服务的，如 K-Means 算法。它能有效地降低 K-Means 算法中计算点之间距离的复杂度。Mahout 中已经实现了这个算法。

首先为大家解释一下 Canopy 算法，图 10-5 很好地展示了 Canopy 聚类的过程。

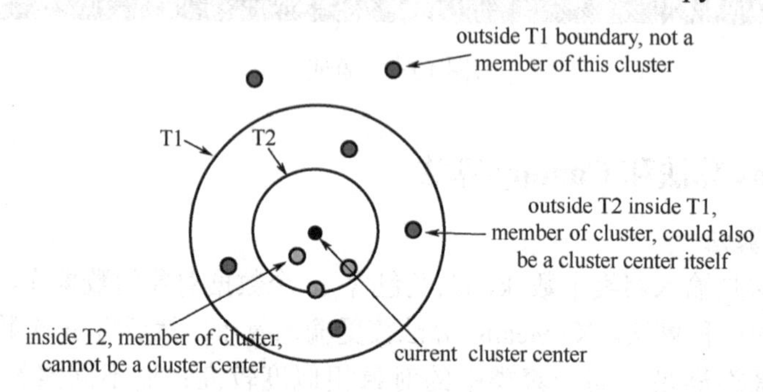

图 10-5　Canopy 算法聚类过程

图中有一个 T1，一个 T2，可称之为距离阀值，显然 T1>T2，这两个值有什么用呢？先确定了一个中心，然后计算其他点到这个中心间的距离，当距离大于 T1 时、小于 T1 大于 T2 时、小于 T2 时，对这个点的处理都是不一样的。

10.1.3　贝叶斯算法

学过概率理论的人都知道条件概率的公式：P(AB)=P(A)P(B|A)=P(B)P(A|B)；即事件 A 和事件 B 同时发生的概率等于在发生 A 的条件下 B 发生的概率乘以 A 的概率。由条件概率公式推导出贝叶斯公式：P(B|A)=P(A|B)P(B)/P(A)；即已知 P(A|B)，P(A)和 P(B)可以计算出 P(B|A)。

假设 B 是由相互独立的事件组成的概率空间{B1,b2,..., bn}。则 P(A)可以用全概率公式展开：P(A)=P(A|B1)P(B1)+P(A|B2)P(B2)+…+P(A|Bn)P(Bn)。贝叶斯公式表示成：P(Bi|A)=P(A|Bi)P(Bi)/(P(A|B1)P(B1)+P(A|B2)P(B2)+…+P(A|Bn)P(Bn))；常常把 P(Bi|A)称作后验概率，而 P(A|Bn)P(Bn)为先验概率。而 P(Bi)又叫作基础概率。

贝叶斯公式（见图 10-6）。

贝叶斯公式看起来很简单，但是在自然科学领域应用范围及其广泛。同时理论本身蕴含了深刻的思想。

$$P(B_i \mid A)=\frac{P(B_i)P(A \mid B_i)}{\sum_{i=1}^{n} P(B_i)P(A \mid B_i)}$$

图 10-6 贝叶斯公式

1．贝叶斯概率的历史

贝叶斯理论和贝叶斯概率以托马斯·贝叶斯（1702－1761年）命名，他证明了现在称为贝叶斯定理的一个特例。术语贝叶斯却是在 1950 年左右开始使用，很难说贝叶斯本人是否会支持这个以他命名的概率非常广义的解释。拉普拉斯证明了贝叶斯定理的一个更普遍的版本，并将之用于解决天体力学、医学统计中的问题，在有些情况下，甚至用于法理学。但是拉普拉斯并不认为该定理对于概率论很重要。他还是坚持使用了概率的经典解释。

弗兰克·普伦普顿·拉姆齐（Frank PLumpton Ramsey）在《数学基础》（1931 年）中首次建议将主观置信度作为概率的一种解释。Ramsey 视这种解释为概率的频率解释的一个补充，而频率解释在当时更为广泛接受。统计学家 Bruno de Finetti 于 1937 年采纳了 Ramsey 的观点，将之作为概率的频率解释的一种可能的代替。L. J. Savage 在《统计学基础》（1954 年）中拓展了这个思想。

有人试图将“置信度”的直观概念进行形式化的定义和应用。最普通的应用是基于打赌：置信度反映在行为主体愿意在命题上下注的意愿。

Harold Jeffreys, Richard T. Cox, Edwin Jaynes 和 I. J. Good 研探了贝叶斯理论。其他著名贝叶斯理论的支持者包括 John Maynard Keynes 和 B.O. Koopman。

2．贝叶斯法则的原理

通常，事件 A 在事件 B（发生）的条件下的概率，与事件 B 在事件 A 的条件下的概率是不一样的；然而，这两者却有确定的关系，贝叶斯法则就是这种关系的陈述。

作为一个规范的原理，贝叶斯法则对于所有概率的解释是有效的；然而，频率主义者和贝叶斯主义者对于在应用中概率如何被赋值有着不同的看法：频率主义者根据随机事件发生的频率，或者总体样本里面的个数来赋值概率；贝叶斯主义者要根据未知的命题来赋值概率。一个结果就是，贝叶斯主义者有更多的机会使用贝叶斯法则。

$$\Pr(A \mid B)=\frac{\Pr(B \mid A)\Pr(A)}{\Pr(B)} \propto L(A \mid B)\Pr(A)$$

式中，$L(A|B)$是在 B 发生的情况下 A 发生的可能性。

贝叶斯法则是关于随机事件 A 和 B 的条件概率和边缘概率的法则。在贝叶斯法则中，每个名词都有约定俗成的名称，分别如下。

$\Pr(A)$是 A 的先验概率或边缘概率。之所以称为“先验”是因为它不考虑任何 B 方面的因素。

$\Pr(A|B)$是已知 B 发生后 A 的条件概率，也由于得自 B 的取值而被称作 A 的后验概率。

$\Pr(B|A)$是已知 A 发生后 B 的条件概率，也由于得自 A 的取值而被称作 B 的后验概率。

$\Pr(B)$是 B 的先验概率或边缘概率，也作标准化常量（normalized constant）。

按这些术语，贝叶斯法则可表述为：

后验概率 =(似然度 * 先验概率)/标准化常量

也就是说，后验概率与先验概率和似然度的乘积成正比。

另外，比例 Pr(B|A)/Pr(B)也有时被称作标准似然度（standardised likelihood），贝叶斯法则可表述为：

后验概率 = 标准似然度 * 先验概率

要理解贝叶斯推断，必须先理解贝叶斯定理。后者实际上就是计算“条件概率”的公式。

所谓“条件概率”（Conditional Probability），就是指在事件 B 发生的情况下，事件 A 发生的概率，用 P(A|B)来表示。

根据文氏图，可以很清楚地看到在事件 B 发生的情况下，事件 A 发生的概率就是 $P(A \cap B)$除以 P(B)。

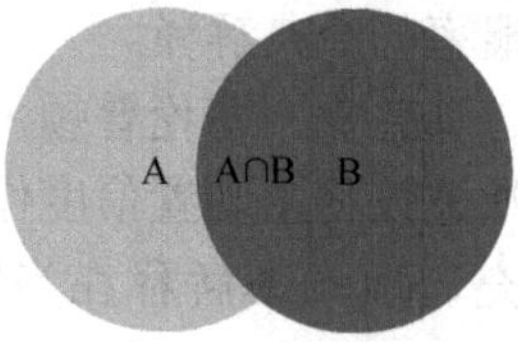

即

$$P(A|B)= P(A \cap B)/P(B)$$

同理可得

$$P(B|A)= P(A \cap B)/P(A)$$

所以

$$P(A|B)= (P(B|A)* P(A))/P(B)$$

图 10-7　贝叶斯图解

10.2　Hadoop 应用案例：World count 词频统计案例

10.2.1　实训目的和要求

- 掌握 Hadoop 基本使用方法。
- 熟悉 Ubuntu 操作。

10.2.2　运用

单词计数是最简单也是最能体现 MapReduce 思想的程序之一，可以称为 MapReduce 版“Hello World”，该程序的完整代码可以在 Hadoop 安装包的“src/examples”目录下找到。单词计数主要完成功能是：统计一系列文本文件中每个单词出现的次数，如图 10-8 所示。

1．创建本地的示例数据文件

依次进入“Home”→“hadoop”→“hadoop-1.2.1”创建一个文件夹 file 用来存储本地原始数据。

并在这个目录下创建 2 个文件分别命名为“myTest1.txt”和“myTest2.txt”或者其他的任何文件名，如图 10-9 所示。

分别在这 2 个文件中输入如图 10-10 和图 10-11 所示的语句。

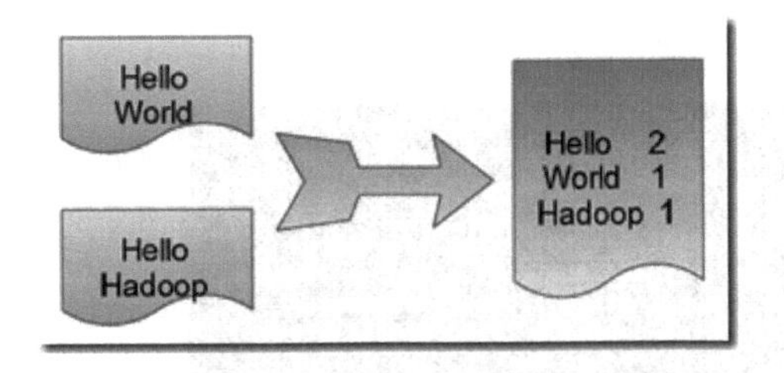

图 10-8 WC 图解

图 10-9 两个文件

图 10-10 文件内容

图 10-11 文件内容

2．在 HDFS 上创建输入文件夹

调出终端，输入下面指令：

```
bin/hadoop fs -mkdir hdfsInput
```

执行这个命令时可能会提示类似安全的问题，如果提示了，请使用以下语句来退出安全模式。

```
bin/hadoop dfsadmin -safemode leave
```

当分布式文件系统处于安全模式下，文件系统中的内容不允许修改也不允许删除，直到安全模式结束。安全模式主要是为了系统启动时检查各个 DataNode 上数据块的有效性，同时根据策略必要地复制或者删除部分数据块。运行期通过命令也可以进入安全模式。

在 HDFS 远程创建一个输入目录，以后的文件需要上传到这个目录里面才能执行。

3．上传本地 file 中文件到集群的 hdfsInput 目录下

在终端依次输入下面指令，结果如图 10-12 所示。

```
cd hadoop-1.2.1
bin/hadoop fs -put file/myTest*.txt hdfsInput
```

图 10-12 过程

4．运行例子

在终端输入下面指令：

```
bin/hadoop jar hadoop-examples-1.2.1.jar wordcount hdfsInput hdfsOutput
bin/hadoop jar hadoop-examples-*.jar wordcount hdfsInput hdfsOutput
```

应该出现如图 10-13 所示的结果。

```
hadoop@Node3:~$ cd hadoop-1.2.1
hadoop@Node3:~/hadoop-1.2.1$ bin/hadoop fs -put file/myTest*.txt hdfsInput
hadoop@Node3:~/hadoop-1.2.1$ bin/hadoop jar hadoop-examples-1.2.1.jar wordcount
hdfsInput hdfsOutput
14/05/04 07:36:30 INFO input.FileInputFormat: Total input paths to process : 6
14/05/04 07:36:30 INFO util.NativeCodeLoader: Loaded the native-hadoop library
14/05/04 07:36:30 WARN snappy.LoadSnappy: Snappy native library not loaded
14/05/04 07:36:31 INFO mapred.JobClient: Running job: job_201405040654_0004
14/05/04 07:36:32 INFO mapred.JobClient:  map 0% reduce 0%
14/05/04 07:36:42 INFO mapred.JobClient:  map 33% reduce 0%
14/05/04 07:36:53 INFO mapred.JobClient:  map 66% reduce 0%
14/05/04 07:37:02 INFO mapred.JobClient:  map 66% reduce 22%
14/05/04 07:37:05 INFO mapred.JobClient:  map 100% reduce 22%
14/05/04 07:37:10 INFO mapred.JobClient:  map 100% reduce 100%
14/05/04 07:37:12 INFO mapred.JobClient: Job complete: job_201405040654_0004
14/05/04 07:37:12 INFO mapred.JobClient: Counters: 29
14/05/04 07:37:12 INFO mapred.JobClient:   Job Counters
14/05/04 07:37:12 INFO mapred.JobClient:     Launched reduce tasks=1
14/05/04 07:37:12 INFO mapred.JobClient:     SLOTS_MILLIS_MAPS=59763
14/05/04 07:37:12 INFO mapred.JobClient:     Total time spent by all reduces wai
ting after reserving slots (ms)=0
14/05/04 07:37:12 INFO mapred.JobClient:     Total time spent by all maps waitin
g after reserving slots (ms)=0
14/05/04 07:37:12 INFO mapred.JobClient:     Launched map tasks=6
14/05/04 07:37:12 INFO mapred.JobClient:     Data-local map tasks=6
14/05/04 07:37:12 INFO mapred.JobClient:     SLOTS_MILLIS_REDUCES=27122
14/05/04 07:37:12 INFO mapred.JobClient:   File Output Format Counters
14/05/04 07:37:12 INFO mapred.JobClient:     Bytes Written=130
14/05/04 07:37:12 INFO mapred.JobClient:   FileSystemCounters
14/05/04 07:37:12 INFO mapred.JobClient:     FILE_BYTES_READ=286
14/05/04 07:37:12 INFO mapred.JobClient:     HDFS_BYTES_READ=892
```

图 10-13　分析过程

Hadoop 命令会启动一个 JVM 来运行这个 MapReduce 程序，并自动获得 Hadoop 的配置，同时把类的路径（及其依赖关系）加入到 Hadoop 的库中。以上就是 Hadoop Job 的运行记录，从这里可以看到，这个 Job 被赋予了一个 ID 号：job_201202292213_0002，而且得知输入文件有两个（Total input paths to process : 2），同时还可以了解 map 的输入/输出记录（record 数及字节数），以及 reduce 输入/输出记录。

查看 HDFS 上 hdfsOutput 目录的内容，在终端输入下面指令：

```
bin/hadoop fs -ls hdfsOutput
```

可得到如图 10-14 所示的结果。

```
hadoop@Node3:~/hadoop-1.2.1$ bin/hadoop fs -ls hdfsOutput
Found 3 items
-rw-r--r--   3 hadoop supergroup          0 2014-05-04 07:37 /user/hadoop/hdfsOut
put/_SUCCESS
drwxr-xr-x   - hadoop supergroup          0 2014-05-04 07:36 /user/hadoop/hdfsOut
put/_logs
-rw-r--r--   3 hadoop supergroup        130 2014-05-04 07:37 /user/hadoop/hdfsOut
put/part-r-00000
hadoop@Node3:~/hadoop-1.2.1$ |
```

图 10-14　生成的文件

从图 10-14 可以知道生成了 3 个文件，结果在“part-r-00000”中。

使用下面指令查看结果输出文件内容。

```
bin/hadoop fs -cat output/part-r-00000
```

图 10-15 所示为分析结果。

```
hadoop@Node3:~/hadoop-1.2.1$ bin/hadoop fs -cat hdfsOutput3/part-r-00000
Hadoop  1
Hello   4
You!    1
me!     1
world   1
hadoop@Node3:~/hadoop-1.2.1$
```

图 10-15　分析结果

注意：请忽视截图指令中的 3。

输出目录日志以及输入目录中的文件是永久存在的，如果不删除的话，若出现结果不一致，请参考这个因素。

10.3　Spark 应用案例：Spark 进行电商数据检索

利用 Spark 可以进行电商数据的检索，并且进行数据分析，利用大数据统计工具可将离散的商品数据可视化显示，发现其中的规律。

10.3.1　实训目的和要求

- 掌握简单的 spark 编程。
- 熟悉 RDD 操作。
- 熟悉 SparkSQL。

10.3.2　运用

1．任务描述

通过 Spark 将本地的数据上传至 Spark 集群（这里为单节点）并存储至数据库中。

2．任务要求

1）数据集来源：淘宝双 11，如图 10-16 所示。

数据链接：https://pan.baidu.com/s/1kVl4flH，密码：b0ne。

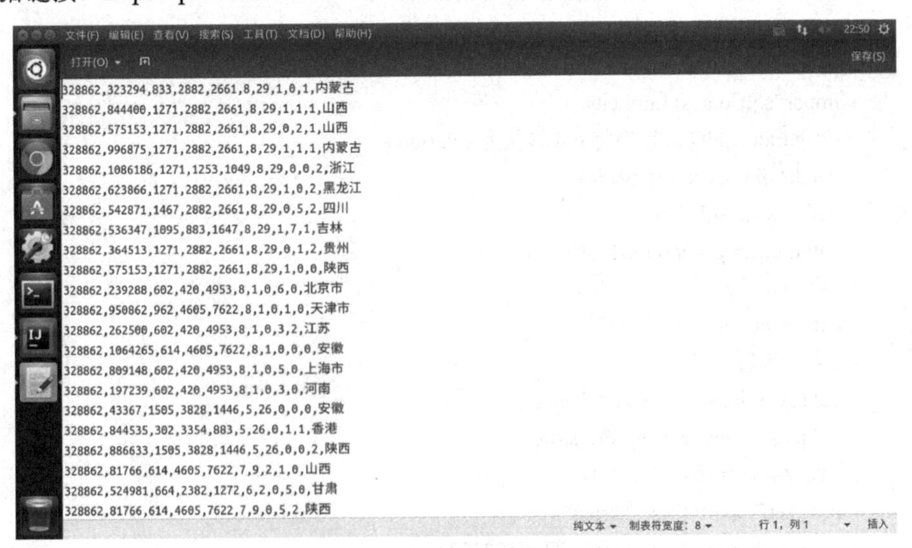

图 10-16　要读取数据的截图

2）建立 Maven 项目配置 Pom 文件。

3）程序中的数据库需要改成自己对应的数据库。

4）在对应目录下建立要读取的文件。

3. 知识点提示

首先将读取的数据放在 RDD 中，然后将 RDD 转化为 dataFram，中间用 Record 类来封装数据（Object 类不用实例化），最后通过 dataFram 存入数据库。

4. 操作步骤提示

这里主要通过 idea 来演示操作步骤。

1）首先确保已经安装好 scala 和 idea。

2）配置好数据库具体的字段参考程序中的类 Record。

3）建立 Maven 项目，配置好 Pom 依赖。

4）建立 Example 类编译运行程序。

5. 实现的代码

```
import org.apache.spark.sql.{ SQLContext, SaveMode}
import org.apache.spark.{SparkConf, SparkContext}
object Example{
  def main(args: Array[String])  {
    val conf =new SparkConf( ).setAppName("sparksq").setMaster("local[2]")
    val sc =new SparkContext(conf)
    val sqlContext=new SQLContext(sc)
    val rdd=sc.textFile("/usr/sample")
    //将读取的数据按空格键切分
    val result=rdd.map(x=>{
      //根据逗号分隔符来切分
      val p=x.split(",")
       //将切分好的每个字段通过样例类来封装
      Record(p(0),p(1),p(2),p(3),p(4),p(5),p(6),p(7),p(8),p(9),p(10))
    })
    import sqlContext.implicits._
    //dataframe 的隐式转换将 rdd 转化为 dataframe
    val dataframe=result.toDF( )
    //建立 sparksql 表 a
    dataframe.registerTempTable("a")
    //打印表结构
    dataframe.show( )
    //查询语句
    val sqlcommand="select * from a"
    val prop = new java.util.Properties
    //设置数据库用户名及密码
    prop.setProperty("user","root")
    prop.setProperty("password","Qwe123123")
```

```
            //执行查询语句并将结果写入数据库中
            sqlContext.sql(sqlcommand).write.mode(SaveMode.Append).jdbc("jdbc:mysql://localhost:3306/
mysql","log3",prop)
        }
    }
    //创建样例类
    case class Record(user_id: String,item_id: String,cat_id: String,merchant_id: String,brand_id : String,
month :String,day :String,action :String,age_range : String,gender:String,province:String)
```

图 10-17 所示为程序的运行结果。

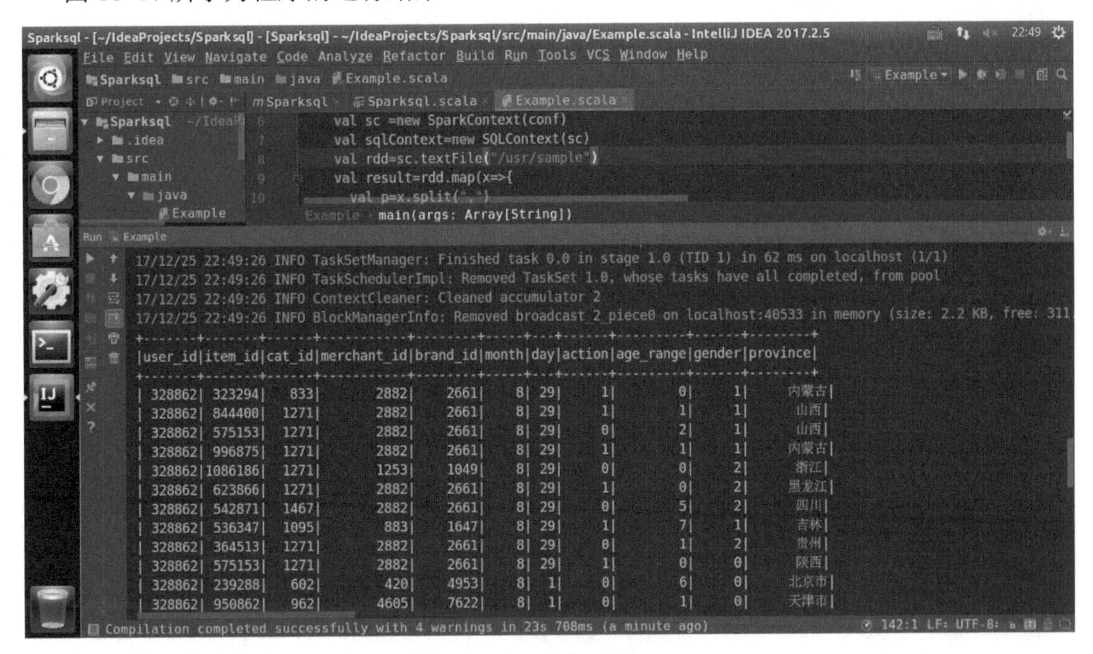

图 10-17 程序运行结果

10.4 本章小结

本章讲述 Mahout 的安装、配置。详细讲解了 Hadoop 分析案例要使用的经典的贝叶斯算法、K-Means 和 Canopy 算法，这些算法在日后的大数据应用中比较常见，用处较广。最后讲述了 Hadoop 以及 Spark 两个基础的真实案例。

实践与练习

选择题

1．Spark 的四大组件，下面哪个不是（　　）。

A．Spark Streaming　　B．Mlib　　C．Graphx　　D．Spark R

2．下面哪个端口不是 Spark 自带服务的端口（　　）。

A．8080　　B．4040　　C.8090　　D.18080

3．Spark 1.4 版本的最大变化（　　）。

A．Spark SQL Release 版本　　B．引入 Spark R

C．DataFrame　　D．支持动态资源分配

4．Spark Job 默认的调度模式为（　　）。

A．FIFO　　B．FAIR　　C．无　　D．运行时指定

参 考 文 献

[1] 毛德操. 大数据处理系统：Hadoop 源代码情景分析[M]. 杭州: 浙江大学出版社, 2017.

[2] 林子雨. 大数据技术原理与应用[M]. 2 版. 北京: 人民邮电出版社, 2017

[3] MAHMOUD PARSIAN. 数据算法：Hadoop/Spark 大数据处理技巧[M]. 苏金国，杨健康，等译. 北京：中国电力出版社, 2016.

[4] 何海群. 零起点 Python 大数据与量化交易[M]. 北京: 电子工业出版社, 2017.

[5] 刘凡平. 大数据时代的算法：机器学习、人工智能及其典型实例[M]. 北京: 电子工业出版社, 2017.

[6] 陈春宝，阙子扬，钟飞. 大数据与机器学习：实践方法与行业案例[M]. 北京: 机械工业出版社, 2017.

[7] 王宏志. 大数据分析原理与实践[M]. 北京: 机械工业出版社, 2017.

[8] Holden Karau, Andy Konwinski, Patrick Wendell, et al. Spark 快速大数据分析[M]. 王道远，译. 北京: 人民邮电出版社, 2015.

[9] 许国根，贾瑛. 实战大数据——MATLAB 数据挖掘详解与实践[M]. 北京: 清华大学出版社, 2017.

[10] 林大贵. Hadoop + Spark 大数据巨量分析与机器学习整合开发实战[M]. 北京: 清华大学出版社, 2017.

[11] ERIC MATTHES. Python 编程——从入门到实践[M]. 袁国忠，译. 北京: 人民邮电出版社, 2016.